동물보건사

수의사가 집필한 동물보건사 자격 국가시험 준비서

국가공인 동물보건사 자격시험 완벽 대비!

동물보건사

함희진 저

도서출판
정일

서 문

　최근 반려동물을 가족 구성원으로 여기는 '펫팸족'이 늘고 있다. 펫보험, 애견 카페, 애견 유치원이 일반화되었고, 반려동물 목욕탕, 펫 시터, 반려동물 장례식장이 이제는 낯 설지가 않다. 반려 문화의 발달과 반려시장의 급성장으로 인하여 반려동물 관련 직업에 대한 사회적 관심이 많아지면서 반려동물 관련학과의 인기도 함께 높아지고 있다. 반려동물 보건 분야 학과에 많은 수험생들이 몰리고 있다. 반려동물 학과에 대한 인기가 높다는 방증이기도 하다.

　이러한 사회 현상에 발맞추어 동물 간호 업무를 담당하는 보건인력에게 국가자격증을 주는 '동물보건사' 제도 신설이 맞물리면서 동물 관련 분야와 관련 학과는 그 인기가 더욱 높아지고 있다. 동물 병원에서 근무하다가 전문성을 키우고 싶어 관련 학과에 입학하기도 한다. 현재 반려동물 관련학과로는 반려동물학과, 반려동물과, 애완동물과, 펫토탈케어과, 반려동물보건과, 애완동물관리과, 바이오동물보호과 등이다.

　국내 반려동물 보유 인구가 늘면서 관련 사업 규모도 커졌다. 또한 사회 제도적인 보완도 이루어지고 있다. 동물보건사 제도를 포함하는 '수의사법' 개정안이 시행되었고, 동물보건사 국가자격시험도 중요시되었다. 동물보건사는 동물간호사, 수의 테크니션 등으로 불리어지고 있지만 공식적인 법정 명칭은 동물보건사이다. 그 업무는 동물병원에서 수의사의 동물 진료를 돕는 전문 인력을 뜻한다. 국가공인자격증 시험인 동물보건사 시험 응시 요건 중 하나는 전문대 이상 동물 관련학과 졸업자이거나, 정부의 평가인증을 통과한 양성기관에서 이론·실습교육을 마쳐야 자격증을 취득할 수 있다.

　[동물보건사]는 농림축산식품부가 주관하는 국가공인 자격시험인 동물보건사 시험에 대비하는 응시 수험생들에게 필수안내서로 제시하며 이 책을 통하여 동물 보건사 응시에 만전을 다하길 기대한다. 동물의료전문 인력 육성과 동물 진료 서비스 발전을 도모하기 위한

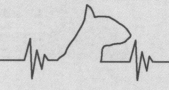

동물보건사 자격시험은 전문성을 갖춘 동물보건사가 탄생하는 계기가 될 것이다. 반려인 시대에 걸맞은 최강 자격증으로, 동물보건사는 향후 일자리가 증가하는 직업군에 해당한다. 저자는 안양대학교에서 반려동물 관련 과목을 가르치는 현직 교수로서 수의사 면허증을 보유한 전문 동물 관련 과목 강사이기도 하다.

동물보건사 시험은 필기시험으로 진행되고 과목은 크게 4개 군이다. 시험에 무엇을 어디서부터 준비해야 할지 막막한 수험생들을 위해 시험 과목을 완벽 분석해 담았다. 머릿속에 쏙쏙 들어오는 그림과 해설도 충실하게 실려 있어 부족한 부분을 보충하고 아는 것과 모르는 것을 점검할 수 있다.

[동물보건사]는 동물보건사 자격시험의 필독서로서 수험생들의 마음을 풀어줄 뿐만 아니라 합격의 기쁨을 누릴 수 있도록 도와줄 것이다.

수의과 대학을 졸업한 지가 32년이 지난 시점에서 후학들에게 학업을 가르치는 교수의 한 사람으로 동물보건사 자격 제도가 시행되는 것을 환영하며 이 책을 준비하였다. 동물병원들에서 원장님들을 돕는 동물 간호 전문 인력이 있었음에도 관련 국가제도와 국가시험이 없었던 차에 드디어 동물보건사 국가시험이 시행되었다.

말을 못 하는 동물을 대신해 반려인과 축주에게 설명하고 동물병원 원장님과 동물 주인들 사이에서 소통하며 각자의 요구사항을 전달하고 상태를 설명하는 동물 진료 보조 업무의 중요성은 매우 크다.

이 책은 '동물보건사' 시험 기준에 맞추어 반려동물에 관한 동물 보건학의 기초 정보를 기반으로 실전 시험 문제들을 모았다.

저자 함 희 진 교수

⊘ **동물보건사*** 제도는 동물진료와 관련된 **전문인력**을 육성하고, 질 높은 동물진료 서비스를 제공하기 위해 「**수의사법**」을 개정**하여 **도입**되었다.

동물병원 내에서 수의사의 지도 아래 동물의 간호 또는 진료 보조 업무에 종사하는 사람으로서 농림축산식품부장관의 자격인정을 받은 사람

⊘ 동물보건사가 되기 위해서는 **농림축산식품부장관의 평가인증을 받은 전문대학** 등을 **졸업**하고, **자격시험**에 **응시**하여 **합격**하여야 **자격증**이 **부여**된다.

⊘ 다만, **기존 동물병원**에 종사하는 **보조 인력**에 대한 **특례조항**을 두어 **일정 자격을 갖춘 자***가 **동물보건사 특례대상자 실습교육 시스템**(www.vt-edu.or.kr)** 등을 통해 **120시간의 실습교육**을 **이수**하는 경우 **자격시험**에 **응시**할 수 있도록 하였다.

① 전문대학 이상의 학교에서 동물간호 관련 교육과정을 이수하고 졸업한 자

② 전문대학 이상의 학교 졸업 후 동물병원에서 1년 이상 종사자

③ 고등학교 졸업학력 인정자 중 동물병원에서 3년 이상 종사자

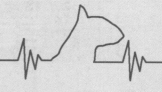

⊘ **(시험과목)** 4과목, 200문항

연번	시험과목	시험 교과목	문제수
1	기초 동물보건학	동물해부생리학, 동물질병학, 동물공중보건학, 반려동물학, 동물보건영양학, 동물보건행동학	60
2	예방 동물보건학	동물보건응급간호학, 동물병원실무, 의약품관리학, 동물보건영상학	60
3	임상 동물보건학	동물보건내과학, 동물보건외과학, 동물보건임상병리학	60
4	동물 보건·윤리 및 복지 관련 법규	수의사법, 동물보호법	20

⊘ **(시험방법)** 필기시험(객관식 5지 선다형)

⊘ **(시험시간)** 2교시 200분

교시	시험과목(문제수)	시험시간	비고
1	기초 동물보건학(60개), 예방 동물보건학(60개)	10:00~12:00	120분
2	임상 동물보건학(60개), 동물 보건·윤리 및 복지 관련 법규(20개)	12:20~13:40	80분

동물보건사 국가시험

⊘ **(원서접수)** 동물보건사 자격시험 관리시스템(www.vt-exam.or.kr)에서 응시원서 접수 가능, 방문 또는 우편 접수는 이용할 수 없음

⊘ **(합격자 발표)** 응시자는 **동물보건사 자격시험 관리시스템**(www.vt-exam.or.kr)에 **로그인**하여 '**합격자 확인**' 메뉴에서 **결과**를 확인할 수 있다.

⊘ **(자격증 발급)** 자격시험에 합격하더라도 **자격증**을 **발급**받기 위해서는 **결격사유** 및 자격조건 **충족**을 증명할 수 있는 **서류** 등을 **제출**하여야 하며, **농식품부**는 제출된 서류 등을 검토하여 **최종 합격 여부**를 결정한다.
　- **(제출기한)** 합격자 발표 후 14일 이내(토요일, 공휴일 포함)
　- **(제출방법)** 동물보건사 자격시험 관리시스템 →나의 시험정보

⊘ **(자격증 교부)** 동물보건사 자격시험의 **합격자 발표일**로부터 **50일 이내**에 '**동물보건사 자격증**' 교부
　＊다만, 외국에서 동물 간호 관련 면허나 자격 취득자는 조회가 끝난 날부터 50일 이내

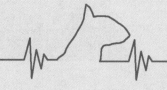

⊘ 동물보건사 자격시험 시행과 관련된 **보다 자세한 사항은 농식품부 누리집*** 또는 동물
보건사 자격시험 관리시스템에서 확인할 수 있다.

  * 농식품부 누리집(www.mafra.go.kr) ＞ 알림소식 ＞ 공지·공고

⊘ **동물보건사 자격시험 개요**

구분	주요 내용
응시자격	1. 일반응시자(법 제16조의2에 따른 대상자) ① 평가인증 받은 전문대학이상 학교의 동물간호 관련 학과 졸업자 ② 평가인증 받은 평생교육기관에서 동물간호 관련 교육과정 이수 후 동물간호 업무에 1년 이상 종사한 사람 ③ 외국의 동물 간호 관련 면허나 자격을 가진 사람 2. 특례대상자(부칙 제2조에 따라 실습교육을 이수한 특례대상자) ① 전문대학이상의 학교에서 동물간호 교육 이수·졸업자 ② 전문대학이상의 학교 졸업 후 동물병원에서 1년 이상 종사자 ③ 고등학교졸업학력 인정자 중 동물병원에서 3년 이상 종사자 * 다만, 특례대상자 중 제2호 및 제3호는 「근로기준법」에 따른 근로계약 또는 「국민연금법」에 따른 국민연금 사업장가입자 자격취득을 통하여 업무 종사 사실을 증명할 수 있어야 함
시험방법	○ 필기시험(객관식 5지 선다형)
시험과목	① 기초 동물보건학　　② 예방 동물보건학 ③ 임상 동물보건학　　④ 동물 보건, 동물 윤리 및 복지 관련 법규
합격 결정	○ 매 과목 4할 이상, 전 과목 6할 이상 득점

목 차

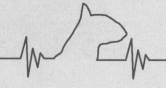

목 차

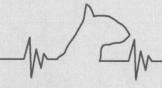

1

기초 동물보건학
(60문제 대비)

- 🐾 동물해부생리학
- 🐾 동물공중보건학
- 🐾 동물보건영양학
- 🐾 동물질병학
- 🐾 반려동물학
- 🐾 동물보건행동학

동물해부생리학

- 159문항 -

01 기능에 따른 세포 기관의 분류이다. 틀린 것은?

① 물질합성 : 리보솜, 골지체
② 물질분해 : 리소좀, 페록시좀
③ 세포운동 : 미세섬유, 미세소관, 편모 및 섬모
④ 에너지순환 : 미토콘드리아, 리소좀
⑤ 유전정보 및 RNA 합성 : 핵

해설 에너지순환과 관련 있는 세포소기관은 미토콘드리아와 엽록체이다.

답 ④

02 모든 생물체가 공통적으로 지니고 있는 것은?

① 핵산
② 핵막
③ 세포벽
④ 미토콘드리아
⑤ 염색체

해설 세포는 영속적인 reproduction을 하기 위해 유전 물질을 내포한다. 바이러스와는 다르게 생명이 있는 생명체는 세포 안에서 DNA만 유전물질로 존재한다. 대표적인 핵산으로는 DNA와 RNA가 있다.

답 ①

03 다음 중 효소의 일반적 특성이 아닌 것은?

① 고도의 기질 특이성이 있다.
② 주성분은 단백질이다.
③ 활성화 에너지를 감소시켜 화학반응을 촉진시킨다.
④ 온도가 올라갈수록 활성이 계속 증가한다.
⑤ 수소이온 농도(pH)에 대하여 민감하다.

해설 효소는 최적온도와 최적 pH 범위에서 최대 활성을 나타낸다. 모든 효소는 단백질로서 약간의 고온에서도 쉽게 파괴되어 촉매능력을 잃게 된다.

답 ④

04 개에서 척추(동골)과 개수를 표기한 것 중 틀린 것은?

① 경추 : 7개
② 흉추 : 13개
③ 요추 : 7개
④ 천추 : 5개
⑤ 흉골 : 8개

해설 경추는 목뼈, 흉추는 등뼈, 요추는 허리뼈, 천추는 엉치뼈이고, 흉골은 복짱뼈이다. 사람의 척추는 33개로, 각각 경추 7개, 흉추 12개, 요추 5개, 천추 5개, 미추 4개로 구성되어 있다. 사람의 요추(허리뼈)는 5개인 반면 개의 허리뼈는 7개이다. 사람은 5개의 뼈가 붙어 천추(엉치뼈)이 있는 반면 개는 3개의 천추(엉치뼈)가 있다. 사람과 포유동물의 경추(목뼈)는 모두 7개이다. 갈비뼈는 사람은 12쌍이고 개는 사람보다 많은 13쌍이다. 개는 13개의 흉추와 13개의 갈비뼈가 있는데 13개의 흉추는 흉골 9개, 후면 4개로 구성된다.

답 ④

05 제3 안검의 위치는?

① 상안검　　　　② 내안각

③ 하안검　　　　④ 외안각

⑤ 각막

해설 개와 고양이에겐 위, 아래 눈꺼풀 외에 우리가 모르는 눈꺼풀이 하나 더 있다. 이를 '제3 안검'(third eyelid)이라 한다. 전체 눈물의 50%를 만들어내는데다, 이물질을 닦아내거나 각막을 보호하는 역할을 한다. 보통은 보이지 않는 게 정상인데, 제3 안검이 돌출되어 눈 안쪽에 붉은 혹처럼 튀어나와 있는 것을 '체리 아이'(cherry eye) 또는 '제3 안검 탈출증'(prolapse of the third eyelid gland)이라 한다. 주로 강아지에서 나타나지만, 간혹 고양이에게 나타나기도 한다.

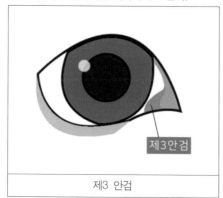

제3 안검

답 ②

06 골격의 기능에 관한 설명 중에서 틀린 것은?

① 몸을 지지하고 연한 장기와 기관을 보호하는 지주의 구실을 한다.

② 근육과 협동하여 지렛대 구실로 운동을 한다.

③ 칼슘과 인 등의 무기물의 저장고 역할을 한다.

④ 적혈구 및 일부 백혈구를 생산하는 조혈기관이다.

⑤ 기본조직의 세포를 생산한다.

답 ⑤

07 피부의 부속기관이 아닌 것은?

가. 입모근	나. 한선
다. 유선	라. 흉선

① 가, 나, 다　　　② 나, 다

③ 가, 라　　　　④ 라

⑤ 가, 나, 다, 라

해설

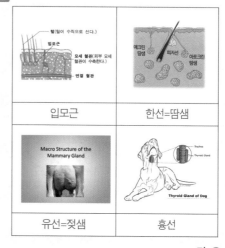

답 ④

08 다음의 설명 중에서 틀린 것은?

① 장골은 관골 중 가장 큰 뼈이다.

② 좌골은 가장 뒤쪽에 위치한다.

③ 치골은 장골의 배쪽내측과 큰 폐쇄구멍의 뒤쪽에 위치하고 있다.

④ 관골절구는 장골, 치골 및 좌골의 뼈가 만

나는 곳에 형성된다.

⑤ 관골절구는 대퇴골 대퇴골머리와 관절한다.

해설 골반(pelvis)은 골반 안(pelvic cavity)을 둘러싸고 있고 척주에 하지들을 연결시키고 있다. 볼기뼈(관골, hip bone)는 엉덩뼈(장골, Ilium), 두덩뼈(치골, pubis), 궁둥뼈(좌골, ischium) 세 개의 뼈의 결합체이다. 엉덩뼈는 골반의 바깥에서는 넙다리를 가쪽 방향에서 받아들이고 안쪽에서는 배골반 안에 면하고 있기 때문에 3개의 뼈 중 가장 두드러진 뼈라고 할 수 있다. 궁둥뼈(좌골, ischium)는 볼기뼈의 가장 아래쪽의 뼈로 진골반을 구성하는 뼈다. 진골반을 구성하고 있는 2개의 두덩뼈(치골, pubis)는 두덩뼈결합(치골결합, symphysis pubis)에서 왼쪽과 오른쪽 볼기뼈를 앞쪽에서 하나로 결합하고 있다.

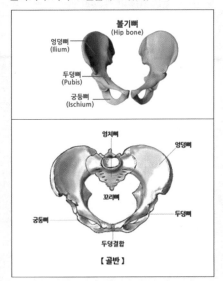

【 골반 】

답 ③

09 다음의 근육에 대한 설명 중 틀린 것은?

① 심장근은 심장에 분포하며 형태학적 가로무늬근이지만 불수의근이다.

② 근육세포로 이루어진 근육은 주로 골격에 부착, 운동기관으로 역할 한다.

③ 근육의 주요한 기능은 수축이다.

④ 수의근은 뇌척수신경의 지배를 받아 자유롭게 수축하나 속도가 느리다.

⑤ 내장근이나 심장근은 자율신경의 지배를 받는다.

해설 수의근의 운동은 불수의근보다 일반적으로 빠르다. 불수의근은 심장근, 평활근을 말한다.

답 ④

10 다음 설명 중에서 옳은 조합은?

> 가. 탈구는 관절면이 정상의 위치관계에서 벗어난 상태를 말한다.
>
> 나. 탈구는 일반적으로 가동성이 큰 관절에서 빈발한다.
>
> 다. 염좌는 일반적으로 가동성이 작은 관절에서 빈발한다.
>
> 라. 염좌는 관절주머니나 인대가 손상되어도 상호간 위치가 유지되는 경우이다.

① 가, 나, 다   ② 나, 다
③ 가, 라   ④ 라
⑤ 가, 나, 다, 라

해설 염좌(sprain, torn ligament, 삠)는 인대가 늘어나 관절에 부상을 입은 것을 의미한다. 염좌는 주로 허리나 무릎 뒷부분의 오금 줄에서 잘 발생한다. 탈구(dislocation) 또는 탈골이란 관절을 형성하는 뼈들이 제자리를 이탈하는 현상을 말하며 인대나 근육에 과도한 압력이 가해졌을 때 발생하게 된다.

답 ⑤

11 다음의 설명 중에서 틀린 것은?

① 배곧은근은 폭이 좁고 납작하며 힘살에

3~4개의 나눔힘줄이 있는 뭇힘살근이다.

② 횡격막은 중앙부분에서 근육이 부챗살모
양으로 늑골쪽으로 달린다.

③ 횡격막에는 대동맥구멍, 식도구멍과 후대
정맥구멍이 있다.

④ 횡격막은 횡격막근육이 수축함으로써 흉
강을 확대시키는 흡기성 호흡근이다.

⑤ 횡격막 중앙부분에는 광택이 있는 넓은
널힘줄이 있다.

해설 가로막(thoracic diaphragm) 또는 횡격막은 배와
가슴 사이를 분리하는 근육이다. 소고기 부위 중
'부챗살'이라고 부르는 부위는 견갑골의 모양이
부채처럼 생겨 붙여진 이름이다.

답 ②

12 치아의 구조에 대한 설명 중 틀린 것은?

① 상아질 : 치아의 주성분으로 황백색의 광
택물질로서 뼈보다 경고하다.

② 에나멜질 : 동물신체조직에서 가장 경고한
조직으로 치수강과 상아질 사이에 있다.

③ 시멘트질 : 상아질과 에나멜질보다는 연하
고 뼈와 비슷한 구조이다.

④ 치아수 : 치아수강에 들어있는 젤리모양의
결합조직이다.

⑤ 치아관 : 이빨에서 이틀의 밖으로 노출되
어 있는 부분이다.

해설 법랑질(enamel)은 신체 중에서 가장 단단한 부위
로 치아의 맨 바깥층을 구성한다. 한번 손상되면
재생이 되지 않는다. 상아질(dentin)은 단단한 법
랑질 아래에서 법랑질에 가해지는 충격을 완화
시켜 줄 수 있는 역할을 한다. 치수는 신경과 혈
관이 존재하여 치아에 가해지는 자극을 감지할
수 있게 하며 치아에 영양공급을 해준다. 백악질
(cementum)은 치아뿌리의 외면을 감싸면서 치
주인대로 치조골과 치아를 연결시켜주는 역할을
한다.

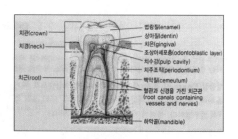

답 ②

13 다음의 설명 중 틀린 것은?

① 소장은 십이지장, 공장, 회장으로 연결된다.

② 대장은 맹장, 결장, 직장으로 연결된다.

③ 소장에서 십이지장이 가장 길다.

④ 개의 결장은 U자형의 결장주로를 나타낸다.

⑤ 유문에서 2~6cm 떨어진 십이지장 점막에
총담관, 췌장관이 함께 열린다.

해설 소장은 우리 몸에서 가장 긴 장기로 공장에서 회
장까지의 길이는 6.7~7.6m 정도이다. 소장 점막
에는 수많은 주름이 있고, 그 표면에는 융모가 있
다. 소장은 십이지장, 공장, 회장의 세 부분으로
구분되는데 십이지장이 가장 짧다. 십이지장은 C
자 모양을 하고 있으며, 담관과 췌관이 합류하는
바터팽대부가 존재한다. 공장은 회장보다 굵고
벽이 두꺼우며 혈관분포가 많다. 회장은 소장의
마지막 부분으로 굴곡이 심하며 맹장과 연결되는
부위이다. 회장의 길이는 약 3.5m이며, 십이지장
을 제외한 소장의 60% 정도를 차지한다.

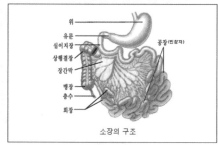

소장의 구조

답 ③

14 다음은 앞다리 골격에 대한 설명 중 올바른 것만으로 묶여 있는 것은?

> 가. 견갑골, 상완골, 앞발목뼈, 요골과 척골, 앞발허리뼈, 앞발가락뼈로 연결된다.
>
> 나. 견갑골, 상완골, 요골과 척골, 앞발목뼈, 앞발허리뼈, 앞발가락뼈로 연결된다.
>
> 다. 요골은 척골보다 길고 근위에서 원위끝으로 갈수록 점차 가늘어진다.
>
> 라. 앞발목뼈는 근위와 원위 2열로 배열되어 있는 작고 불규칙한 7개의 뼈로 구성된다.

① 가, 나, 다   ② 가, 라
③ 나, 다   ④ 라
⑤ 가, 나, 다, 라

해설

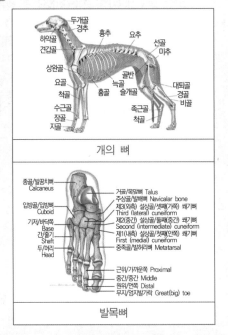

개의 뼈

발목뼈

답 ③

15 다음은 장기에 대한 설명이다. 틀린 것은?

① 췌장은 외분비샘과 내분비샘 조직으로 이루어져 있다.
② 췌장은 위의 왼쪽에서 등쪽으로 달린다.
③ 췌장은 불규칙한 세모꼴 또는 V 자형의 납작한 장기이다.
④ 췌장은 담적회색을 나타낸다.
⑤ 췌장관은 총담관과 함께 십이지장의 큰 십이지장유두에 연다.

해설 췌장은 '이자'라고도 불리며 약 15cm의 가늘고 긴 모양으로 위장 뒤에 위치하고 십이지장과 연결되어 있으며 비장과 인접해 있다.

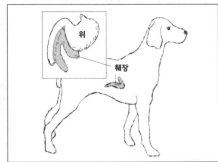

답 ②

16 다음의 설명 중 틀린 것은?

① 자궁은 난관에 이어지는 생식도로 수정이 이루어지는 곳이다.
② 자궁은 수정된 배자가 착상하며 발육하는 두터운 근육성 조직이다.
③ 가축의 자궁은 일반적으로 Y형으로 두 뿔을 가지고 있다.
④ 개의 자궁은 두뿔자궁에 속한다.
⑤ 동물의 자궁은 복자궁, 양분자궁, 두뿔자궁(쌍각자궁) 및 단자궁으로 분류된다.

해설 정자와 난자가 만나 수정이 이루어지는 곳은 자궁이 아니라 나팔관의 입구이다. 정자가 난자와 만나는 곳은 난관으로 나팔관이 점차 좁아져 자궁과 연결되는 통로이다.

답 ①

17 혈액의 일반적인 기능에 대한 설명이다. 틀린 것은?

① 생체세포는 내환경의 항상성을 유지한다.
② 영양분을 공급하고 대사산물을 배설한다.
③ 산소와 이산화탄소를 교환한다.
④ 호르몬 운반하며, 체온을 유지한다.
⑤ 정답 없음

답 ⑤

18 적혈구에 대한 설명이다. 틀린 것은?

① 포유동물 성숙 적혈구는 핵이 있다.
② 포유류 성숙 적혈구는 양쪽이 오목한 원반형으로 함몰부위는 동물에 따라 다르다.
③ 낙타, 기린, 라마 등은 타원형이다.
④ 조류, 개구리 등의 적혈구는 타원형으로 핵이 있다.
⑤ 적혈구 양쪽이 오목한 원반형을 이루는 것은 표면적 늘리기 위한 것이다.

해설 포유동물의 적혈구는 핵이 없으나 다른 척추동물들은 핵이 있다.

답 ①

19 다음은 백혈구 종류를 설명한 것이다. 틀린 것은?

① 백혈구는 형태학적으로 과립 백혈구와 무과립 백혈구로 분류된다.
② 과립 백혈구에는 세포질내 과립과 염색성에 따라 호중구, 호산구와 호염기구가 있

다.
③ 호산구는 염기성 색소에 잘 염색되는 과립을 가지고 있다.
④ 무과립 백혈구에는 림프구, 단구가 있다.
⑤ 호중구는 중성색소에 잘 염색이 되며 개나 사람등의 말초 혈액 중에 가장 많다.

해설 호산구(eosinophil)는 산성 색소에, 호염구(basophil)는 염기성 색소에 염색이 되는 알갱이를 가진 백혈구이다.

답 ③

20 다음은 혈장에 대한 설명이다. 틀린 것은?

① 혈장은 혈액의 45~65%를 차지한다.
② 혈장 중에는 교질삼투압을 유지하는 10~15%의 혈장단백질이 있다.
③ 혈장 단백질 중에서 알부민은 분자량이 작고 많아 교질삼투압의 70~80%를 이룬다.
④ 혈장은 물질의 운반이나 완충작용, 혈액의 점성을 유지한다.
⑤ 혈장의 색은 동물의 종류와 사료에 따라 황색이거나 무색이다.

해설 혈장단백질은 전체 혈장의 7~9% 차지하며, 알부민(Albumins), 피브리노겐(Fibrinogen), 글로불린(Globulins)의 세 종류가 있는데, 이 중 피브리노겐은 주로 혈액응고에 관여한다.

답 ②

21 순환계에 대한 설명이다. 틀린 것은?

① 순환로는 대순환, 소순환 문맥순환으로 분류할 수 있다.
② 대순환은 좌심방 - 대동맥 - 말초조직 - 대정맥 - 우심방의 순환으로 체순환이라고 한다.

③ 소순환은 우심실 - 폐동맥 - 폐 - 폐정맥 - 좌심방의 순환으로 폐순환이라도고 한다.

④ 문맥순환은 모세혈관망을 두 번 통과하는 순환을 말한다.

⑤ 순환계는 심장과 혈관으로 이루어지며, 전신으로 혈액을 순환, 항상성을 유지한다.

> **해설** 폐순환 : 우심실→폐동맥→폐의 모세혈관→폐정맥→좌심방. 체순환: 좌심실→대동맥→온몸의 모세혈관→대정맥→우심방
>
> 답 ②

22 다음의 설명 중에서 틀린 것은?

① 심전도는 전극을 팔과 다리에 설치하여 기록함으로서 심장질환의 진단으로 이용한다.

② 심전도에 나타나는 파동은 P, QTR, T파가 있다.

③ 심장주기는 충만기, 구출기로 구성된다.

④ 제1 심음은 심실수축기 초에 방실판이 닫히는 소리이며, 제2 심음은 심실수축기 끝, 확장기 시작을 마하며 반월판이 닫히는 소리이다.

⑤ 심전도에 나타나는 파동은 P, QRS, T파가 있다.

> **해설** 심전도에서 파형은 크게 P파, QRS군, T파의 3가지가 있으며, QRS 파형은 P파나 T파보다는 높은 주파수 전기 신호이기 때문에 뾰족하다. 처음 나타나는 하향파는 Q, 다음으로 상향파 R이 나타나고, R 다음의 하향파는 S, S 다음의 상향파는 R'로 표기한다.
>
> 답 ②

23 호흡에 대한 설명으로 틀린 것은?

① 호흡은 혈액의 산소분압과 이산화탄소 분

압 및 pH를 일정하게 유지하는 것이다.

② 가스교환 이외에도 방어기전, 폐표면활성물질 생성, 폐순환, 대사기능 등이 있다.

③ 호흡은 숨을 들이마시고 내쉬는 폐환기로 해석된다.

④ 단세포는 단순확산으로 산소를 얻고 이산화탄소를 버린다.

⑤ 혈액과 조직세포 사이의 가스교환을 내호흡이라 한다.

> **해설** 외호흡은 허파로 유입된 공기와 혈액 간의 가스교환으로, 폐포에서 모세혈관으로의 산소의 흐름을 뜻한다. 내호흡은 조직세포와 혈액 사이에서 이루어지는 가스대사이다.
>
> 답 ⑤

24 다음의 설명 중 틀린 것은?

① 호흡 중추는 뇌교와 연수에 산재하여 있다.

② 조류의 폐는 작고 단단하며 늑골에 붙어 있다.

③ 조류는 기낭을 가지고 있다.

④ 조류에는 횡격막이 잘 발달되어 있다.

⑤ 조류의 기낭은 체온조절에도 관여한다.

> **해설** 조류의 호흡기는 포유류(말, 소, 개, 돼지 등)와 조금 다른 구조를 가지고 있으며 폐포, 후두덮개, 횡경막이 없고 조류 특유의 기낭이라는 기관이 존재한다. 성대 역시 없고 발성기관의 역활은 기관의 분기부에 있는 명관이라는 울대가 담당하고 있다.
>
> 답 ④

25 다음은 소화관에 대한 설명이다. 틀린 것은?

① 소장은 융모가 잘 발달하여 같은 크기의 일반관에 비해서 표면적이 600배에 달한

다.

② 소장은 유문에서 회맹조임근까지이며, 십이지장, 공장, 회장이 포함된다.

③ 대장은 맹장, 결장, 직장으로 구성된다.

④ 교감신경이 활성화되면 위운동을 촉진하고 위배출 속도를 빠르게 한다.

⑤ 위배출은 위에서 소화된 미즙이 유문괄약근을 통해 십이지장으로 서서히 내려가는 상태이다.

해설 스트레스를 받으면 교감신경이 활성화된다. 온몸에 퍼져 있는 교감신경은 신체를 긴장 상태로 만든다. 이 때문에 입과 식도에서는 점막을 촉촉하게 만드는 점액 분비가 잘 안되고, 위장은 연동운동 기능이 떨어지면서 위산·소화효소 분비가 줄어든다. 음식물을 먹어도 몸이 제대로 분해·흡수하지 못한다.

답 ④

---

26 다음의 설명 중 틀린 것은?

① 탄수화물과 지방은 분자량이 크기 때문에 소장에서 흡수시에 공동운반체가 필요하다.

② 담즙산염으로 유화된 지방은 완전히 가수분해되면 글리세롤과 지방산이 된다.

③ 단백질의 소화는 펩신의 작용으로 위에서부터 시작된다.

④ 일반적으로 수분의 흡수는 대장에 비해서 소장에서 더 많이 이루어진다.

⑤ 곡류를 먹고 사는 조류는 소낭이 잘 발달되어 있다.

해설 대부분 음식은 단백질과 탄수화물과 같이 분자량이 큰 거대분자들이다. 탄수화물은 포도당으로, 지방은 지방산으로 소화되어 소장에서 흡수된다.

답 ①

---

27 다음의 설명 중에서 틀린 것은?

① 개의 눈이 보는 색은 대부분 어두운 색을 선호한다.

② 반려견의 청각은 매우 예민하며 35,000~38,000Hz의 초음파를 청취할 수 있다.

③ 코의 후각은 인간의 100배 또는 300만배에 이른다는 연구보고도 있다.

④ 형태적으로 주둥이가 긴 품종이 짧은 품종에 비해서 후각이 뛰어난 것으로 여겨진다.

⑤ 치아는 저작을 할 수 있도록 치아의 윗면이 편평한 편이다.

해설 치아는 지그재그 모양으로 자를 수 있는 핑킹가위의 날처럼 생겼다. 그렇게 생긴 치아들은 무언가를 씹을 때 아주 가깝게 다른 치아를 지나치면서 서로 닿지 않는다. 이런 원리를 통해 편안하게 저작(mastication) 활동을 하고 치아를 둘러싼 근육, 관절들에도 무리가 가지 않는다. 하지만 반추활동을 하는 소와 같은 반추류의 어금니는 편평하기도 하다. 즉, 편평하다고 해서 저작활동을 하는 것은 아니다.

답 ⑤

---

28 테리어 견종에 대한 설명이다. 틀린 것은?

① 테리어 견종은 미국에서 최초로 개발된 품종이다.

② 이 그룹은 실용적인 작업견으로 번식가들이 체형이나 외관에는 관심이 없었다.

③ 이 견종은 굴속까지 유해동물을 추적할 수 있는 작으면서도 용감한 품종의 개량으로 탄생하였다.

④ 1800년대 이전에는 이 그룹에 대한 기록이 거의 없다.

⑤ 맨체스터 테리어는 쥐잡기 경기에 동원되었던 개이다.

해설 테리어 견종은 보통 영국에서 유래하였다.

답 ①

29 척추 중에서 환추(Atlas)와 축추(Axis)는 다음 중 어떤 뼈를 지칭하는가?

① 환추 제1 천추, 축추 제1 천추
② 환추 제1 경추, 축추 제2 경추
③ 환추 제1 흉추, 축추 제2 흉추
④ 환추 제1 요추, 축추 제2 요추
⑤ 환추 제1 미추, 축추 제2 미추

해설 환추와 축추(Atlas and Axis)는 제1 경추, 제2 경추를 각각 말하며 전형적인 척추뼈와는 그 모양이 다르다. 제1 목뼈 또는 고리뼈(환추, atlas)는 가장 꼭대기에 위치한 척추뼈로, 제2 목뼈와 함께 관절을 형성하여 머리뼈와 척주를 연결한다. 경추는 목뼈, 흉추는 등뼈, 요추는 허리뼈, 천추는 엉치뼈이고, 흉골은 복장뼈, 미추는 꼬리뼈이다.

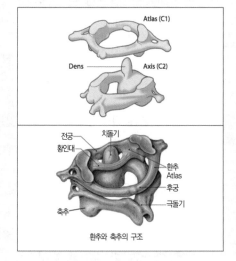

환추와 축추의 구조

답 ②

30 후지의 골격을 상부에서 하부로 바르게 나열한 것은?

① 견갑골, 상완골, 전완골(요골, 척골), 완골, 완전골, 지골
② 관골, 대퇴골, 하퇴골(경골, 비골), 부골, 부전골, 지골
③ 견갑골, 상완골, 하퇴골(경골, 비골), 완골, 완전골, 지골
④ 관골, 상완골, 상완골(요골, 척골), 부골, 부전골, 지골
⑤ 견갑골, 대퇴골, 전완골(요골, 척골), 완골, 완전골, 지골

해설

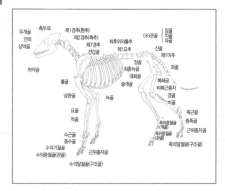

답 ②

31 소화 기관 중 위에서부터 소장의 순서를 바르게 나열한 것은?

① 위 - 십이지장 - 공장 - 회장
② 위 - 십이지장 - 회장 - 공장
③ 위 - 공장 - 회장 - 십이지장
④ 위 - 공장 - 십이지장 - 회장
⑤ 위 - 회장 - 공장 - 십이지장

답 ①

32 심근에 분포하여 심장의 영양을 공급하는 혈관은?

① 대동맥   ② 대정맥

③ 관상동맥   ④ 폐동맥

⑤ 폐정맥

해설 심장 자체에 혈액에 의해 산소와 영양소를 공급해주는 심장혈관은 관상동맥이다. 관상동맥은 심장근육 표면에 위치한다.

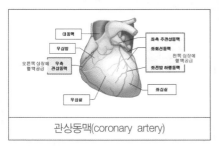

관상동맥(coronary artery)

답 ③

33 위의 후방에 있어 체 축의 우측에 치우쳐서 십이지장 기부를 따라 위치하고 있는 소화선인 외분비선과 동시에 인슐린을 분비하기도 하는 내분비 기관인 장기는?

① 담낭   ② 비장

③ 위   ④ 부신

⑤ 췌장

답 ⑤

34 다음의 설명 중 올바른 것에 해당하는 것은?

> 가. 개의 늑골은 참늑골(흉늑골)이 8쌍, 거짓늑골(비흉늑골) 5쌍으로 이루어져 있다.
>
> 나. 개에는 음경 뼈가 있다.
>
> 다. 개의 흉골은 8개의 흉골분절로 구성된다.

① 가   ② 가, 나

③ 나, 다   ④ 가, 나, 다

⑤ 없음

해설 갈비뼈는 사람은 12쌍이고 개는 사람보다 많은 13쌍이다. 개는 13개의 흉추와 13개의 갈비뼈가 있는데 13개의 흉추는 흉골 9개, 후면 4개로 구성된다. 개의 흉골은 흉부 중앙에 위치한 길고 납작한 뼈이며 늑연골은 흉골과 갈비뼈 끝을 연결하는 연골이다. 개는 척추의 흉추에서 흉골까지 내려오는 13쌍의 갈비뼈를 가지고 있다. 갈비뼈 13쌍이 항상 가슴뼈까지 연결되는 것은 아니다. 흉골은 세 개의 다른 뼈로 구성되어 있는데 manubrium, keel 및 xiphoid process이다. 강아지의 떠다니는 갈비뼈는 모든 개에게 나타나는 신체적 특징이다. 개의 갈비뼈에서 마지막 갈비뼈 쌍이지만 다른 갈비뼈와 달리 이 마지막 쌍은 척추에 붙어 있지만 흉곽의 앞부분인 흉골까지 완전히 확장되지는 않는다.

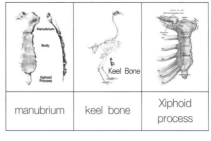

| manubrium | keel bone | Xiphoid process |

답 ③

35 다음은 교합에 대한 설명이다. 틀린 것은?

① 가위교합은 윗니와 아랫니의 교합상태가 가위 날의 결합과 같은 것으로 무는 힘이 강하다.

② 가위교합은 협상교합, 정상교합이라고도 한다.

③ 절단교합은 윗니와 아랫니 끝이 맞물린 교합상태로 파손될 위험성이 있다.

④ 위턱돌출교합은 상악부의 앞니가 앞쪽으로 돌출되어 이빨이 맞물리지 않는 교합이다.

⑤ 아래턱돌출교합은 아랫니가 앞쪽으로 돌
출된 교합으로 과잉교합이라고도 한다.

> **해설** 교합이란 입을 다물었을 때 위 아래 턱의 치아가 서로 맞물리는 상태를 말한다. 부정교합이란 어떤 원인에 의해 치아의 배열이 가지런하지 않거나 위 아래 맞물림의 상태가 정상의 위치를 벗어나서 심미적, 기능적으로 문제가 되는 교합관계를 의미한다. 과개교합 또는 과잉교합이란 상악부의 앞니가 앞쪽으로 돌출되어 이빨이 맞물리지 않는 교합이다.

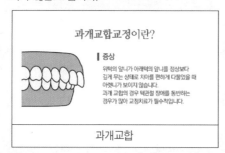

과개교합

답 ⑤

36 피부의 구조를 표층으로부터 바르게 나열한 것은?

① 표피 - 피하조직 - 진피
② 표피 - 진피 - 피하조직
③ 진피 - 표피 - 피하조직
④ 진피 - 피하조직 - 표피
⑤ 피하조직 - 표피 - 진피

> **해설**

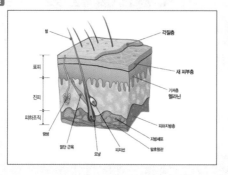

답 ②

37 후지의 관골과 대퇴골의 연결되는 관절의 명칭은?

① 견관절   ② 주관절
③ 완관절   ④ 고관절
⑤ 슬관절

> **해설**

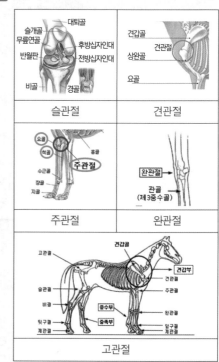

답 ④

38 후지의 관골과 대퇴골의 연결되는 관절의 명칭은?

① 어깨관절   ② 앞다리굽이관절
③ 발목관절   ④ 대퇴관절
⑤ 무릎관절

답 ④

39 식도와 위가 만나는 부위와 위와 십이지장

이 만나는 부위를 각각 무엇이라 하는가?

① 소만, 대만

② 대만, 소만

③ 위체, 위저

④ 유문, 분문

⑤ 분문, 유문

해설

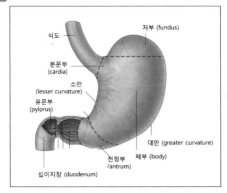

답 ⑤

---

40 다음 중에서 동물의 내분비선이 아닌 것은?

① 난소(Ovaries)

② 뇌하수체(Pituitary gland)

③ 부신(Adrenal gland)

④ 갑상선(Thyroid gland)

⑤ 담낭(Gallbladder)

해설

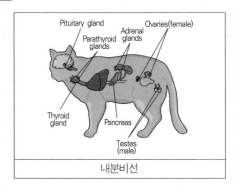

답 ⑤

---

41 약 0.5%의 소금물에 개의 적혈구를 넣으면 적혈구는?

① 수축한다.

② 파열된다.

③ 녹아버린다.

④ 변화가 없다.

⑤ 수축된 후 원상복구 된다.

해설 체액의 등장액은 약 0.85%의 소금물이다.

답 ②

---

42 다음 중 외이로를 통해 받아들인 음파자극으로부터 청각에 관한 신경자극을 발생시키는 나선기관이 존재하는 곳은?

① 반고리관 　　② 달팽이관

③ 원형주머니 　　④ 타원주머니

⑤ 중이관

해설

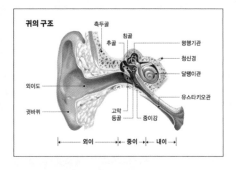

답 ②

---

43 신장의 내부구조 중에서 아미노산과 포도당 등의 유기물질의 재흡수가 주로 일어나는 곳은?

① 근위곡세뇨관

② 원위곡세뇨관

③ 집합관

④ 신원고리의 얇은 부분(헨레 고리)

⑤ 유두관

해설

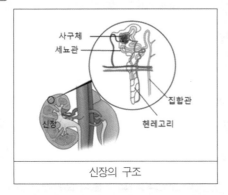

신장의 구조

답 ①

44 호흡 운동근의 하나이며, 흉강과 복강의 경계를 이루되 비스듬히 체벽에 붙어있는 것은?

① 횡격막 ② 복막

③ 흉막 ④ 장간막

⑤ 폐종격

해설

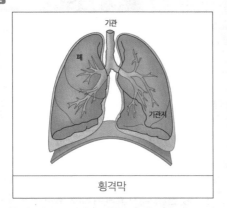

횡격막

답 ①

45 다음 동물 중에 태반이 육안적으로 띠 태반(대상 태반)의 형태를 갖는 동물은?

① 소 ② 돼지

③ 토끼 ④ 말

⑤ 개

해설 태반(placenta)은 태아의 유래이며, 탯줄과 연결되어 있다. 영양분 및 기체 공급, 노폐물 배출, 호르몬 생산을 한다.

· 퍼진(산재성 태반)=diffuse placenta : 말, 돼지, 당나귀

· 태반엽(궁부성 태반)=dotyledonary placenta : 소, 면양, 산양, 사슴, 노루

· 띠(대상 태반)=zonary placenta : 개, 고양이

· 원반(반상 태반)=discoid placenta : 사람, 원숭이, 토끼, 설치류

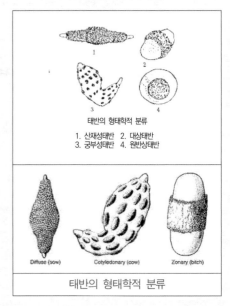

태반의 형태학적 분류

1. 산재성태반 2. 대상태반
3. 궁부성태반 4. 원반상태반

Diffuse (sow) Cotyledonary (cow) Zonary (bitch)

태반의 형태학적 분류

답 ⑤

46 개의 영구치의 치식에 대한 설명으로 바른 것은?

① I 3/3, C 1/1, P 4/4, M 2/3

② I 2/3, C 1/1, P 3/4, M 2/3

③ I 3/3, C 1/1, P 4/3, M 2/3

④ I 3/3, C 1/1, P 4/4, M 3/3

⑤ I 3/3, C 1/1, P 4/4, M 2/2

해설 I=Incisor(앞니),
C=Canine(공곳니),
P=Premolar(앞어금니),
M=Molar(어금니)

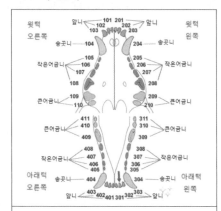

개의 영구치 이빨

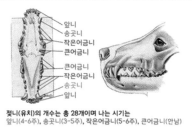

젖니(유치)의 개수는 총 28개이며 나는 시기는
앞니(4-6주), 송곳니(3-5주), 작은어금니(5-6주), 큰어금니(안남)

영구치의 개수는 총 42개이며 나는 시기는
앞니(3-4개월), 송곳니(3-4개월), 작은어금니(4-5개월)
큰어금니(3-6개월) **입니다.**

개의 유치 이빨

답 ①

47 신경계의 분류 중 뇌와 척수는 어느 신경계에 속하는가?

① 중추신경계　　　② 말초신경계
③ 자율신경계　　　④ 교감신경계
⑤ 부교감신경계

답 ①

48 다음은 근육에 대한 설명이다. 바른 것을 모두 고른 것은?

가. 횡문근(가로무늬근)은 수의근으로 주로 골격근이 속한다.

나. 심근은 수의근으로 주로 심장을 구성한다.

다. 평활근(민무늬근)은 불수의근이다.

라. 평활근은 주로 내장의 여러 기관, 혈관 등에 분포한다.

① 가, 나, 다　　　② 가, 나, 라
③ 가, 다, 라　　　④ 나, 다, 라
⑤ 가, 나, 다, 라

해설

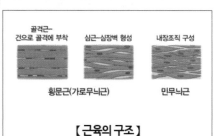

【 근육의 구조 】

답 ③

49 심장에 대한 설명 중 바른 것을 모두 고르시오.

가. 우심방과 우심실 사이에는 이첨판이 있다.

나. 좌심실과 대동맥 사이에는 반월판이 있다.

다. 우심실은 폐동맥과 연결되어 있다.

라. 좌심실은 대동맥과 연결되어 있다.

① 가, 나, 다　　② 가, 나, 라
③ 가, 다, 라　　④ 나, 다, 라
⑤ 가, 나, 다, 라

> **해설** 이첨판(biscuspid/mitral valve)은 심장의 좌심방과 좌심실 사이에서, 좌심실이 수축할 때 혈액이 심방으로 올라오는 것을 막는 2개의 판이며, 승모판이라고도 불린다. 삼첨판(tricuspid valve)은 우심방과 우심실 사이의 개구부에 위치하며 우심방에서 온 혈액이 우심실을 채울 수 있도록 열린다. 반월판(semilunar valve)은 체내의 혈관에 존재하는 반월형의 판을 말하며, 심장의 수축 때, 혈액이 역류하는 것을 막아주는 역할을 하고, 우심실과 폐동맥 사이, 좌심실과 대동맥 사이에 존재하며, 각 장소마다 세 개씩의 반월판이 존재한다.

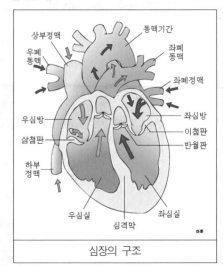

심장의 구조

답 ④

50 동물의 체조직을 구성하고 있는 기본조직에 해당하는 것은?

> 가. 상피조직　　나. 털조직
> 다. 결합조직　　라. 근육조직
> 마. 신경조직

① 가, 나, 다　　② 가, 다, 라, 마
③ 가, 나, 다, 라　　④ 다, 라, 마
⑤ 나, 마

답 ②

51 다음 근육 중에 전지대근에 속하지 않는 근육은?

① 상완두근　　② 대퇴사두근
③ 흉골두근　　④ 견갑횡돌근
⑤ 승모근

> **해설** 대퇴사두근은 후지대근에 속하는 근육이다.

답 ②

52 동물체를 이루고 있는 뼈의 조성에 대한 설명 중 올바른 것에 해당하는 것은?

> 가. 뼈는 유기질이 약 2/3, 무기질이 약 1/3로 구성되어 있다
> 나. 유기질은 주로 gelatin으로 구성되어 있다.
> 다. 무기질은 주로 인산석회로 구성되어 있다.
> 라. 뼈는 유기질인 골기질에 무기염이 침착된 것이다.
> 마. 유기질은 질기고 탄성이 있으며, 무기질은 굳은 성질을 가지고 있다.

① 나, 다, 라, 마　　② 가, 나, 다, 마
③ 가, 나, 다, 라　　④ 가, 나
⑤ 나, 다, 라

> **해설** 뼈의 기질은 동물의 연령에 따라 차이가 있을 수는 있으나 대체로 1/3이 유기질이고, 2/3가 무기질로 구성되어 있다.

답 ①

53 골격의 기능에 관한 설명 중에서 틀린 것은?

① 몸을 지지하고 연한 장기와 기관을 보호하는 지주의 구실을 한다.

② 근육과 협동하여 지렛대 구실로 운동을 한다.

③ 칼슘과 인 등의 무기물의 저장고 역할을 한다.

④ 적혈구 및 일부 백혈구를 생산하는 조혈기관이다.

⑤ 기본조직의 세포를 생산한다.

답 ⑤

54 다음 중 전지 상반의 동맥을 바르게 묶어 놓은 것은?

가. 액와동맥	나. 상완동맥
다. 정중동맥	라. 총경동맥
마. 전대정맥	

① 가, 나, 다   ② 가, 나, 라

③ 가, 다, 라   ④ 나, 다, 라

⑤ 다, 라, 마

해설 · 액와동맥은 겨드랑동맥이라고도 하며, 동물의 흉부의 바깥쪽, 겨드랑이, 팔로 각각 산소가 풍부한 혈액을 운반하는 큰 혈관이다.

· 상완동맥은 앞다리의 주요 동맥혈관이다.

· 정중동맥은 태생기 동맥으로 정상적으로는 태생기에 사라지나 간혹 퇴화되지 않고 지속적으로 남아 있기도 하며, 이분정중신경이 동반되기도 한다.

· 내경동맥은 두개골 안쪽, 즉 뇌로 들어가서 뇌

혈관과 눈혈관을 구성하는 혈관이며 내경동맥과 외경동맥을 합쳐진 부위를 총경동맥이라고 한다.

· 심장이 형성되는 과정에서 대동맥과 폐동맥이 나뉘지 않고 하나의 큰 혈관, 즉 총동맥으로 남아 있는 경우를 총동맥간증이라 한다.

답 ①

55 동물의 소화기에 대한 설명 중 바르지 못한 것은?

① 소화기관은 물이나 음식물을 섭취, 소화, 흡수, 배설하는 기관이다.

② 입에서부터 식도, 위, 소장, 대장 및 항문으로 이어지는 소화관을 이루고 있다.

③ 음식물은 구강에서 저작되고, 타액과 혼합된 후 혀의 연동운동에 의해서 위로 보내진다.

④ 위에서는 위액이, 십이지장에서는 췌액과 담즙이, 소장에서는 장액이 분비된다.

⑤ 소화물과 무기물, 비타민 및 수분은 소장과 대장에서 각각 흡수된다.

해설 구강에서는 음식물이 저작되어지고 타액과 함께 섞어진 후 덩어리로 만들어져서 혀에 의해서 인두로 보내지게 된다. 인두강에서 식도로 밀어 넣는 압력과 식도 입구에서의 연동운동에 의해 음식물은 위로 보내진다.

답 ③

56 혈액 중 백혈구의 기능이 아닌 것은?

① 식작용

② 면역작용

③ 해독작용

④ 염증작용

⑤ 혈액응고작용

답 ④

57 개의 척추는 50여개의 척추골(vertebrae)로 구성되는데 부위에 따라 잘못 연결 것은?

① 경추 - 7개
② 흉추 - 13개
③ 요추 - 5개
④ 천추 - 3개
⑤ 미추 - 16 - 23개

해설 개의 척추는 경추 7개, 흉추 13개, 요추 7개, 천추 3개, 미추 16 - 23개이다.

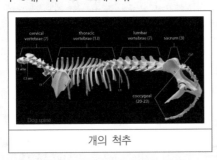

개의 척추

답 ③

58 분만 직후에 많이 일어나며 기립불능증 등의 대사 장애가 발생되며 인이나 비타민 D와도 연관 관계가 있는 성분은?

① 마그네슘(Mg)
② 황(S)
③ 아연(Zn)
④ 칼슘(Ca)
⑤ 망간(Mn)

해설 기립불능증후군(Downer cow syndrome)이란 원인이 무엇이든 간에 기립불능 상태로 된 모든 소에 적용 되는 말이다. 산전 산후 기립불능증은 별다른 증상이 없이 분만직후부터 72시간 이내에 기립불능에 빠져 칼슘제를 투여 하였음에도 불구하고 기립하지 않는 경우에 사용되는 호칭이다.

답 ④

59 다음 중 대뇌피질(cerebral cortex)에 대한 호칭이 틀린 것은?

① 변연엽(limbic lobe)
② 전두엽(frontal lobe)
③ 두정엽(pariental lobe)
④ 측두엽(temporal lobe)
⑤ 후두엽(occipital lobe)

해설 변연엽(limbic lobe)이라 하지 않고 변연계(limbic system)라 한다.

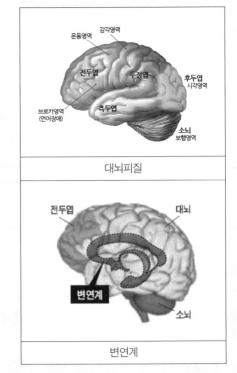

대뇌피질

변연계

답 ①

60 바둑알 모양으로 물체의 원근에 따라 두께가 조절되어 물체의 상을 맺도록 하는 조절은 섬모체와 그 관련 구조물에 의해 이뤄지며 나이든 개의 경우 백내장을 일으키는 구조는?

① 각막(corena)

② 홍채(iris)

③ 공막(sclera)

④ 망막(retina)

⑤ 수정체(lens)

해설

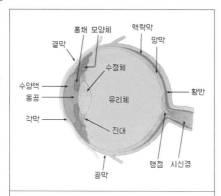

눈의 구조

개의 백내장

답 ⑤

61 다음 중 신장(Kidney)의 기능이 아닌 것은?

① 혈중 유해산물 제거

② 혈액의 삼투압 조절

③ 세포외액량 조절

④ 혈액의 pH 조절

⑤ 혈액 내 백혈구 생성

답 ⑤

62 앞발의 발바닥쪽으로부터 혈액을 모아오는 정맥으로 전완부 원위의 내측면을 앞등쪽으로 가로질리며 수액제제를 맞는데 용이한 정맥혈관은?

① 견갑상완정맥(omobrachial v.)

② 요골피부정맥(cephalic v.)

③ 완두정맥(brachiocephalic v.)

④ 상완정맥(brachial v.)

⑤ 겨드랑정맥(axillary v)

해설

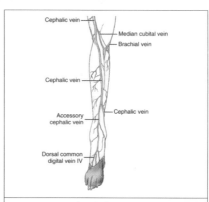

요골피부정맥(cephalic v.)

요골피부정맥 채혈

답 ②

63 생체에서 가장 굵은 신경으로 대퇴부위에서 비골신경(peroneal n.)과 경골신경(tibial n.)으로 나뉘며 뒷다리 근육주사 할 때 손상되기 쉬운 신경은?

① 폐쇄신경(obturator n.)

② 척골신경(ulnar n.)

③ 대퇴신경(femoral n.)

④ 좌골신경(sciatic n.)

⑤ 회음신경(perineal n.)

해설

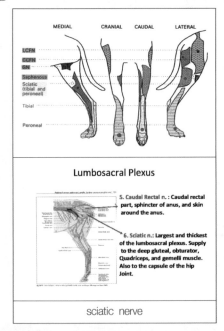

답 ④

64 황체나 태반 또는 양쪽에서 분비되며 임신의 유지에 필요한 호르몬은?

① 프로게스테론(progesterone)

② 테스토스테론(testosterone)

③ 안드로겐(androgen)

④ 코티솔(cotisol)

⑤ 에스트로겐(estrogen)

해설 · 프로게스테론(progesterone)은 동물 암컷(female)의 성호르몬(sex hormone)이고, 자궁 속막이 수정란을 수용 · 착상 · 성장할 수 있게 자궁벽을 준비시키며 착상된 수정란을 방해하지 못하도록 자궁의 근육수축을 억제한다.

· 테스토스테론(testosterone)은 동물 수컷(male)의 성호르몬(sex hormone)이다.

· 안드로겐(androgen)은 특정 호르몬의 이름이 아니라, 수컷호르몬의 작용을 발휘하는 물질들의 총칭이다.

· 코르티솔(Cortisol)은 부신 피질에서 분비되는 호르몬으로 스트레스에 대응하는 역할을 함으로 스트레스 호르몬이라고도 한다.

· 에스트로겐(estrogen)은 암컷 동물의 난소 안에 있는 여포와 황체에서 주로 분비되며, 태반에서도 분비되어 생식주기에 영향을 주는 동물 암컷호르몬이다.

답 ①

65 초유(colostrum)는 분만 후 몇 일 이내에 먹여야 하는가?

① 1~2일   ② 5일

③ 10일   ④ 15일

⑤ 20일

해설 소의 초유는 분만 후 3일까지 갓 난 송아지에 급여하는 우유를 초유라 한다. 초유에는 갓 난 송아지가 질병에 걸리지 않도록 해주는 면역물질과 각종 영양소가 많이 함유되어 있으며 특히 비타민 A와 칼슘은 일반우유의 9~10배나 많이 함유되어 있어 송아지의 건강을 촉진하는 중요한 생리작용을 한다. 초유에는 완하제 작용이 있어 태아의 소화관내에 있던 태아 변을 배설하는데 중요한 작용을 한다. 사람은 임신 7개월부터 산모의 유방에서 생산되어 아기 출생 후 5일 이내에 분비되는 모유를 말한다. 진하고 끈끈하며 짙은 노란색을 띠고 양도 아주 적다.

답 ①

66 적혈구의 사멸은 주로 어느 장기에서 이뤄지는가?

① 신장(kidney)

② 췌장(pancreas)

③ 비장(spleen)

④ 위(stomach)

⑤ 대장(colon)

해설 적혈구는 골수에서 생성되고 비장에서 파괴된다. 수명을 다한 적혈구는 비장의 대식세포에 의해 잡아먹힌다. 여러 혈액세포들과 마찬가지로 수명이 다 된 적혈구는 비장(spleen)에서 파괴되는데 비장은 적혈구의 기능이 복구 가능한지, 불가능한지를 판단해주기 때문에 중요하다. 기능의 복구가 가능하다면 활동 가능한 적혈구로 수리해서 배출시키고 회복이 불가하다고 판단되면 파괴 시키게 된다. 비장의 기능이 이상 항진되는 경우 정상적인 적혈구까지도 파괴될 수 있으므로 빈혈을 발생시킬 수 있는 장기이기도 하다.

답 ③

67 다음 중 백혈구와 관계있는 것으로만 짝지어진 것은?

a. 림프구	b. 탐식작용
c. 빈혈	d. 산소운반
e. 백혈병	f. 헤모글로빈

① a, b, c, d, e   ② b, c, e, f

③ c, d, e, f   ④ a, b, e

⑤ a, b, c, e

해설 림프구, 탐식작용, 백혈병은 백혈구와 관계있고, 빈혈, 산소운반, 헤모글로빈은 적혈구와 관계있다.

답 ④

68 자율신경 기능 중 부교감신경의 기능이 아닌 것은?

① 동공축소

② 침샘분비 억제

③ 말초혈관 수축

④ 기관지 수축

⑤ 방광 벽 근육 수축

해설 교감 신경 흥분 시 동공은 확장되고 땀의 분비가 촉진되며 심장박동수가 증가하고 혈관은 수축한다. 또한 기관지가 확장되며 위장관 운동은 저하된다. 부교감 신경 흥분 시 동공은 수축하고 땀분비는 감소하며 심박동수는 감소하고 일부 혈관이 확장된다. 또한 기관지는 수축하며 위장관 운동이 촉진된다.

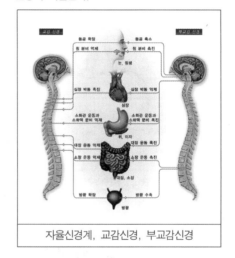

자율신경계, 교감신경, 부교감신경

답 ③

69 간(liver)의 기능이 아닌 것은?

① 영양분의 저장과 대사의 기능

② 혈액저장소

③ 신체 지지 및 기관보호

④ 해독 및 분해산물 배출작용

⑤ 담즙생성

답 ③

70 혈관계에서 전신순환 경로로 맞는 것은?

① 우심실 → 폐동맥 → 폐 → 폐정맥 → 좌심방

② 좌심실 → 대동맥 → 조직 → 대정맥 → 우심방

③ 우심실 → 대동맥 → 조직 → 대정맥 → 좌심방

④ 우심방 → 대동맥 → 조직 → 대정맥 → 좌심실

⑤ 좌심실 → 폐동맥 → 폐 → 폐정맥 → 우심방

해설

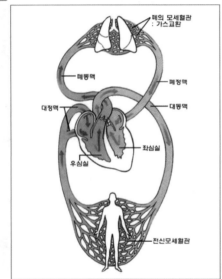

답 ②

71 다음 중 호흡기 계통의 기관이 아닌 것은?

① 비강(nasal cavity)

② 후두(larynx)

③ 폐(lung)

④ 기관(trachea)

⑤ 인두(pharynx)

답 ⑤

72 다음 중 대퇴네갈래근에 해당되지 않는 것은?

① 대퇴곧은근   ② 외측넓은근

③ 대퇴근막긴장근   ④ 중간넓은근

⑤ 내측넓은근

해설

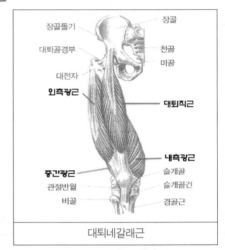

대퇴네갈래근

답 ③

73 번식능력과 관계가 있으며 이것이 결핍되면 성욕소실, 정자소실, 수정관의 위축이 일어나며 자궁에서 태아가 흡수 혹은 유산되거나 사산되는 성분은?

① 비타민 K

② 비타민 E

③ 비타민 A

④ 비타민 B-complex

⑤ 비타민 D

답 ②

74 호르몬의 작용기전이 아닌 것은?

① 효소(enzyme)처럼 작용한다.

② 효소(enzyme)를 활성화 한다.

③ 조효소(coenzyme)처럼 작용한다.

④ 세포막의 투과성을 변화시킨다.

⑤ 단백질을 생성, 파괴한다.

답 ⑤

75 RNA와 단백질로 구성되어 있으며, 단백질 합성이 일어나는 세포기관은?

① 소포체　　　② 미토콘드리아

③ 리소좀　　　④ 리보솜

⑤ 염색체

답 ④

76 다음 중 한선의 발달이 가장 나쁜 동물은?

① 말　　　② 개

③ 소　　　④ 양

⑤ 돼지

해설 사람이나 말은 몸 전체에 땀샘이 있는 반면 개와 고양이는 발바닥에만 땀샘이 있다.

답 ②

77 다음 중 내분비선이 아닌 것만 짝지어진 것은?

가. 고환	나. 부신
다. 췌장	라. 비장

① 가, 나, 다　　　② 나, 다

③ 가, 라　　　④ 라

⑤ 가, 나, 다, 라

해설 내분비선(endocrine gland)은 호르몬을 만들어 혈관(혈액)으로 직접 분비하는 조직이나 기관으로 분비관이 따로 없다. 내분비선에 해당하는 예는 이자(=췌장), 부신, 갑상샘, 뇌하수체, 고환, 난소 등이다.

답 ④

78 다음 중 고실 내외의 기압차를 조정해주는 것은?

① 와우창　　　② 전정창

③ 고포　　　④ 이관

⑤ 청각

해설

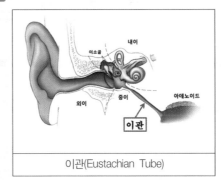

이관(Eustachian Tube)

답 ④

79 다음 중 내분비선과 외분비선을 모두 가지고 있는 기관은?

① 갑상선　　　② 부신

③ 신장　　　④ 췌장

⑤ 하수체

해설 외분비선은 체표 및 소화관 내에 분비를 하는 선조직으로, 내분비선에 대응되는 말이다. 소화관 내에 분비하는 것에는 침샘(타액선)·위샘·장샘·이자(=췌장) 외에, 그것이 변화된 것에는 뱀의 독샘 등이 있다. 체표에 분비하는 것에는 점액선·땀샘·피지선 외에, 물새의 우지선이나 포유류의 젖샘 등이 있다.

답 ④

80 다음 치아 관련 조직 중 가장 단단한 것은?

① 에나멜질   ② 상아질

③ 시멘트질   ④ 치수

⑤ 치근

해설

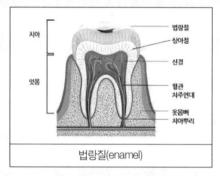

법랑질(enamel)

답 ①

81 개의 척추 개수를 올바르게 나열한 것은?

① 경추 7개   흉추 13개   요추 7개   천추 3개

② 경추 7개   흉추 13개   요추 7개   천추 4개

③ 경추 7개   흉추 14개   요추 7개   천추 4개

④ 경추 8개   흉추 13개   요추 7개   천추 3개

⑤ 경추 8개   흉추 13개   요추 8개   천추 3개

답 ①

82 앞다리의 골격을 위에서 아래로 바르게 나열한 것은?

① 견갑골 - 상완골 - 전완골(요골, 척골) - 완골 - 완전골 - 지골

② 관골 - 대퇴골 - 하퇴골(경골, 비골) - 부골 - 부전골 - 지골

③ 견갑골 - 상완골 - 하퇴골(경골, 비골) - 완골 - 완전골 - 지골

④ 관골 - 상완골 - 전완골(요골, 척골) - 부골 - 부전골 - 지골

⑤ 견갑골 - 대퇴골 - 전완골(요골, 척골) - 완골 - 완전골 - 지골

해설

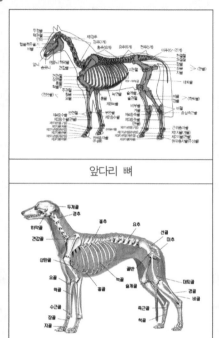

앞다리 뼈

앞다리 골격

답 ①

83 다음 소화기관 중 소장에서 대장의 순서로 바르게 나열한 것은?

① 소장 → 맹장 → 직장 → 결장

② 소장 → 맹장 → 결장 → 직장

③ 소장 → 결장 → 맹장 → 직장

④ 소장 → 결장 → 직장 → 맹장

⑤ 소장 → 직장 → 결장 → 맹장

해설 우리 몸의 소화 기관 및 소화 과정은 구강에서 항문까지, 입→인두→식도→위→소장(십이지장→공장→회장)→대장(맹장→결장→직장)→항문 순이다.

답 ②

84 다음 설명 중 틀린 것으로만 짝지어진 것은?

> 가. 대퇴관절은 운동성이 큰 경첩관절이다.
>
> 나. 탈구는 관절면이 정상의 위치에서 벗어난 것을 말한다.
>
> 다. 가동성의 큰 관절에서 탈구가 빈발한다.
>
> 라. 염좌는 관절주머니나 인대가 손상되어도 상호간 위치가 유지되는 경우이다.
>
> 마. 염좌는 가동성이 적은 관절에서 빈발한다.

① 가 ② 가, 라
③ 나, 다 ④ 나, 다, 라
⑤ 다, 라

답 ①

85 다음 적혈구에 대한 설명으로 틀린 것은?

① 포유류 적혈구는 오목한 원반형이다.
② 포유동물의 성숙 적혈구는 핵이 있다.
③ 낙타, 기린의 적혈구는 타원형이다.
④ 조류의 적혈구는 타원형이고 핵이 있다.
⑤ 적혈구의 원반형 모양은 표면적 증대와 관련된다.

[해설] ·포유류의 성숙 적혈구는 핵이 없고 양쪽이 오목한 원반형이다.
·개의 적혈구는 양쪽이 분명한 오목한 원반형이며, 말과 고양이는 함몰이 얕고, 돼지와 반추류는 편평한 원반형 적혈구이다.
·낙타, 기린, 라마 등의 적혈구는 타원형, 조류, 개구리 등의 적혈구도 타원형인데 조류와 개구리의 적혈구에는 핵이 있다.

답 ②

86 상완의 근육 중에서 가장 큰 근육은?

① 전완근막긴장근
② 앞다리굽이근
③ 상완두갈래근
④ 상완세갈래근
⑤ 상완근

[해설]
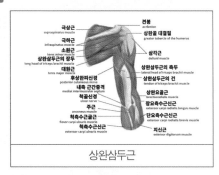
상완삼두근

답 ④

87 다음 백혈구에 대한 설명으로 틀린 것은?

① 호염구는 혈액 내 약 10% 정도로 존재한다.
② 호중구는 급성 염증에 동원되어 방어를 담당한다.
③ 세균감염 시 백혈구증가증이 나타난다.
④ 림프구는 면역을 담당한다.
⑤ 기생충 감염 시 호산구가 증가한다.

[해설] 백혈구는 크게 과립세포, 무과립세포로 나누어지고, 과립세포(granulocytes)에는 호중구, 호염구, 호산구가 있고, 무과립세포(agranulocytes)에는 림프구, 단핵구, 대식세포가 있다. 호중구(neutrophil)는 백혈구의 62%, 호산구(eosinophil)는 백혈구의 2.3%, 호염구(basophil)는 백혈구의 0.4%, 림프구(lymphocyte)는 백혈구의 30%, 단

핵구(monoocytes)는 백혈구의 5.3%를 각각 차지한다.

답 ①

88 다음 설명 중 틀린 것은?

① 연구개는 골성조직으로 구성된다.
② 편도는 림프기관에 속한다.
③ 혀의 유두에 있는 맛봉우리에서 맛을 감지한다.
④ 기계적 유두는 실유두이다.
⑤ 버섯유두, 성곽유두 및 잎새유두는 맛봉우리가 있다.

해설

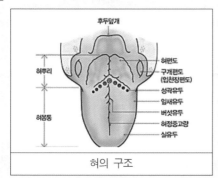

혀의 구조

답 ①

89 다음 설명 중 틀린 것은?

① 후두연골은 갑상연골, 윤상연골, 피열연골과 후두덮개로 구성된다.
② 윤상연골은 성대를 보관한다.
③ 갑상연골은 후두연골 중 가장 큰 연골이다.
④ 피열 연골은 세모꼴의 연골이다.
⑤ 후두덮개는 음식물을 삼킬 때 후두입구를 덮는다.

해설 갑상연골은 갑옷 모양의 연골로서 갑옷 모양으로 외부의 충격으로부터 방어하고 보호할 수 있는 모양을 갖추고 있다. 식도의 후방은 척추로 연결되어 단단한 구조물이다.

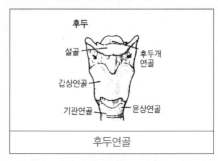

후두연골

답 ②

90 다음 개의 신장에 관한 설명 중 틀린 것은?

① 비뇨기관은 신장, 요관, 방광 및 요도로 구성된다.
② 신장은 오줌이 생성되는 암적갈색 장기이다.
③ 왼쪽이 오른쪽 신장보다 약간 앞쪽에 위치한다.
④ 신장 표면은 섬유질 피막으로 덮여 있다.
⑤ 신장의 내부는 피질과 수질로 구분된다.

해설 돼지의 경우 좌우 신장이 대칭되어 위치하지만 대부분의 동물에서는 우신은 간장의 우엽에 눌리기 때문에 좌신보다 약간 아래쪽에 위치한다.

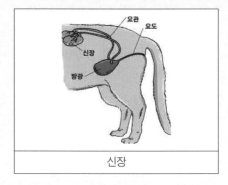

신장

답 ③

91 세포호흡을 통해 세포가 활동할 수 있는 ATP를 생성하는 세포소기관은?

① 리보솜
② 미토콘드리아
③ 골지체
④ 소포체
⑤ 핵

답 ②

92 다음 해부학 용어의 연결이 올바른 것을 모두 고르시오.

> 가. 등쪽 - Dorsal
>
> 나. 배쪽 - Ventral
>
> 다. 앞쪽 - Cranial
>
> 라. 뒤쪽 - Caudal
>
> 마. 얕은 - Superficial

① 가, 나, 다, 마
② 나, 다, 라, 마
③ 가, 다, 라, 마
④ 가, 나, 다, 라
⑤ 모두 정답

해설 배쪽 - ventral
등쪽 - dorsal
머리쪽 - cranial
꼬리쪽 - caudal
가로 - transverse
세로 - longitudinal
축 - axial
바깥 - external
얕은 - superficial
깊은 - deep
중심 - central
말초 - peripheral

답 ⑤

93 사지골격(appendicular skeleton)에 포함되지 않는 것은?

① 비골(fibula)
② 대퇴골(femur)
③ 견갑골(scapula)
④ 요골(radius)
⑤ 천골(sacrum)

답 ⑤

94 대퇴골의 형태는?

① 긴뼈
② 짧은뼈
③ 편평뼈
④ 불규칙뼈
⑤ 타원형뼈

답 ①

95 두개골(skull)은 크게 머리뼈와 안면뼈로 구분한다. 이 중 머리뼈를 구성하는 뼈들로만 묶여 있는 것은?

> 가. 전두골 　　 나. 두정
>
> 다. 후두골 　　 라. 상악골
>
> 마. 권골

① 가, 나
② 가, 나, 다
③ 가, 나, 다, 라
④ 가, 다, 라, 마
⑤ 가, 나, 다, 라, 마

해설 상악골은 안면뼈의 일종이며, 권골은 주먹을 의미하는 한자어로, 국내에선 사어화된 단어이고 권골이 주먹의 대체어로 쓰이던 시기는 1930년 대까지이다.

답 ②

96 무릎관절(stifle)은 굽히고 비절(hock)은 뻗게 하는 근육은?

① 장딴지근(gastrocnemius m.)
② 상완두갈래근(biceps brachii m.)
③ 상완세갈래근(triceps brachii m.)
④ 대퇴비스듬근(sartorius m.)
⑤ 대퇴네갈래근(quadriceps femoris m.)

답 ①

97 다음 장기 중에서 복강 내에 위치하지 않는 것은?

① 간장　　　　　② 췌장
③ 비장　　　　　④ 갑상선
⑤ 신장

답 ④

98 다음 중 소화기계통이 아닌 것은?

① 구강　　　　　② 인두
③ 십이지장　　　④ 췌장
⑤ 비장

해설 비장은 비상 장기란 뜻을 가진 장기이다. 왼쪽 갈비뼈 아래, 위의 뒤쪽에 위치하는 기관이며 가장 큰 림프기관이다. 비장은 몸에서 혈액을 저장, 생성하고 오래된 혈구를 걸러 제거하는 장기다. 비장은 맹장처럼 쓸모없는 기관은 아니지만 중요한 장기는 아니다. 비장이 없어도 살아가는 데는 큰 지장이 없다.

답 ⑤

99 다음 소화기관에 관한 설명으로 가장 관계가 적은 것은?

① 위장(stomach) · 연동운동
② 간장(liver) · 해독작용
③ 혀(tongue) · 평활근
④ 대장(large intestine) · 수분흡수
⑤ 십이지장(duodenum) · 췌장액

해설 민무늬근(Smooth muscle) 또는 평활근(smooth muscle)은 가로무늬가 없는 근육이다. 내장근 또는 불수의근이라 하기도 한다. 근절(Sarcomere)이 발달하지 않은 형태의 근육이다. 반면에 혀(tongue)는 구강 바닥에서 구강으로 돌출한 가로무늬근의 덩어리이다. 물고기 혀는 맛을 느끼는 간단한 돌기일 뿐, 근육이 없어 움직이지 못한다. 파충류와 포유류는 혀 아래쪽의 근육이 발달하여 먹이의 포획이나 연하를 돕고, 또 혀 모양을 여러 가지로 바꾸어 발성에 변화를 줄 수 있다. 거북류, 악어류의 혀는 운동성이 약하고 또 혀를 내밀지 못한다. 혀 자체를 구성하는 근을 설고유근(내설근)이라 하고, 두개골의 여러 부위에서 나와 혀로 가는 근을 외설근이라 한다.

답 ③

100 안구를 덮고 있는 피부의 추벽을 안검이라 한다. 동물에서만 볼 수 있는 안검으로 내안각에 있는 결막 추벽이며 순막이라고도 불리는 것은?

① 상안검　　　　② 하안검
③ 제3 안검　　　④ 결막
⑤ 누선

답 ③

101 정자형성(spermatogenisis)이 일어나는 곳은?

① 부고환　　　　② 정낭

③ 정세관   ④ 정관

⑤ 전립선

해설 수컷은 고환의 정세관에서 정자발생 (spermatogenesis) 과정을 통해 감수분열이 일어난다.

답 ③

102 다음 중 암컷의 생식기관에 속하지 않는 것은?

① 난소   ② 자궁

③ 부신   ④ 난관

⑤ 질

답 ③

103 다음 중 암컷의 발정주기 4단계가 순서대로 연결된 것은?

① 발정전기, 무발정기, 발정후기, 발정기

② 발정기, 무발정기, 발정후기, 발정전기

③ 발정전기, 발정후기, 발정기, 무발정기

④ 발정전기, 발정기, 발정후기, 무발정기

⑤ 발정기, 발정전기, 발정후기, 무발정기

답 ④

104 난자가 수정되기 가장 쉬운 장소는?

① 난소   ② 난관

③ 자궁뿔   ④ 자궁몸통

⑤ 질

해설 난관(Uterine tube)은 자궁과 난소를 연결하는 긴 관으로 '나팔관'이라고도 하며, 난소로부터 배출된 난자가 이동하는 통로로, 이곳에서 자궁을 통해 들어온 정자와 난자가 만나 수정이 이루어진다.

답 ②

105 다음 중 옳지 않는 것은?

① 개 음경은 앞쪽 부분이 뾰족하다.

② 개의 음낭은 뒷다리 사이에 놓여 있다.

③ 개의 전립샘은 음경 뼈 근처에 놓여 있다.

④ 개의 음경 뼈는 요도 등 쪽에 놓여 있다.

⑤ 생성된 정자는 부고환 속에 저장된다.

해설 개의 전립샘은 정액을 생성하는 부생식샘으로, 방광 목부분의 요도를 둘러싸고 있는 둥근 샘조직이다. 자궁을 통해 들어온 정자와 난자가 만나 수정이 이루어진다.

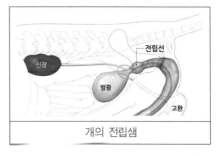

개의 전립샘

답 ③

106 다음 중 전립선의 기능으로 올바른 것은?

① 정자 생산

② 테스토스테론 분비

③ 안드로겐 분비

④ 정자를 위한 윤활제 분비

⑤ 에스트로겐 분비

답 ④

107 다음 중 산소포화도가 가장 높은 혈관은?

① 폐동맥   ② 폐정맥

③ 관상정맥   ④ 문맥

⑤ 후대정맥

해설 산소 포화도가 높은 혈액(동맥혈)이 심장에서 동맥을 통해 말초의 모세혈관까지 운반돼 각 조직에 풍부한 영양소·산소를 공급한 후 산소 포화도가 낮은 혈액(정맥혈)은 정맥을 통해 다시 심장으로 돌아가는 것이 혈액 순환의 기본 모양이다. 하지만 폐정맥은 폐에서 심장으로 오는 것이므로 산소포화도가 가장 높다. 즉, 폐정맥과 폐동맥은 산소포화도에 있어서는 일반 동맥, 정맥과는 반대인 것이다.

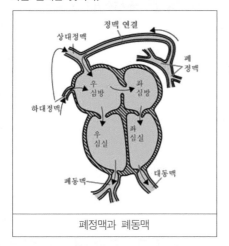

폐정맥과 폐동맥

답 ②

108 다음은 심장에 대한 설명이다. 틀린 것은?

① 심장은 심낭에 둘러싸인 내장근으로 이루어진 근육 장기이다.
② 심장은 좌·우로 양분되고 이들은 다시 심방과 심실로 구분되어 2심방 2심실로 구분되어있다.
③ 심방과 심실사이에는 방실판막이 있다.
④ 오른쪽 심방과 심실사이의 판막을 삼천판이라 한다.
⑤ 왼쪽 심방과 심실사이의 판막은 이첨판 또는 승모판이라 한다.

해설 이첨판(biscuspid/mitral valve)은 심장의 좌심방과 좌심실 사이에서, 좌심실이 수축할 때 혈액이 심방으로 올라오는 것을 막는 2개의 판이며, 승모판이라고도 불린다. 삼첨판(tricuspid valve)은 우심방과 우심실 사이의 개구부에 위치하며 우

심방에서 온 혈액이 우심실을 채울 수 있도록 열린다. 심장근(cardiac muscle)은 내장근이 아니며 횡문근이고 불수의근이다.

답 ①

109 간문맥계(hepatic portal system)란 무엇인가?

① 심장에서 대동맥을 통해 간으로 흐르는 혈액
② 장에서 간 모세혈관으로 흐르는 혈액
③ 장에서 흉관(thoracic duct)을 거쳐 심장으로 흐르는 림프
④ 유미관(lacteals)에서 간정맥으로 흐르는 림프
⑤ 모세혈관을 거쳐 후대정맥을 통해 우심방으로 흐르는 혈액

해설

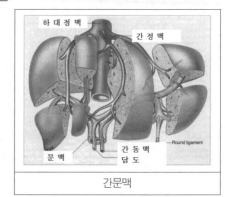

간문맥

답 ②

110 제1 심음은 심장의 어떤 판막이 닫히며 나는 소리인가?

① 대동맥판, 이첨판
② 이첨판, 폐동맥판
③ 이첨판, 삼첨판

④ 폐동맥판, 대동맥판

⑤ 대동맥판, 삼첨판

답 ③

111 기관(trachea)의 분지 순서가 올바른 것은?

① 기관, 기관지, 세기관지, 폐포관, 폐포

② 기관, 기관지, 세기관지, 폐포, 폐포관

③ 기관, 세기관지, 기관지, 폐포, 폐포관

④ 기관, 세기관지, 기관지, 폐포관, 폐포

⑤ 기관지, 기관, 세기관지, 폐포관, 폐포

답 ①

112 다음 중에서 비뇨기계의 장기가 아닌 것은?

① 신장 　　　　② 요관

③ 전립선 　　　④ 방광

⑤ 요도

해설 전립선은 수컷에게만 있는 일종의 호르몬 기관으로서 방광 바로 아래에 위치하여 요도를 감싸고 있고 정액 성분 중 약 20~30%를 차지하는 전립선 액을 생성한다.

답 ③

113 다음 중 피부의 기능이 아닌 것은?

① 몸을 병원체로부터 보호한다.

② 방수작용이 있어 체액의 변화를 막는다.

③ 비타민 E를 합성한다.

④ 자외선으로부터 몸을 보호하기 위해 멜라닌 색소를 분비한다.

⑤ 체온을 조절한다.

답 ③

114 다음 중 항문낭에 대한 설명으로 바르지 못한 것은?

① 항문낭은 일종의 기름샘으로서 분비관이 발달되어 있지 않다.

② 항문낭의 위치는 항문을 중심으로 4시와 8시 방향에 위치한다.

③ 항문낭의 내용물은 땀샘 분비물과 내벽을 덮고 있는 표피에서 떨어져 나온 세포이다.

④ 항문낭의 내용물은 단단한 분변의 이동과 항문낭 조임근의 수축에 의해 분비된다.

⑤ 항문낭 분비물이 축적되면 엄지손가락과 집게손가락을 이용하여 등쪽으로 밀어서 짜준다.

답 ①

115 림프구에서 생산하는 것은?

① 조직액 　　　② 림프

③ 항체 　　　　④ 항원

⑤ 복수

답 ③

116 개의 임신기간은 약 며칠 정도인가?

① 21일 　　　　② 30일

③ 63일 　　　　④ 90일

⑤ 120일

답 ③

117 기관 점막의 상피는?

① 단층원주상피

② 중층 편평상피

③ 이행상피

④ 위중층원주섬모상피

> 해설 · 위중층원주섬모상피 : 기관 점막 상피. 단층원
> · 주상피 : 위장 점막 상피, 반추동물 4위
> · 중층편평상피 : 피부, 구강, 식도, 각막, 질, 반추동물 1~3위
> · 단층원주섬모상피 : 자궁, 난관, 소기관지, 부비동
> · 이행상피 : 신장, 요도의 비뇨기계, 방광, 요관
> · 단층편평상피 : 요세관의 nephron 부위

답 ④

118 십이지장의 내면을 덮는 상피는?

① 단층원주상피

② 단층편평상피

③ 중층입방상피

④ 이행상피

답 ①

119 다음 중 점막상피가 중층(다층)편평상피 (stratified squamous epithelium)로 되어 있지 않은 것은?

① 구강(Oral cavity)

② 식도(Esophagus)

③ 반추동물의 2위(Reticulum)

④ 공장(Jejunum)

답 ④

120 다음 중 섬유연골(fibrous cartilage)에 해당하는 것은?

① 추간원판   ② 이개연골

③ 기관   ④ 후두개

답 ①

121 다음의 후두연골 중 성대(Vocal cord)를 부착시키고 있는 것은?

① 후두개연골(Epiglottis c.)

② 갑상연골(Thyroid c.)

③ 윤상연골(Cricoid c.)

④ 피열연골(Arytenoid c.)

답 ④

122 다음 관절 중 차축관절에 해당하는 것은?

① 견관절   ② 고관절

③ 요척관절   ④ 주관절

답 ③

123 대퇴직근(rectus femoris m.)과 외측광근 (vastus lateralis m.)은 다음 어느 근육에 속하는가?

① 상완삼두근(Triceps brachii m.)

② 대퇴사두근(Quadriceps femoris m.)

③ 대퇴이두근(Biceps femoris m.)

④ 심지굴근(Deep digital flexor m.)

답 ②

124 다음 저작근(masticating muscle) 중 개 (dog)에서 가장 발달된 것은?

① 교근   ② 측두근

③ 익돌근   ④ 이복근

답 ②

125 개(dog)에서 고관절(Hip joint)을 굽히고, 슬관절(Stifle joint)을 펴는데 관여하는 근

육은?

① 슬와근(popliteus m.)

② 비복근(gastrocnemius m.)

③ 대퇴사두근(quadriceps femoris m.)

④ 전경골근(anterior tibial m.)

⑤ 고관절낭근(관절낭근)(articularis coxae m.)

답 ③

126 식육류가 갖는 특유의 구강선은?

① 구개선(palatine gl.)

② 안와하선(infraorbital gl.)

③ 협골선(zygomatic gl.)

④ 비순선(nasolabial gl.)

답 ③

127 다음 내이(Internal ear)의 구조 중 청각과 관계있는 것은?

① 구형낭(sacculus)

② 반규관(ductus semicirculares)

③ 와우관(Cochlear duct)

④ 난형낭(Utriculus)

답 ③

128 이소골(Auditory ossicles) 중 고막에 붙는 것은?

① 침골(Incus)

② 등골(Stapes)

③ 추골(Malleus)

④ 침골

⑤ 등골

답 ③

129 개의 백혈구 중 백분율이 가장 높고 식 작용(Phagocytosis)이 왕성한 혈구는?

① 산호성 백혈구(Eosinophil)

② 염기호성 백혈구(Basophil)

③ 중성호성 백혈구(Neutrophil)

④ 임파구(Lymphocyte)

답 ③

130 다음 백혈구 중 과립 백혈구가 아닌 것은?

① 임파구(Lymphocyte)

② 산호성 백혈구(Eosinophil)

③ 중성호성 백혈구(Neutrophil)

④ 염기호성 백혈구(Basophil)

답 ①

131 심장의 무게가 체중의 약 1% 인 동물은?

① 소　　　　　② 말

③ 돼지　　　　④ 개

⑤ 토끼

답 ④

132 개의 장에서 그 길이가 가장 짧은 부위는?

① 십이지장　　② 공장

③ 회장　　　　④ 결장

답 ①

133 청각과 평형각을 담당하는 뇌신경은?

① 제6 뇌신경

② 제7 뇌신경

③ 제8 뇌신경

④ 제9 뇌신경

⑤ 제10 뇌신경

답 ③

134 안신경은 다음의 어느 신경에서 갈라지는 가?

① 시신경   ② 동안신경

③ 외전신경   ④ 삼차신경

답 ④

135 저작근(Masticatory m.)을 지배하는 신경은?

① 미주신경(n. vagus)

② 안면신경(n. facialis)

③ 설하신경(n. hypoglossus)

④ 삼차신경(n. trigeminus)

답 ④

136 다음 중 좌골신경(sciatic n.)에서 갈라진 신경은?

① 경골신경(tibial n.)

② 회음신경 perineal n.)

③ 전둔신경(cranial gluteal n.)

④ 후직장신경(caudal rectal n.)

답 ①

137 혀(tongue)의 운동에 관여하는 신경은?

① 미주신경(vagus n.)

② 부신경(accessory n.)

③ 설인신경(glossopharyngeal n.)

④ 설하신경(hypoglossal n.)

답 ④

138 안구운동(eyeball movement)에 관여하지 않는 신경은?

① 동안신경(oculomotor n.)

② 삼차신경(trigeminal n.)

③ 활차신경(trochlear n.)

④ 외전신경(abducent n.)

답 ②

139 다음 뇌신경(cranial nerves) 중에서 부교감신경을 포함하는 신경은?

① 설하신경

② 부신경

③ 도르래신경(활차신경)

④ 미주신경

⑤ 전정달팽이신경(내이신경)

답 ④

140 안면골(Facial Bones)에 속하지 않는 뼈는?

① 절치골(Incisive b.)

② 상악골(Maxilla b.)

③ 비골(Nasal b.)

④ 두정골(Parietal b.)

답 ④

141 개의 천골(Sacrum)은 몇 개의 추골로 구성되어 있나?

① 2개   ② 3개
③ 4개   ④ 5개
⑤ 6개

답 ②

142 개의 경우 출생 후 천추(sacral vertebrae)가 완전히 골화되어 1개의 천골(sacrum)로 되는 데 소요되는 기간은?

① 3개월   ② 6개월
③ 1년   ④ 1년 6개월
⑤ 2년

답 ②

143 치아의 구조 중 혈관과 신경을 포함하는 곳은?

① 에나멜질   ② 상아질
③ 시멘트질   ④ 치수

답 ④

144 다음 치아 조직 중 가장 단단한 것은?

① 상아질   ② 치수
③ 에나멜질   ④ 시멘트질

답 ③

145 시상하부가 있는 부위는?

① 종뇌   ② 중뇌
③ 간뇌   ④ 소뇌
⑤ 연수

답 ③

146 심장의 이첨판(bicuspid valve)의 위치는?

① 우방실구   ② 좌방실구
③ 대동맥구   ④ 폐동맥구

답 ②

147 심장에서 그 벽이 가장 두꺼운 곳은?

① 좌심방   ② 좌심실
③ 우심방   ④ 우심실

답 ②

148 개의 정맥주사를 실시하는데 가장 편리한 곳은?

① 상완 정맥(brachial v.)
② 액와 정맥(axillary v.)
③ 척골 정맥(ulnar v.)
④ 요측피 정맥(cephalic v.)

답 ④

149 개의 경우 전장간막 동맥(cranial mesentric a.)에서 분지하는 동맥은?

① 비동맥(splenic a.)
② 신동맥(renal a.)
③ 간동맥(hepatic a.)
④ 중결장동맥(middle colic a.)

답 ④

150 태아 순환에서 순수한 동맥혈이 흐르고 있는 것은 다음 어느 혈관인가?

① 대동맥(aorta)
② 폐정맥(pulmonary vein)

③ 제동맥(umbilical artery)

④ 제정맥(umbilical vein)

답 ④

151 다음에서 정자(sperm)를 생산하는 부분은?

① 고상체(정소상체)관(duct of epididymis)의 상피세포

② 고환의 간질세포(interstitial cell of Leydig)

③ 고환 수출관(efferent duct of testis)

④ 곡세정관(convoluted seminiferous tubule)의 상피세포

⑤ 직세정관(straight seminiferous tubule)의 상피세포

답 ④

152 정자를 생산하는 곳은?

① 직정세관   ② 곡정세관

③ 고환망   ④ 정관

⑤ 고상체관

답 ②

153 동물을 이루고 있는 구성요소가 작은 순서대로 나열한 것으로 맞는 것은?

① 세포 → 화학물질 → 조직 → 기관 → 계통 → 개체

② 화학물질 → 조직 → 세포 → 기관 → 계통 → 개체

③ 세포 → 화학물질 → 조직 → 계통 → 기관 → 개체

④ 화학물질 → 세포 → 조직 → 기관 → 계통 → 개체

⑤ 화학물질 → 조직 → 세포 → 계통 → 기관 → 개체

답 ④

154 DNA에 대한 설명으로 잘못된 것은?

① m RNA의 염기배열에서 단백질이 합성되는 것을 번역이라고 한다.

② adenine은 guanine과 상보적인 결합을 이룬다.

③ 핵의 염색질 내에서, DNA는 histone 단백질에 둘러싸여 존재하고 있다.

④ DNA의 염기배열이 m RNA에 복사되는 것을 유전자의 전사라고 한다.

⑤ DNA의 2중 나선은 RNA polymerase에 의해 풀린다.

답 ②

155 동물의 근육에 대한 설명으로 맞는 것은?

① 횡경막은 중심부의 근부와 주위의 힘줄을 중심으로 이루어진다.

② 상완 이두근은 주관절을 신장시키는 근육이다.

③ 대퇴 사두근은 무릎 관절을 신장시키는 근육이다.

④ 두 힘살근은 턱을 닫는 근육이다.

⑤ 외안근은 표정근에 포함된다.

답 ③

156 이빨의 명칭과 약어의 조합으로 맞는 것은?

① 견치 : I

② 절치 : M

③ 견치 : C

④ 앞어금니 : M

⑤ 어금니 : P

해설 I = Incisive teeth = 절치, C =canine teeth = 견치, P = premolar = 앞어금니, M = molar = 어금니

답 ③

자 기능을, 리놀렌산은 성장인자 기능을 그리고, 아리키돈산은 항 피부병 인자와 동맥경화 예방 기능을 담당한다.

답 ⑤

157 신장이 하는 일이 아닌 것은?

① 체내 수분량 조절

② 혈압 조절

③ 지질 소화

④ 산염기평형 조절

⑤ 전해질 조절

답 ③

158 고양이 임신 기간은?

① 118일   ② 287일

③ 36일   ④ 49일

⑤ 67일

답 ⑤

159 개와 고양이의 필수지방산은?

① 스테아르산   ② 팔미틴산

③ 아라키돈산   ④ 올레산

⑤ 리놀레산

해설 대부분의 지방산은 동물들이 체내에서 합성하지만 리놀레산(linoleic acid), 리놀렌산(linolenic acid), 아라키돈산(arachidonic acid)은 합성되지 않기 때문에 사료를 통하여 섭취하여야 한다. 따라서 이들을 필수 지방산(essential fatty acid)이라고 한다. 이 가운데 개의 필수 지방산은 리놀레산(linoleic acid)이고, 고양이의 필수지방산은 리놀레산(linoleic acid)과 아라키돈산(arachidonic acid)이다. 리놀레산은 항 피부병인자와 성장인

동물질병학

- 26문항 -

01 개의 켄넬코프는 어느 부위의 질병인가?

① 호흡기　　　　② 소화기

③ 생식기　　　　④ 피부

⑤ 항문

해설 켄넬코프 기관지염(Kennel Cough Complex) 개가 걸리는 감기로, '전염성 기관지염'이라 불리는 호흡기 증후군이다. 켄넬(Kennel)의 뜻은 '사육장'이란 뜻으로, 켄넬코프 기관지염은 주로 강아지들이 집단 사육되는 곳이나 농장에서 자주 발병해서 붙여진 이름이다. 또한, 사육장 뿐만 아니라 애견 호텔, 박람회, 도그쇼 등 개들이 많이 모이는 장소에서 걸리기 쉽다.

답 ①

02 개 종합백신에 해당되는 질병이 아닌 것은?

① 디스템퍼　　　② 파보바이러스

③ 렙토스피라　　④ 간염

⑤ 코로나바이러스

해설 DHPPL(종합백신)은 생후 6~8주부터 5차까지 접종을 권장한다. Distemper, Hepatitis, Parainfluenza, Parvovirus, Leptospira의 첫 단어를 모아 놓아서 DHPPL이다. 개의 예방접종 종합백신은 4종 백신과 5종 백신이 있는데, 해외 출국을 위해서는 렙토스피라가 포함된 5종 백신 접종을 해야 한다. 종합백신(DHPPL)을 맞추는 이유는 개 홍역(디스템퍼, Canine Distemper), 개 간염(Canine Hepatitis), 개 파보

장염(Canine Parvovirus enteritis), 개 파라인플루엔자(Canine Parainfluenza), 개 렙토스피라증(Canine Leptospirosis)을 위한 예방접종이다. 미국이나 유럽에서는 철저한 예방접종과 깨끗한 분만 그리고 어린새끼들의 분양을 금지하고 있어서 이러한 질병이 거의 발병하지 않는다.

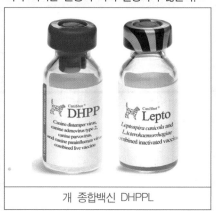

개 종합백신 DHPPL

답 ⑤

03 고양이의 질병과 관련이 없는 것은?

① 범백혈구 감소 증

② 전염성 복막염

③ 디스템퍼

④ 광견병

⑤ 내, 외부 기생충

답 ③

04 개의 광견병 예방접종은?

① 생후 3개월 이후 접종, 매년 보강 접종

② 생후 6개월 이후 접종, 매년 보강 접종

③ 생후 3년 이후 접종, 격년 보강 접종

④ 생후 6년 이후 접종, 격년 보강 접종

⑤ 생후 바로 접종, 매년 보강 접종

해설

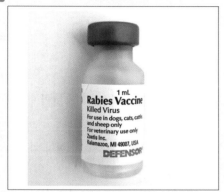

답 ①

05 진단이 어려운 편이어서 '천 가지 증상을 지닌 병'이라고 알려진 전염성 높은 바이러스성 질병인 개 홍역에 대하여 틀린 것은?

① 소변, 혈액 또는 타액과의 직접적인 접촉을 통해 전염된다.

② 발열, 기침, 재채기, 눈과 코의 분비물, 구토, 설사, 식욕 부진 및 우울증의 증상이 있다.

③ 질병 후반부에는 근육 떨림, 경련, 발작 및 마비도 동반한다.

④ 회복율이 낮고 회복한다 하여도 영구 뇌 손상이 있을 수 있다.

⑤ 전염성이 아주 높고 생후 2년 이후의 개나 예방 접종을 하지 않은 개에게는 치명적이다.

해설 개 홍역이라고도 하는 디스템퍼는 전염성이 아주 높고 생후 몇 주 밖에 되지 않은 강아지나 예방 접종을 하지 않은 개에게는 치명적인 질병이다. 눈곱이 끼고 안구가 건조해지는 건성 각결막염, 피부염, 기관지염과 폐렴, 고열의 증상이 나타나기도 하고, 심한 경우 후유증으로 뇌염에 의한 경련과 발작, 보행 이상이 생기는 매우 위험한 전염병이다. 홍역바이러스가 눈물과 콧물을 통해 공기를 전파하고 전염성이 강하다. 증상은 눈곱, 소화기 증상, 호흡기, 신경 증상이다.

답 ⑤

06 개 홍역의 치사율은?

① 0.1%   ② 10%

③ 45%   ④ 70%

⑤ 90%

해설 개 홍역인 디스템퍼의 치사율이 90%에 달한다.

답 ⑤

07 개의 질병 가운데 귀 염증은 처지고 긴 귀를 지닌 견종에서 가장 흔히 발생한다. 해당되는 견종들은?

① 코커스패니얼이나 블러드하운드

② 진도개나 풍산개

③ 비글이나 독일 세퍼트

④ 라브라도 리트리버

⑤ 말리노이즈나 시바견

해설 귀 염증은 코커스패니얼이나 블러드하운드처럼 처지고 긴 귀를 지닌 견종에서 가장 흔히 발생한다. 물론 귀에 물이 들어갔거나 습기가 찼을 때는 견종에 상관없이 염증이 생길 수 있다.

코커스파니엘(cocker spaniel)

블러드하운드(Bloodhound)

답 ①

08 개나 고양이의 피부병인 옴(Scabies)에 대해 틀린 설명은?

① 피부병의 일종으로 고양이나 사람에게서까지 나타날 수 있는 질병이다.

② 진피를 뚫고 들어가 피부를 감염시키는 아주 작은 크기의 개선충이라는 이름의 기생충에 의해 발병한다.

③ 개에게 흔히 발생하지 않아도 고양이에서는 흔하다.

④ 감염된 다른 동물과의 접촉을 통해 전염된다.

⑤ 면역력이 떨어졌거나 유전적인 문제로 인해 발병한다.

해설 개에게 흔히 발생하는 옴에는 두 가지 종류가 있는데 옴진드기와 모낭충이다. 옴진드기의 경우는 감염된 다른 동물과의 접촉을 통해 전염된다. 반면 모낭충의 경우는 면역력이 떨어졌거나 유전적인 문제로 인해 발병한다.

답 ③

09 혈액을 통해 간, 신장, 중추 신경계, 눈, 생식기 등 몸 전신으로 퍼지는 세균 감염증으로 인수 공통 질병이며 특히 어린이가 감염된 동물로부터 전염된 경우 매우 위험한 결과가 초래되는 질병은?

① 광견병
② 렙토스피라
③ 페스트
④ 옴
⑤ 디스템퍼

답 ②

10 개 파보 바이러스에 대해 틀린 설명은?

① 주로 소화계에 문제를 일으키지만, 적혈구 감소 및 심장과 내장 기관의 기능 장애를 일으키기도 한다.

② 파보바이러스 장염은 90%의 치사율을 기록하고 있다.

③ 개 파보 장염과 고양이 범백혈구 감소증은 파보바이러스에 의해 전염되는 장염 질환으로 개와 고양이 서로에게 전염이 된다.

④ 장염형과 심근형으로 나뉘는데 장염형은 구토, 식욕 부진, 설사, 혈변, 전해질 불균형, 백혈구 감소증, 빈혈 등을 일으킨다.

⑤ 심근형의 경우 감염 후 수일 이내 급사하게 된다.

해설 파보바이러스 장염은 50%의 치사율을 기록하고 있다.

답 ②

11 개 파보 바이러스 장염에 대한 설명 중 바르지 못한 것은?

① 장중에서 치사율이 제일 높다.

② 구토와 설사에 대한 대증 치료와 수액 요

법 그리고 전해질 불균형에 대한 치료, 고
항혈장 치료 등이 실행되어야 한다.

③ 구토와 설사로 먹지 못하고 탈수가 진행
되므로 입원 치료가 필수적이다.

④ 대개 1~7일간 치료받게 된다.

⑤ 전해질 불균형, 백혈구 감소증, 빈혈의 경
우 매일 검사 후 상태에 따른 전문적인
치료가 이루어져야 생존율을 높일 수 있
다.

해설 개 파보바이러스 장염은 대개 7~10일간 치료받
게 된다.

답 ④

12 모기를 통해 감염되는 질병은?

① 리슈만편모충증
② 렙토스피라증
③ 개 디스템퍼
④ 개 파보바이러스 장염
⑤ 켄넬코프

해설 리슈만편모충증은 모기를 통해 감염되는 질병으
로 유럽과 스페인의 특정 지역에서 흔히 발생한
다. 리슈만편모충증의 증상은 아주 다양하게 나
타나며 전염을 막는 가장 좋은 방식은 병인을
제거하는 것이다.

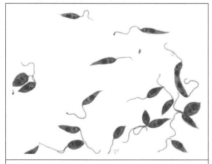

리슈만편모충증(Leishmaniasis)

답 ①

13 늙은 개나 저먼 셰퍼드, 도베르만처럼 특
정 견종에서 흔히 보이는 질병은?

① 관절염
② 광견병
③ 켄넬코프
④ 렙토스피라증
⑤ 개회충

해설 늙은 개나 저먼 셰퍼드, 도베르만처럼 특정 견종
에서 흔히 보이는 질병인 관절염은 관절의 퇴화
나 염증을 뜻하며, 주로 넓적다리관절이나 발꿈
치에서 발병한다. 관절염에 걸릴 위험은 비만이
거나 운동이 부족한 개의 경우 더 높아진다.

저먼 셰퍼드(German Shepherd)

도베르만(Doberman)

답 ①

14 광견병(Rabies virus)에 대하여 틀린 것은?

① 야생동물에 감염되어 개나 소 등의 동물
을 물어서 광견병을 일으키고 사람 역시
치명적이므로 주의해야 한다.

② 증상은 광폭해지며 충혈, 침 흘림, 마비증
상 등이다.

③ 광견병 바이러스는 개의 중추 신경계 및 뇌의 회색질에 영향을 미치는 치명적인 바이러스성 회색질 뇌염을 일으킨다.

④ 미국의 경우 개를 기르는 사람은 모두 광견병 접종을 1년 혹은 3년 주기로 하도록 법제화되어 있다.

⑤ 우리나라는 광견병 발생국으로서 강제적으로 하도록 법제화되어 있으므로 외출을 안 해도 꼭 접종해야 한다.

해설 우리나라는 광견병 발생국으로서 강제적이지는 않지만 봄가을마다 지자체와 수의사회를 통해 광견병 접종 캠페인을 벌이고 있다. 접종은 법에서 정한 예방접종 규칙대로 접종해야 하는 백신이다.

답 ⑤

15 다음 중에서 심장사상충에 대한 설명은?

① 세균과 바이러스의 복합감염으로 나타나는 전염성 높은 질병이다.

② 대부분의 경우 보르데텔라 브론키셉티카(Bordetella bronchiceptica)로 알려진 세균과 파라 인플루엔자 바이러스(Parainfluenza virus)가 원인체이다.

③ 가장 광범위하게 퍼져있는 병원체로서 중간 숙주인 모기를 통해 전염된다.

④ 증상은 설사, 운동기피, 발작성 실신 등이다.

⑤ 바이러스성 감염병으로 심장에 발생한다.

해설 · 보르데텔라 브론키셉티카(Bordetella bronchiceptica)로 알려진 세균과 파라 인플루엔자 바이러스(Parainfluenza virus)가 원인체인 것은 켄넬코프(Kennel cough)이다.
· 개 심장사상충은 가장 광범위하게 퍼져있는 기생충으로 중간 숙주인 모기를 통해 전염된다.

답 ③

16 개 전염성 간염에 대한 설명 중 틀린 것은?

① 고열, 혼수 및 식욕부진에서 우울증, 구토, 설사, 복통, 편도염, 인두염, 경부 림프절의 부종, 기침, 출혈, 신경계 이상 등 및 사망에 이르기까지 다양한 징후를 보이는 바이러스성 질병이다.

② 개 전염성 간염 바이러스는 이미 감염되어 있는 개의 소변에서 다른 개에게 전달된다.

③ 전염성 간염 바이러스는 아데노바이러스로서 간, 신장, 상피 세포 에 침입해 간세포를 손상시킨다.

④ 신장의 사구체 상피를 파괴 하여 사구체 신염을 일으키고 각막에는 부종을 일으키며, 혈관 내피를 손상시켜 파종성 혈관내 응고를 일으킨다.

⑤ 이 전염병은 급성으로 진행되지 않고 만성으로 진행되며 오랫동안의 입원을 요구하는 대표적인 전염병이다.

해설 개 전염성 간염 전염병은 급성과 만성이 있는데, 급성일 경우 몇 시간 내 사망에 이를 수 있다.

답 ⑤

17 고양이 범백혈구감소증(Feline pan-leukopenia virus, FPV)에 대해 틀린 것은?

① 발열, 우울증, 식욕부진, 구토, 심한 복통 및 설사의 증상을 동반하는 바이러스질병으로 종종 혈액과 함께 나타난다.

② 고양이 장염이라고도 한다.

③ 감염된 고양이의 엉덩이, 변, 구토 물에 포함된 바이러스에 의해 감염된다.

④ 백혈구가 줄어들며 고열, 구토가 초기증상이고 며칠 후 설사를 하며 탈수증상이 나타난다.

⑤ 고양이 범백혈구 감소증(Feline pan-
leukopenia)은 Lentivirus에 의해 발병한
다.

> **해설** 고양이 범백혈구 감소증(Feline panleukopenia,
> 범백혈구 감소증, 고양이 전염성 장염, 범백)은
> 고양이 파보 바이러스(Feline parvo virus, FPV)
> 에 의해 발병하는 질병이다. Lentivirus의 일종인
> 것은 고양이 면역결핍 바이러스(=고양이 에이즈,
> Feline immunodeficiency virus, FIV)이다.
>
> 답 ⑤

18 고양이 질병과 원인체가 틀리게 연결된 것은?

① 고양이 비기관지염 - 칼리시 바이러스
② 고양이 독감 - 인플루엔자 바이러스
③ 고양이 전염성장염 - 파보 바이러스
④ 고양이 백혈병 - 레트로 바이러스
⑤ 고양이 에이즈 - 렌티 바이러스

> **해설** · 고양이 바이러스성 비기관지염(Feline Viral rhi-
> notracheitis)은 허피스 바이러스(Herpesvirus)
> 이다.
> · 고양이 호흡기 질환인 고양이 독감(Cat Flu)은
> 인플루엔자 바이러스(influenzavirus)
> · 범백혈구 감소증(고양이 전염성 장염, Feline
> panleukopenia)는 파보 바이러스(Parvovirus)
> · 고양이 백혈병 바이러스(Feline leukemia virus)
> 는 레트로 바이러스(Retrovirus)
> · 고양이 면역결핍 바이러스(Feline immunodeficiency
> virus, FIV) 즉 고양이 에이즈 바이러스는 렌티
> 바이러스(Lentivirus)
>
> 답 ①

19 고양이 종합백신에 해당하는 질병이 아닌 것은?

① 고양이 바이러스성 비기관지염 바이러스
② 고양이 칼리시 바이러스

③ 고양이 전염성 장염
④ 고양이 백혈병 바이러스
⑤ 고양이 면역결핍 바이러스

> **해설** 고양이의 예방접종은 3종 혼합백신 PHC가 있
> 다. 이 백신은 Feline Panleukopenia virus,
> Feline Herpesvirus, Feline Calicivirus의 세 글자
> 를 합친 이름이며, 범백혈구감소증(고양이 전염
> 성 장염, Feline panleukopenia), 고양이 바이러
> 스 비기관지염(Feline Viral rhinotracheitis), 고양
> 이 칼리시바이러스 감염증(Feline calicivirus
> infection) 예방을 목적으로 사용한다. 고양이 4
> 종 종합백신은 3종 종합백신 PHC에 고양이 백
> 혈병 바이러스(Feline leukemia virus)가 추가된
> 것이다.

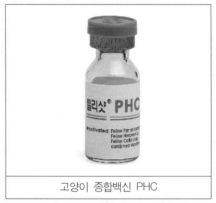

고양이 종합백신 PHC

> 답 ⑤

20 고양이의 눈에 이상이 있을 때 가장 많이 나타나는 증상은?

① 눈물이 나고 눈곱이 낀다.
② 눈꺼풀이 곪거나 염증이 생긴다.
③ 안구에 청색 또는 백색 막이 낀다.
④ 눈에 핏줄이 서고 충혈된다.
⑤ 눈을 사용하지 않고 눈동자를 고정시킨다.

> **해설** 고양이는 눈에 이상이 있을 때 가장 잘 나타나는
> 증상이 눈물이 나고 눈곱이 낀다.
>
> 답 ①

21 개의 발정기는 일반적으로 년 (   )회 정도 인가?

① 1회   ② 2회

③ 3회   ④ 4회

⑤ 5회 、

해설 개의 발정기는 일반적으로 년 2회이다.

답 ②

22 반려동물인 개의 먹이 중 소화불량을 일으 키는 음식으로 잘못된 것은?

① 돼지고기   ② 새우

③ 해파리   ④ 문어

답 ①

23 다음 중 반려견의 귀에 이상이 있을 경우 나타나는 행동으로 가장 옳은 것은?

① 머리를 흔들고 있다.

② 걸음걸이가 이상하다.

③ 먹은 것을 토한다.

④ 물을 자주 마신다.

⑤ 설사를 자주 한다.

답 ①

24 고양이 면역부전 바이러스(Feline Immunodeficiency Virus) 감염증에 관한 설명으로 잘못된 것은?

① 수년 이상 증상이 나타나지 않는 기간이 있다.

② 바이러스에 감염된 고양이에게 물리면 감 염된다.

③ 고양이 후천성 면역 결핍 중 즉, 고양이

에이즈라고도 불린다.

④ 발병 증상에는 알레르기 반응이 관련되어 있다.

⑤ 면역 반응에 따라 구내염이나 상부기도 염증을 일으킨다.

해설 고양이 면역부전 바이러스(Feline Immunodeficiency Virus) 감염증은 발병 증상에 알레르기 반응은 없 다.

답 ④

25 장 폐색에 관한 것으로 맞는 것은?

① 안정화 조치가 중요하며 자연 치유되는 경우도 많다.

② 소화관의 통과 장애 상태를 말한다.

③ 이물질을 섭취하여 일어나고 종양으로 인 해서는 일어나지 않는다.

④ 주요한 증상은 빈혈이다.

⑤ 진단으로는 대변 검사가 유효하다.

답 ②

26 개의 치석에 관한 내용으로 맞는 것은?

① 예방으로는 다량의 자일리톨(Xylitol)을 먹 이는 것이 유효하다.

② 플라그가 석회화된 것이다.

③ 음식 찌꺼기만으로 구성되어 있다.

④ 치석은 모든 충치의 원인이 된다.

⑤ 이를 닦는 것으로 제거된다.

답 ②

01 매립법의 이상적인 진개와 최종 복토의 정도는?

① 진개 1m, 복토 1m

② 진개 1m, 복토 2m

③ 진개 2m, 복토 1m

④ 진개 2m, 복토 2m

⑤ 진개 3m, 복토 1m

해설 · 진개의 정의 : 진개란 인간이 생활하고 활동하는 문명사회로부터 배출되는 폐물질 중에서 고체 형태로 버려지는 것을 말한다. 즉 인간이 배출해 내는 모든 필요 없는 물질인 폐기물 혹은 쓰레기를 의미한다.

· 매립의 정의 : 매립이란 커다란 구덩이를 파고 쓰레기를 파묻는 단순한 방법이다. 매립지 적당 지역은 언덕으로 둘러싸여 주변보다 조금 낮은 우묵한 지역이며, 위생적 매립 시 복토 두께는 일일복토는 15cm 이상, 중간복토는 30cm 이상, 최종복토는 50cm 이상이 된다.

· 매립법의 이상적인 진개와 최종 복토의 정도 : 진개 2m, 복토 1m이다.

답 ③

02 다음 중 병원소가 아닌 것?

① 환자　　　　　② 보균자

③ 감염동물　　　④ 오염식품

⑤ 오염토양

해설 병원소란 병원체가 침입하여 증식 · 발육하고 있는 장소이다. 병원소는 인간병원소, 동물병원소, 토양 등이 해당된다. 병원체는 세균, 바이러스, 곰팡이, 기생충, 리케챠 등이다.

답 ④

03 다음의 연결이 관계가 없는 것은?

① 고산병 - 항공사

② 열사병 - 제련공

③ 앵무병 - 사육사

④ 규폐증 - 채석공

⑤ 잠함병 - 어부

해설 잠함병, 잠수병, 감압병은 모두 같은 병으로 어부가 아니라 잠수부와 관계있다.

답 ⑤

04 만성질환의 역학적 특성을 잘 표현한 것은?

① 발생율은 높고 유병율 낮다.

② 유병율은 높으나 발생율은 낮다.

③ 발생율은 유병율과 상관없다.

④ 발생율과 유병율은 차이가 없다.

⑤ 모두 높다.

답 ②

05 식품위생의 목적이 아닌 것은?

① 영양성 ② 안전성
③ 긴전성 ④ 사회성
⑤ 완전무결성

해설 식품위생의 목적은 식품으로 인해 생기는 ①위생상의 위해를 방지하고, ②식품영양의 질적 향상을 도모하며, ③식품에 관한 올바른 정보를 제공함으로써 ④국민보건의 증진에 이바지함을 목적으로 한다.

답 ④

06 다음 중 부영양화의 원인 물질은?

① 암모니아성 질소
② 질산성 질소
③ 플랑크톤
④ 무기물질
⑤ 인산염

해설 부영양화란 호수나 하천에 질소나 인 등이 섞인 더러운 물이 흘러들어 이것을 영양분으로 하여 플랑크톤이 크게 번식하게 됨으로써 수질이 오염되는 현상이며, 물속의 산소가 없어지고 물 밑바닥에 침전물이 쌓이며 악취를 풍기게 되어 물고기가 살 수 없게 된다.

답 ⑤

07 수질오염의 지표로 쓰이는 항목끼리 맞게 짝지은 것은?

| 가. pH | 나. COD |
| 다. DO | 라. 감염성 세균 |

① 가, 나, 다 ② 가, 다
③ 나, 라 ④ 라
⑤ 가, 나, 다, 라

해설 수질오염의 지표에는 물리적 지표와 화학적 생물학적 지표가 있다.
· 물리적 지표 : 탁도, 색도, 냄새와 맛, 고형물 등
· 화학적 · 생물학적 지표 : pH, 알칼리도, 산도, 경도, DO, BOD, COD, 질소화합물, 인, 염소, 대장균 수 등

답 ①

08 입안의 세척과 피부의 상처 소독에 사용하는 소독 물질은?

① 석탄산 ② 크레졸
③ 알코올 ④ 승홍
⑤ 과산화수소

답 ⑤

09 쥐가 매개하는 전염병이 아닌 것은?

① 페스트 ② 발진열
③ 유행성출혈열 ④ 쯔쯔가무시병
⑤ 사상충

해설 대표적인 설치류 매개 질병은 발진열, 페스트, 신증후군출혈열, 렙토스피라증, 쯔쯔가무시병 등이 있다. 신증후출혈열과 유행성출혈열은 같은 질병이다.

답 ⑤

10 반상치(mottled tooth), 우식치(carious tooth)와 관계있는 상수의 화학물질은?

① 동 ② 철
③ 망간 ④ 불소
⑤ 아연

해설 반상치(mottled tooth)의 주된 원인은 불소 과잉 섭취 즉, 치아불소증(Dental fluorosis)이고, 불소

는 충치 즉, 우식치(carious tooth) 예방에 탁월한 효과를 준다. 불소는 적정량 사용할 경우 충치를 예방하는데 효과적이지만 불소를 과다하게 사용할 경우 치아 법랑질 형성에 이상을 일으켜 반상치를 유발할 수 있다. 치아우식증과 충치와 우치는 같은 내용의 다른 표현이다.

 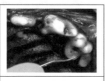

반상치	우식치

답 ④

11 다음 중 인수 공통 전염병을 고르시오.

가. 야토병	나. 탄저병
다. 살모넬라	라. 공수병

① 가, 나, 다   ② 나, 라
③ 가, 다   ④ 라
⑤ 가, 나, 다, 라

답 ⑤

12 한국산 가주성 파리 중 인가에서 가장 많이 발생하는 파리는?

① 집파리   ② 큰집파리
③ 공주집파리   ④ 금파리
⑤ 쉬파리

해설 일반적으로 파리라고 하면 주로 집파리를 일컫는데, 우리나라 사람이 사는 집에서 가장 흔히 볼 수 있는 파리이다.

답 ①

13 모기에 관한 설명이 틀린 것은?

① 모기 종류에 따라 활동시간이 다르다.
② 암수 모두 사람을 흡혈한다.
③ 흐르는 물에는 산란하지 않는다.
④ 유충에서 성충까지 약 10일 소요한다.
⑤ 완전 변태 곤충이다.

해설 모기는 암컷만 흡혈한다.

흡혈하는 모기

답 ②

14 실내외의 온도차에 의해서 이루어지는 환기는?

① 풍력환기   ② 인공환기
③ 중력환기   ④ 배기식 환기
⑤ 확산에 의한 환기

해설 실내온도가 외부기온보다 높을 때는 실내의 공기 밀도의 차로 인해 압력의 차가 생기고 거실의 하반부에서는 공기가 들어오고 상반부에서는 나가는 실내기류 현상이 일어난다. 이런 온도차에 의한 환기를 중력환기라 한다.

답 ③

15 환기, 채광, 냉·난방 등이 불량한 주택과 관련성이 가장 적은 질병은?

① 인플루엔자   ② 감기
③ 피부질환   ④ 호흡기계 질환
⑤ 뇌졸중

답 ⑤

16 소독에 관한 다음 설명 중 가장 적절하게 한 것은?

① 소독은 멸균된 상태이다.
② 소독은 모든 세균이 사멸된 상태이다.
③ 소독력의 강도는 소독 〉 방부 〉 멸균의 순서이다.
④ 소독은 방부가 가능하지만 멸균조치라고는 할 수 없다.
⑤ 소독, 멸균, 방부는 같은 의미이다.

답 ④

17 화학적 소독방법에 이용되는 것이 아닌 것은?

① 석탄산
② 생석회
③ 양용비누
④ 고압증기
⑤ 과산화수소

답 ④

18 소독약의 살균력 측정지표로 사용하는 소독약은?

① 알코올
② 자외선
③ 석탄산
④ 승홍
⑤ 크레졸

답 ③

19 동물병원이나 가정에서 파보장염에 대한 가장 완전한 소독방법은?

① 자외선 소독
② 알코올 소독

③ 락스 소독 후 일광
④ 염소 소독
⑤ 페놀 소독

답 ①

20 물질의 불완전연소 과정에서 발생하며 폐에서 CO-Hb 생성으로 두통, 현기증, 질식 등의 장애를 일으키는 기체?

① 이산화탄소
② 일산화탄소
③ 아황산가스
④ 오존
⑤ 황화수소

해설 일산화탄소 중독은 일산화탄소에 중독되어 두통, 호흡 곤란이 생기고 결국 사망에까지 이를 수 있는 질환이며, 일산화탄소는 폐에서 혈액 속의 헤모글로빈과 결합하여 일산화탄소-헤모글로빈을 형성하기 때문에 일산화탄소에 중독되면 혈액의 산소 운반 능력이 상실되어 내부적인 질식 상태에 빠지게 된다.

답 ②

21 다음 인수공통 기생충 중에서 패류 매개성 기생충류인 것은?

① 회충
② 십이지장충
③ 심장사상충
④ 폐흡충
⑤ 트리코모나스

해설 흡충의 일종인 폐흡충은 폐 감염을 유발하는데 사람들이 날 것이거나 덜 조리되었거나 절인 민물 게 또는 가재에 흡충 유충이 들어있는 낭종을 삼킬 때 감염된다.

답 ④

22 등줄 쥐 등의 배설물에 있는 Hantavirus에 의해 발생하는 급성열성 전염병은?

① 탄저
② 렙토스피라병

③ 신증후출혈열　　④ 구제역

⑤ 가스괴저

해설 신증후출혈열은 구토, 복통, 요통, 발열, 단백뇨와 그에 따른 신부전증, 출혈성 경향을 동반하는 급성 열성 질환으로 사람과 동물에게 감염되는 한타 바이러스(Hantavirus) 감염증이다.

등줄 쥐

답 ③

23 공수병이라고도 하는 모든 온혈동물에 치명적인 결과를 초래하는 인수 공통전염병은?

① 콜레라　　　　　② 광견병

③ 광우병　　　　　④ 보툴리즘

⑤ 파상풍

해설 광견병 바이러스가 사람에 감염되면 공수병이라고 한다.

답 ②

24 식품으로 인한 경구전염병 관리대책 중 감염경로와 관련된 대책으로 맞지 않은 것은?

① 환자의 조기발견

② 수돗물의 위생적 관리

③ 취사장 용기의 소독

④ 위생해충의 구제

⑤ 음식물 취급자의 신체 청결

답 ①

25 다음 중 먹는 물(음료수) 수질기준에서 검출되어서는 안 되는 항목은?

① 암모니아성 질소

② 대장균군

③ 일반세균

④ 염소이온

⑤ 질산성질소

답 ②

26 감염 동물의 오줌에 균이 배출되고 이와 접촉함으로써 사람에 감염되어 출혈성 황달 등을 일으키는 질병으로 일명 추수 열이라고 불리우는 것은?

① 렙토스피라병　　② 탄저병

③ 광견병　　　　　④ 비저

⑤ 돈단독

답 ①

27 통조림 등 혐기성 상태의 식품에 의해서 발생하는 식중독으로 신경계 증상이 나타나며 치명률이 높은 식중독은?

① 살모넬라 식중독

② 포도상구균 식중독

③ 병원성대장균 식중독

④ 장염 비브리오 식중독

⑤ 보툴리누스 식중독

답 ⑤

28 하수 중의 유기물질은 미생물에 의하여 분해 산화되어 보다 안정된 물질로 이행되는데 이때 소비된 산소량을 ppm으로 나타내는 것은?

① 생화학적 산소요구량
② 화학적 산소요구량
③ 부유물질
④ 용존산소
⑤ 증발잔류물

답 ①

29 동물에게는 생식기의 접촉이나 교미에 의해 감염, 유산을 특징으로 하는 질병이며 사람에게는 발열을 특징으로 하는 인수공통전염병은?

① 결핵
② 브루셀라병
③ 비저
④ 탄저
⑤ 구제역

답 ②

30 다음 중 하수처리 방법의 종류가 아닌 것은?

① 희석법
② 침전법
③ 관개법
④ 자외선조사법
⑤ 활성오니법

답 ④

31 동물의 면역현상 중 질병이환 후 회복하여 면역성을 갖는 것은?

① 자연능동면역
② 인공능동면역
③ 자연수동면역
④ 인공수동면역
⑤ 선천성면역

답 ①

32 다음 인수공통 기생충증 중에서 선충성 질환이 아닌 것은?

① 개회충
② 개구충
③ 심장사상충
④ 분선충
⑤ 포충

답 ⑤

33 다음 중 가축전염병예방법에서 가축전염병을 예방하고 그 확산을 방지하기 위한 시·도지사의 가축전염병 관리대책의 책무에 해당되는 것은?

가. 가축전염병의 예방 및 조기발견·신고체계 구축

나. 가축전염병별 긴급방역대책의 수립·시행

다. 가축방역에 대한 교육 및 홍보

라. 식중독의 조기발견 및 신고체계 구축

① 가, 나, 다
② 가, 다
③ 나, 라
④ 라
⑤ 가, 나, 다, 라

답 ①

34 가축전염병예방법에서 말하는 가축이 아닌 것은?

① 당나귀   ② 면양

③ 칠면조   ④ 꿀벌

⑤ 햄스터

해설 가축전염병예방법에서 정의하는 "가축"이란 소, 말, 당나귀, 노새, 면양, 염소, 사슴, 돼지, 닭, 오리, 칠면조, 거위, 개, 토끼, 꿀벌 및 그 밖에 대통령령으로 정하는 동물을 말한다.

답 ⑤

---

35 가축전염병 예방법에서 가축방역관에 대한 설명으로 옳지 않은 것은?

① 가축방역관은 국가 및 지방자치단체와 대통령령이 정하는 행정기관에 가축방역에 관한 사무처리를 위해 농림부령이 정하는 바에 따라 둔다.

② 가축방역관은 수의사이어야 한다.

③ 가축방역관은 가축질병 예찰에 필요한 최소한의 시료를 무상으로 채취할 수 있다.

④ 가축방역관이 질병예방을 위한 검사 및 예찰을 할 때에는 누구든지 정당한 사유 없이 이를 거부·방해 또는 회피하여서는 아니 된다.

⑤ 가축방역관은 가축전염병에 의하여 오염되었다고 믿을 만한 상당한 이유가 있는 장소에 들어가 가축 또는 그 밖의 물건을 검사할 수 있다.

해설 가축방역관은 국가, 지방자치단체 및 대통령령으로 정하는 행정기관에 가축방역에 관한 사무를 처리하기 위하여 대통령령으로 정하는 바에 따라 가축방역관을 둔다.

답 ①

---

36 가축위생방역지원 본부에 대한 설명으로 바르지 않은 것은?

① 가축방역 및 축산물위생관리에 관한 업무를 효율적으로 수행하기 위하여 설립한다.

② 국가 및 지방자치단체로부터 위탁받은 사업 및 부대사업을 한다.

③ 가축의 예방접종·약물목욕·임상검사 및 검사시료채취 사업을 한다.

④ 해당지역 수의사들에 대한 정기적인 방역교육 사업을 한다.

⑤ 축산물의 위생검사 사업을 한다.

답 ④

---

37 광견병의 예방주사를 받지 아니한 개·고양이 등이 옥외에서 배회하는 것을 발견 시 시장·군수 또는 구청장이 취할 수 있는 적절한 조치는 무엇인가?

① 국립가축방역기관장에게 신고하여 지체 없이 방역 처리한다.

② 소유자의 부담으로 억류하거나 살 처분 그 밖의 필요한 조치를 한다.

③ 공공기관으로 귀속시켜 방역처리한 후 별도의 시설에서 사육한다.

④ 공공기관으로 귀속시켜 방역처리한 후 기증한다.

⑤ 행정력을 이용하여 소유자를 파악한 후 귀가 조치시킨다.

해설

광견병 걸린 개

답 ②

38 가축을 포함 동물의 위생을 담당하는 행정 및 연구기관에 해당되지 않은 것은?

① 농림축산식품부 가축위생과
② 수의과학검역원
③ 시·도 가축위생연구소
④ 동물검역소
⑤ 보건환경연구원

답 ⑤

39 식품의 오염지표세균검사를 통한 미생물학적 품질과 안전성 평가에 대해 잘못된 것은?

① 대장균군 수 : 위생지표로서 공정 중 오염 및 증식기회가 있었음을 의미한다.
② 장구균(Enterococcus group) : 생균/사균, 가열 전 위생상태 파악
③ Streptococcus salivarius : 구강오염지표.
④ 황색포도상구균 : 제조 시 손, 피부, 코, 입, 기구로부터의 오염지표
⑤ Clostridium 균 : 통조림제품의 부적절한 열처리 지표, 가열 후의 적정냉각지표

답 ④

40 사료원료를 통해 위해를 주는 곰팡이 독소에 해당되는 것은?

가. Aflatoxin B1	나. Ochratoxin A
다. Zeralenone	라. Cytotoxin

① 가, 나, 다   ② 가, 다

③ 나, 라   ④ 라
⑤ 가, 나, 다, 라

해설 세균성 이질을 일으키는 시겔라균은 뉴로톡신(neurotoxin), 엔테로톡신(enterotoxin), 사이토톡신(cytotoxin)과 같은 몇 가지의 체외 독소를 만든다.

답 ①

41 질병발생에 대한 역학적 인자에 따른 모형 중 삼각형 모형에 대한 설명으로 옳은 것은?

가. 숙주, 환경, 병인의 상호작용에 의하여 발생된다.

나. 병인 중 생물학적 인자는 세균, 바이러스 등으로 질과 양에 따라 변수가 크다.

다. 숙주로서의 주체적 특성은 병인에 대한 감수성이나 저항력이 다양한 변수로 작용한다.

라. 여러 가지 요인들이 서로 연관되어 질병이 발생한다.

① 가, 나, 다   ② 가, 다
③ 나, 라   ④ 라
⑤ 가, 나, 다, 라

답 ⑤

42 항생제 사용 및 내성균 안전관리에 대한 내용으로 틀린 것은?

① 축종별 항생(항균)제 사용추이는 돼지, 닭, 소 순이다.
② 니트로퓨란 계 약품은 현재 제조 및 수입이 금지되어 있다.

③ 국내 항생제의 종류별 사용량은 tetracyclines 계열이 가장 많다.

④ 항생제의 사용은 약제감수성조사 자료 등에 근거하여 신중한 선택이 요구된다.

⑤ 항생제 내성균의 감시보다 차세대 항생제의 개발이 더 유효하다.

답 ⑤

43 다음 중 구성비에 해당하는 것은?

가. 발병율	나. 민감도
다. 유병율	라. 비교위험도

① 가, 나, 다 ② 가, 다
③ 나, 라 ④ 라
⑤ 가, 나, 다, 라

해설 구성비는 총량의 100% 단위를 기준으로 얼마만큼의 양을 차지하고 있는지 퍼센티지(%)를 나타내는 단위를 말한다. 비교위험도는 위험요인이 있는 군의 질병발생률로서 흡연의 암에 대한 비교위험도는 4이다.

답 ①

44 반려동물의 전염성질환 중에 사람에 감염되는 질병이 아닌 것은?

① 광견병 ② 개 전염성간염
③ 개 렙토스피라병 ④ 개 부루셀라병
⑤ 피부사상균증

답 ②

45 쥐가 병원체 보유동물이면서 사람에 감염되는 것은?

① 결핵 ② 부루셀라
③ 렙토스피라 ④ 트리코모나스
⑤ 콕시듐

답 ③

46 다음 중 건강의 개념과 거리가 먼 것은?

① 1948년 WHO 헌장에 정의되어있다.
② 정신적 측면을 내포
③ 사회적 측면을 내포
④ 신체적 측면을 내포
⑤ 물질적 측면을 내포

답 ⑤

47 다음 중 질병과 사망의 측정 지표에 속하지 않은 것은?

① 발생율 ② 유병율
③ 이환율 ④ 사망률
⑤ 대사율

답 ⑤

48 공중보건학의 의미를 잘못 설명한 것은?

① 환경위생, 전염병관리, 개인위생에 대한 교육 등을 다룬다.
② 사업수행의 3대요소로 보건교육, 보건행정, 보건관계법이 있다.
③ 지역사회 또는 국가와 같은 집단을 조직화된 사회적 노력으로써 전체를 다루는 것이다.
④ 개인이나 가족에 한정하여 개인건강에 힘쓴다.
⑤ 질병의 예방, 수명을 연장, 신체적·정신적 효율을 증진시키는 과학이다.

답 ④

49 세균성 식중독 중 잠복기가 평균 3시간 정도로 짧으며 원인균이 분비하는 장내독소(enterotoxin)에 의해 발생하는 식중독은?

① 살모넬라 식중독
② 장염비브리오 식중독
③ 병원성 대장균 식중독
④ 포도상구균 식중독
⑤ 보툴리너스 식중독

답 ④

50 면역의 획득 방법에는 여러 가지가 있는데, 그 중에 태아가 모체로부터 태반을 통해서 받거나 생후에 모유를 통해서 항체를 받는 방법을 무엇이라 하는가?

① 자연능동면역   ② 인공능동면역
③ 자연수동면역   ④ 인공수동면역
⑤ 백신

답 ③

51 다음 중 전염병의 관리대책으로 잘못 설명된 것은?

① 전염병 국내침입 방지 및 전파예방
② 전염병 환자의 즉각적인 귀가 조치로 전파 확산의 방지
③ 숙주의 전염병 감염방지 및 면역증강
④ 병원소의 제거 및 병원소의 격리
⑤ 환경위생 관리

답 ②

52 하수처리의 방법 중 호기성 처리의 대표적인 처리법으로 가장 발전된 하수처리법은 어느 것인가?

① 활성오니법
② 살수여상법
③ 관계법
④ 산화지법 또는 안정지
⑤ 정화조

답 ①

53 식품의 안전성과 건전성을 확보하기 위해 특정 위해요소를 알아내고 이들 위해요소의 방지 및 구체적인 관리기법을 마련하기 위해 실시하고 있는 제도는 무엇인가?

① 공중보건의 제도
② ISO 9000
③ 식품위해요소 중점관리기준제도 (HACCP)
④ KS
⑤ 수의 · 축산법

해설 ISO는 International Organization for Standardization의 준말로서 국제 표준화 기구이다.

답 ③

54 세계적으로 널리 분포되어 있으며, 우리나라에서도 가장 높은 감염률을 나타내는 기생충으로 경구로 침입하여 감염되고, 증상으로 전신권태, 미열, 식욕감퇴, 구토 등을 나타내는 기생충은 무엇인가?

① 회충증(Ascariasis)
② 구충증(Hookworm disease)
③ 엔테로바이로증(Enterobiasis)
④ 심장사상충(Filariasis)

⑤ 클로르치아증(Clonorchiasis)

답 ①

55 공기는 여러 가지의 화학적 성분으로 구성되어 있는데, 그 가운데 함량이 78%를 차지하며 잠함병의 원인이 되기도 하는 것은 무엇인가?

① 산소 　　　　② 질소
③ 수소 　　　　④ 오존
⑤ 이산화탄소

답 ②

56 수질검사 시험으로 올바르게 연결된 것은 어느 것인가?

① 관능 · 잔류항생제 · 기생충 검사
② 생물학적 검사 · 관능 · 잔류항생물질 검사
③ 세균학적 · 생물학적 검사 · 관능검사
④ 이화학적 · 세균학적 · 생물학적 검사
⑤ 이화학적 · 세균학적 · 관능 검사

답 ⑤

57 어떤 전염병이 한 국가 이상 또는 대륙에서 동시에 환자가 많이 발생하는 경우는?

① 풍토성(Endemic)
② 산발성(Sporadic)
③ 범유행성(Pandemic)
④ 유행성(Epidemic)
⑤ 외래성(Exotic)

답 ③

58 다음 중 역학(Epidemiology)이 추구하는 목적과 거리가 먼 것은?

① 질병의 기원 규명
② 질병의 자연사 정보 획득
③ 질병 예방 프로그램 계획 및 감독
④ 미확인 질병의 조사 및 관리
⑤ 질병의 치료 기술에 관한 연구

답 ⑤

59 우유 및 유재품의 살균법에는 고온살균법과 저온살균법이 있다. 이중 저온살균법에 대한 설명 중 잘못된 것은?

① 61.7℃에서 30분간 또는 71.7℃에서 15초간 살균한다.
② 저온살균법으로 처리하면 우유가 고소한 맛이 난다.
③ 고온살균에 비하여 비교적 영양소의 파괴가 적다.
④ 열에 의해 쉽게 파괴되는 크림라인에는 영양을 미치지 않는다.
⑤ 열에 대한 저항성이 큰 결핵균을 파괴하기 위한 노오드 곡선 안전대가 있다.

답 ②

60 동물의 사료에 항생제를 첨가하여 사용하기도 하는데, 이에 대한 장 · 단점의 잘못된 설명을 선택하시오.

① 항생물질은 의약용으로 미생물의 번식을 억제 또는 파괴함으로 질병을 예방한다.
② 최근에는 치료와 성장촉진의 목적으로 사료에 첨가하기도 한다.
③ 항생물질은 반추동물의 위내 미생물에는

전혀 영향을 미치지 않는다.

④ Penicillin, chlortetracycline, streptomycin 등을 사용한다.

⑤ 항생제 잔류의 문제로 사람에게 penicillin 쇼크 등을 유발하거나 항생물질 내성을 가지게 되는 부작용이 있다.

답 ③

61 유방염과 관련된 포도상구균성 식중독에 대한 수의 공중보건학적 예방책이 아닌 것은?

① 유방염에 걸린 동물의 우유는 폐기한다.

② 유방염의 조기진단 및 치료

③ 우유의 살균처리

④ 화농병소가 있는 사람의 우유가공처리금지

⑤ 우유의 냉장보관

답 ②

62 동물의 질병과 기후와의 관계는 밀접한 관련을 가지고 있다. 다음 중 동물의 질환 유발환경에 대하여 잘못 설명된 것은?

① 수증기장력의 변화가 없을 때

② 기온이 급강하할 때

③ 일기가 급변할 때

④ 저기압이 내습할 때

⑤ 기압의 변동이 있을 때

답 ①

63 전염병에 대한 설명 중 잘못된 것은?

① 전염병의 유행에는 전염원, 전염경로, 감수성 숙주의 3대 요인이 있다.

② 전염원은 환자, 보균자, 감염동물, 토양

등으로 병원체의 근원이다.

③ 전염경로란 접촉전염, 공기전파, 전파동물 전파, 개달물 전파 등이 있다.

④ 감염성숙주가 면역성이 높은 집단일 경우 전염병 유행이 만연되는 반면, 감수성이 높은 집단의 경우는 전염병 유행이 잘 이루어지지 않는다.

⑤ 전염병의 병원체로는 바이러스, 리케치아, 세균, 진균, 원충, 윤충, 절족동물 등이 있다.

답 ④

64 역학조사의 선별검사(screening test)에 관한 다음 설명 중에 옳은 조합은?

> 가. 질병의 유병률이 낮을 때는 민감도가 높은 검사법을 선택하여 위음성률을 줄인다.
>
> 나. 특이도가 높을수록 민감도는 떨어진다.
>
> 다. 신뢰성이 높다고 하여 타당성이 높다고 볼 수 없다.
>
> 라. 검사 결과가 양성인 경우 중 질병발생 수를 민감도라 한다.

① 가, 나, 다   ② 가, 다

③ 나, 라   ④ 라

⑤ 가, 나, 다, 라

답 ②

65 뼈의 성장에 관여하고 치아에 있어 칼슘과 인의 흡수와 대사에 관여하며, 부족 시 구루병, 충치, 골연화증을 야기시키는 비타

민은?

① 비타민 A ② 비타민 B
③ 비타민 C ④ 비타민 D
⑤ 비타민 E

해설 비타민 D는 칼슘과 더불어 뼈를 튼튼하게 하는 대표적인 영양소이다. 칼슘의 흡수를 도와 뼈의 밀도를 높이고 골절·골다공증 등의 위험을 줄여준다. 비타민 D가 부족해 걸리는 질환으로 뼈가 휘는 구루병이 있다. 또 비타민 D는 행복감을 높이는 세로토닌 호르몬 합성에 관여해 우울감을 줄여주는 효과가 있다. 비타민 D는 식품으로 섭취할 수 있지만 대부분 햇볕을 통해 피부에서 합성된다. 직장이나 학생처럼 하루 종일 햇볕이 없는 실내에서 생활하는 것도 문제다.

답 ④

66 질병예방에 대한 설명으로 옳은 것은?

> 가. 재활을 위한 의학적 노력으로 기능을 회복시키는 것은 2차적 예방에 속한다.
>
> 나. 예방접종, 환경개선 및 안전관리 등은 소극적인 1차 예방에 해당한다.
>
> 다. 질병의 조기발견을 위한 검진사업은 1차 예방에 해당한다.
>
> 라. 환경위생, 영양관리로 사전에 질병을 예방하고자 하는 것은 1차적 예방에 해당한다.

① 가, 나, 다 ② 가, 다
③ 나, 라 ④ 라
⑤ 가, 나, 다, 라

답 ③

67 태양으로부터 방출되는 복사에너지의

54%를 차지하며, 7,800~30,000Å의 파장을 가지는 것은?

① 가시광선 ② 자외선
③ 적외선 ④ 태양광선
⑤ 도르노선

해설

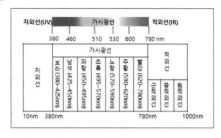

답 ③

68 동물사육에 적절한 온도와 습도는?

① 14~16℃, 40±20%
② 16~18℃, 40±20%
③ 16~19℃, 60±20%
④ 19~25℃, 60±20%
⑤ 20~25℃, 60±20%

해설 축종별 적온 및 고온임계온도

구분	한육우	젖소	돼지	닭
적온	10~20℃	5~20℃	15~25℃	16~24℃

답 ③

69 세균성식중독과 소화기전염병과의 차이점을 설명한 것 중 틀린 항목은?

① 소화기전염병은 2차 감염이 성립되지만 식중독은 2차 감염이 없다.
② 세균성식중독은 균량이 많아야 발병하지만 소화기전염병은 소량의 균으로도 발생한다.

③ 세균성식중독은 잠복기가 길고 소화기전염병은 잠복기가 짧다.
④ 소화기전염병은 면역이 잘 형성되지만 세균성식중독은 면역이 잘 형성되지 않는다.
⑤ 소화기전염병 병원체는 인체 내에서 잘 증식하고 식중독 균은 주로 음식물 중에서 잘 증식한다.

답 ③

70 다음 중 고압증기멸균법과 같은 수준으로 포자형성균을 멸살할 수 있는 방법은 무엇인가?

① 자비소독법
② 유통증기멸균법
③ 유통증기 간헐멸균법
④ 냉장 또는 냉동법
⑤ 알코올 소독법

답 ③

71 다음 이산화탄소(CO_2)에 대한 설명 중 틀린 것은?

① 생체 내에서는 연소에 의해 생산, 호기와 함께 배출된다.
② 밀폐공간에서 군집독의 원인 중 하나이다.
③ 인체에 치명적인 독성가스이다.
④ 실내공기의 오탁지표가 된다.
⑤ 물체의 발효, 부패 때도 발생한다.

답 ③

72 폐포의 산소 분압이 저하되어 산소의 절대량이 감소됨으로써 생체에 나타나는 현상으로 틀린 것은?

① 호흡의 횟수 증가
② $Hb-O_2$ 해리도의 감소
③ 맥박수 및 박출량의 항진
④ 혈중 Hb 농도의 증가
⑤ 호흡 증가

답 ②

73 식품의 냉장 및 냉동 보관법의 원리라고 할 수 없는 것은?

① 미생물의 번식억제
② 식품의 신진대사
③ 자체 효소의 화학적작용 지연
④ 미생물의 완전 사멸
⑤ 자가소화의 지연

답 ④

74 다음 중 가장 강력한 멸균법은 어느 것인가?

① 석탄산수　　② 끓는 물
③ 자외선　　④ 소각
⑤ 초음파

답 ④

75 다음은 상수에 의한 수계 유행의 역학적 현상을 설명한 것이다. 옳지 않은 것은?

① 환자의 분포는 급수지역과 관계가 있다.
② 폭발적으로 환자가 발생하며 2차 감염도 많다.
③ 잠복기가 길며, 사망률이 낮다.
④ 상수도 여과지의 고장 등으로 오염사실이

인정된다.

⑤ 유행초기에는 환자의 성, 연령에 차이가 없다.

답 ②

76 다음 중 모기에 의해 생물학적으로 전파되지 않는 질병은?

① 트리파노소마병 ② 필라리아
③ 말라리아 ④ 황열
⑤ 일본뇌염

답 ①

77 다음 중 질병발생의 병인적 인자로 틀린 것은?

① 매개곤충 ② 기후
③ 기생충 ④ 유독물질
⑤ 세균

해설 · 질병발생의 주요 인자는 병인적 인자, 숙주적 인자, 환경적 인자 등 3대 인자의 상호 관계에서 질병이 발생한다.
· 병인적 인자에는 생물학적 인자(세균, 바이러스, 기생충), 물리화학적 인자(계절, 기상, 대기, 수질, 유독성물질)가 있고, 숙주적 인자에는 생물학적 인자(성별, 연령), 사회적요인 및 형태적 요인(종족, 직업, 결혼, 계급), 체질적 요인(선천적 인자, 면역성, 영양상태)가 있으며, 환경적 인자에는 병원소, 계절변화, 사회적 환경 등이 있다.

답 ①

78 소고기를 날것으로 먹었을 때 발생할 수 있는 기생충은?

① 무구조충 ② 유구조충
③ 선모충 ④ 간디스토마
⑤ 폐디스토마

해설 무구조충은 소고기를 날것으로 먹을 때, 유구조충은 돼지고기를 날것으로 먹을 때에 문제가 된다.

답 ①

79 다음 중 잠함병의 예방 및 치료대책으로 틀린 것은?

① 될 수 있는 한 서서히 감압한다.
② 감압이 끝날 무렵 산소를 흡입한다.
③ 순환기 장애자는 잠수업에 종사하지 않는다.
④ 압력이 높은 곳에서의 작업시간을 제한한다.
⑤ 잠함병 발생 시에는 더욱 감압시킨다.

답 ⑤

80 공기의 자정작용이 아닌 것은?

① 희석작용 ② 세정작용
③ 산화작용 ④ 살균작용
⑤ 분해작용

답 ⑤

81 다음 사항 중 허약한 동물의 식욕을 증진시키는 것은?

① 염분이 많은 식사
② 따뜻한 식사
③ 하루 한번만 급여
④ 지방이 없는 식사
⑤ 수분이 적은 식사

답 ②

82 하천수의 용존산소가 적다는 것은 어떤 의미인가?

① 오염도가 낮다는 의미
② 오염도가 높다는 의미
③ 어류 서식이 적합하다는 의미
④ 자정작용이 잘 이루어지고 있다는 의미
⑤ 유기물량이 적다는 의미

답 ②

83 전염병 관리상 병원 쓰레기의 가장 안전한 처리법은?

① 소각법　　② 매립법
③ 해양투기법　　④ 퇴비화법
⑤ 소화처리법

답 ①

84 소독제의 구비조건이 아닌 것은?

① 살균력이 강할 것
② 부식성이 없을 것
③ 표백성이 없을 것
④ 용해성이 낮을 것
⑤ 경제적이고 사용법이 간편할 것

답 ④

85 방역에 있어 전염원에 대한 대책이 아닌 것은?

① 위생교육 및 예방접종
② 쥐나 곤충의 구제
③ 토양의 소독
④ 전염병의 침입방지
⑤ 환축 또는 보균동물 발견 및 처치

답 ①

86 다음 광견병에 대한 설명으로 틀린 것은?

① 최근 국내 발병은 너구리 등의 야생동물이 문제가 되고 있다.
② 광견병 바이러스는 중추신경계 친화성으로 신경손상을 유발한다.
③ 국내의 경우 정부 지원으로 광견병예방접종이 수행되어 발병이 획기적으로 감소되었다.
④ 미국과 영국, 일본은 광견병 청정지역이다.
⑤ 광견병의 병원체는 Rhabdoviridae과에 속하는 RNA 바이러스이다.

답 ④

87 역학이 추구하는 목적에 해당되지 않은 것은?

① 괴질(알려지지 않은 질병)에 대한 조사와 관리
② 발생 원인이 알려진 질병의 기원을 규명
③ 질병의 자연사에 대한 정보 획득
④ 질병예방 프로그램을 계획하고 감시
⑤ 질병치료의 극대화를 위한 기초연구

답 ⑤

88 쥐와 관계가 없는 전염병은?

① 유행성출혈열　　② 페스트
③ 리스테리아　　④ 렙토스피라
⑤ 야토병

답 ③

89 인간에게는 발암성의 증거가 없으나 설치류에는 강력한 발암물질로 작용하는 곰팡이 독소는?

① Aflatoxin B1　　② Ochratoxin A
③ Zeralenone　　　④ Aflatoxine M1
⑤ Cytotoxin

답 ④

90 축산식품의 위해요소중점관리기준(HACCP)에서 3대 위해란?

┌─────────────────────┐
│ 가. 화학적 위해 │
│ 나. 물리적 위해 │
│ 다. 생물학적 위해 │
│ 라. 생화학적 위해 │
└─────────────────────┘

① 가, 나, 다　　　② 가, 다
③ 나, 라　　　　　④ 라
⑤ 가, 나, 다, 라

답 ①

91 수질오염에 대한 다음 설명 중 옳지 않은 것은?

① 총 오·폐수 발생량은 60%가 생활하수, 오염물질 부하량은 축산폐수가 45%로 가장 높다.
② 수질오염원으로 대표적인 것은 농업, 광업, 도시생활하수 및 산업장의 폐수 등이다.
③ 부영양화 물질은 유기물질, 질산염 및 인 등이 대표적이다.
④ 수질오염 물질은 수중의 용존산소를 증가시킨다.

⑤ 부영양화 물질은 수중의 조류나 미생물의 영양원이 된다.

답 ④

92 반려동물의 전염성 질환 중 사람에 감염되는 질병이 아닌 것은?

① 광견병　　　　　② 개 전염성간염
③ 개 렙토스피라병　④ 개 브루셀라병
⑤ 피부사상균증

답 ②

93 공중보건학에서 역학이 추구하는 목적이 아닌 것은?

① 질병의 치료기술에 대한 연구
② 질병의 기원을 규명
③ 질병의 자연사 정보획득
④ 미확인 질병의 조사 및 관리
⑤ 질병예방 프로그램 계획 및 감독

답 ①

94 다음 중 모기에 의해 전파되지 않는 질병은?

① 일본뇌염　　　　② 황열
③ 사상충　　　　　④ 말라리아
⑤ 바베시아

답 ⑤

95 동물에서 항생제 오남용 문제에 대한 설명으로 틀린 것은?

① 항생제 내성으로 의한 사회문제가 야기되

고 있다.

② 가축에서 가장 많이 사용되는 항생제는 테트라사이클린 계열이다.

③ 가축의 생산성 향상을 위해 대체 항생제 개발에 노력하고 있다.

④ 그동안 사료첨가제 형태로 다량 사용되어 온 바 있다.

⑤ 사료 첨가 항생제는 극소량으로 실제 인체에 큰 피해는 없다.

답 ⑤

96 유전자재조합식품(GMO)에 대한 우려에 해당되지 않는 것은?

① 안전성이 검증되지 않았다.

② 알레르기, 독성 등의 인류 건강에 대한 우려가 높다.

③ 외래유전자가 인체 및 동물의 소화관에 서식하는 미생물에 전이될 수 있다.

④ 슈퍼잡종 및 슈퍼해충 등의 신 변종의 출현으로 생태계가 교란될 수 있다.

⑤ 유전자 기술의 독점 및 다국적기업의 식량지배 가능성이 없어진다.

답 ⑤

97 해충 구제의 가장 기본적인 방법은 무엇인가?

① 신속한 성충 구제

② 유충구제

③ 발생원 제거

④ 인가 주변의 살충제 분무

⑤ 해충별로 천적 이용

답 ③

98 담수어류 중에서 간흡충의 제2 중간숙주로써 가장 적합한 것은?

① 잉어 ② 참붕어
③ 은어 ④ 메기
⑤ 송어

답 ②

99 초식동물의 급성열성전염병으로 아포형성, 토양 중 20년 이상 생존이 가능한 질병은?

① 결핵 ② 탄저
③ 돈 단독 ④ 세균성 이질
⑤ 회귀열

답 ②

100 질병 유행 양식 중 호흡기질병은 겨울철, 소화기 질병은 여름철에 다발되는 현상은?

① 시간적 현상

② 생물학적 현상

③ 지리적 현상

④ 사회적 현상

⑤ 면역학적 현상

답 ①

101 Aflatoxin 생산에 관한 내용을 설명으로 틀린 것은?

① Aspergillus 곰팡이 증식에 의해 생성된다.

② 오염된 사료를 섭취한 동물은 간독성이 유발된다.

③ 쌀, 보리, 옥수수의 주요 곡류를 기질로

한다.

④ 자외선 및 방사선에 불안정하다.

⑤ 기질수분 16% 이상, 온도 25~30℃, 상대 습도는 80~85%에서 생성된다.

답 ④

102 다음 중 식육이나 우유를 통해 감염되는 전염병이 아닌 것은?

① 부루세라병   ② 결핵병
③ 살모넬라증   ④ 선모충
⑤ 파스튜렐라병

답 ⑤

103 불현성 감염의 특징이 아닌 것은?

① 면역력을 갖게 된다.
② 전염력이 있다.
③ 자각적 타각적인 임상증상이 있다.
④ 질병 관리 면에서 대단히 중요하다.
⑤ 규모와 발생 양식의 파악이 어렵다.

답 ①

104 다음 원충류 감염증으로 조합된 것은?

① 지아르디아병, 톡소플라스마병, 아메바성 이질
② 회충증, 지아르디아병, 톡소플라스마병
③ 아니사키스증, 유구조충증, 아메바성이질
④ 유구조충증, 아메바성이질, 지아르디아병
⑤ 간흡충증, 무구조충증, 폐디스토마증

답 ②

105 개의 종합백신 대상이 아닌 것은?

① 파보장염   ② 홍역
③ 결핵   ④ 코로나장염
⑤ 렙토스피라

답 ⑤

106 산화작용과 자극작용이 심하여 100만분의 1 농도에서 기침과 권태를 일으키는 기체는?

① 산소   ② 질소
③ 오존   ④ 이산화탄소
⑤ 일산화탄소

답 ③

107 개달 물인 것은?

① 물   ② 공기
③ 식품   ④ 완구
⑤ 바퀴

답 ④

108 다음의 연결이 관계가 없는 것은?

① 고산병 - 항공사
② 열사병 - 제련공
③ 앵무병 - 사육사
④ 규폐증 - 채석공
⑤ 잠함병 - 어부

답 ⑤

109 만성질환의 역학적 특성을 잘 표현한 것은?

① 발생율은 높고 유병율 낮다.

② 유병율은 높으나 발생율은 낮다.

③ 발생율은 유병율과 상관없다.

④ 발생율과 유병율은 차이가 없다.

⑤ 모두 높다.

답 ②

110 식중독 중 가장 발생빈도가 높은 것은?

① 장염비브리오

② 살모넬라

③ 포도상 구균

④ 보툴리즘

⑤ 웰치균

답 ②

111 소화기 전염병의 일반적 특징이 아닌 것은?

① 간접전파가 대부분

② 세대기가 잠복기보다 짧은 경우 많다.

③ 사회 경제적 여건이나 환경 위생 상태와 밀접한 관계가 있다.

④ 지역적 또는 계절적 영향이 크다.

⑤ 폭발적으로 발생

답 ②

112 미생물이 증식하는 기본요소가 아닌 것은?

① 온도　　　　② 습도

③ 기압　　　　④ 영양

⑤ pH

답 ③

113 식품에 미생물이 증식하여 당질 지질을 분해하여 식용에 부적합한 상태는?

① 변패　　　　② 부패

③ 발효　　　　④ 변질

⑤ 자기소화

답 ①

114 유기물 부패과정에서 질소 순환의 최종 산물은?

① 질산성 질소

② 아질산성 질소

③ 암모니아성 질소

④ 알부니모이드성 질소

⑤ 초산성 질소

답 ①

115 쥐가 매개하는 전염병이 아닌 것은?

① 페스트

② 발진열

③ 유행성출혈열

④ 츠츠가무씨병

⑤ 사상충

답 ⑤

116 환자의 퇴원 격리 사망 시 완전히 처리하는 방법은?

① 종말소독　　　② 일시소독

③ 방수　　　　　④ 멸균

⑤ 희석

답 ①

117 자외선의 인체 작용이 아닌 것은?

① 구내염 예방

② 신진대사 촉진

③ 적혈구 생성 촉진

④ 구루병 예방

⑤ 비타민 D 예방

답 ①

반려동물학

- 80문항 -

01 다음 어린 반려견을 선택하는 방법으로 옳지 않은 것은?

① 귀를 긁거나 털지 말아야 한다.
② 눈으로 보아서 젖살이 빠져 날렵해야 한다.
③ 침을 많이 흘리거나 구토, 기침, 콧물, 증상 등이 없어야 한다.
④ 엉덩이를 심하게 비비는 경우 등도 발병을 의심해 봐야 한다.
⑤ 몸놀림과 행동에 활력이 있어야 한다.

답 ②

02 다음 반려견의 샴푸 사용 시 주의사항으로 틀린 것은?

① 피모, 피부의 상태에 맞추어 간단하게 헹굴 수 있는 샴푸를 선택한다.
② 샴푸 전에 반드시 브러싱 한 후 샴푸가 잘 스며들도록 사전에 미지근한 물로 적신다.
③ 탕온은 35℃~38℃의 물이 좋다(여름이나 임신한 개는 미지근하게).
④ 샴푸의 간격은 2~3일 간격으로 한다.
⑤ 피부병에 걸렸을 경우에는 피부병에 맞는 약탕 이외는 하지 않는다.

해설 사용 전 잘 흔든 뒤, 반려동물의 몸을 따뜻한 물로 적신 다음 샴푸를 바르고 골고루 문지르며 맑은 물로 헹구어 준다. 필요에 따라 샴푸와 린스를 반복한다. 1주 정도의 간격을 두고 2~3회 샴푸한다.

답 ④

03 개의 교배에 대한 설명 중 옳지 않은 것은?

① 암컷의 경우 출산 및 육아시기, 즉 한여름과 한겨울을 피하여 적절한 교배시기를 정해야 한다.
② 첫 발정 때 임신할 경우 어미개의 성장과 영양에 나쁜 영향을 미칠 수 있으므로 두 번째 발정 이후에 교배시키는 것이 암컷의 건강을 위해서 좋다.
③ 교배 예정일은 발정시작 이후 10~14일이 최적기이며 전문 수의사의 지시에 따라서 교배하는 것이 좋다.
④ 우량종자를 얻기 위해 수컷은 혈통이 좋아야 하고 암컷보다 커야한다.
⑤ 교배를 하는 본질적인 목적은 새로운 생명의 탄생이다.

답 ④

04 개의 임신기간은 얼마인가?

① 평균 55일   ② 평균 63일

③ 평균 70일　　　④ 평균 80일

⑤ 평균 90일

답 ②

05 다음 개의 임신징후에 대한 설명으로 옳지 않은 것은?

① 교배 후 어미 개의 체온을 측정하여 변화가 있으면 임신이다.

② 임신을 한 경우 어미 개의 음부는 어느 정도 크고 보드라운 상태를 유지한다.

③ 임신 후 일주 일 가량 지나면 점액성은 유백색의 분비물을 보이며 유두 역시 핑크빛으로 변하여 유선에 응어리가 생긴다. 특히 초산일 경우 이러한 변화가 더욱 확실하다.

④ 임신 후 3주가 지나면 구역질, 식욕부진, 구토 등의 입덧 증상을 보이는 경우도 더러 있다.

⑤ 임신 50일 이후에는 어미 개의 배에 손을 대면 태아의 태동을 느낄 수 있다.

답 ①

06 강아지의 눈과 귀가 열리는 시기는?

① 생후 약 5일

② 생후 약 1주일

③ 생후 약 10일

④ 생후 약 2주일

⑤ 생후 약 20일

해설 강아지는 생후 10~14일이면 눈을 뜨기 시작하고 3주 무렵이면 청각이 서서히 기능을 하기 시작한다. 두 감각 모두 처음에는 약하지만, 성장하면서 향상된다.

답 ③

07 다음은 햄스터의 번식에 대한 설명이다. 틀린 것은?

① 햄스터를 짝짓기 할 때는 수컷을 암컷의 우리에 넣어야 한다.

② 햄스터가 새끼를 낳았을 때에는 2~3주 후에 청소를 해 주어야 한다.

③ 발정기가 되면 수컷은 움직임이 활발해지고 고환이 아주 커진다.

④ 임신기간 중에는 평소보다 많은 음식과 물을 주어야 한다.

⑤ 햄스터는 단독생활을 하기 때문에 어느 정도 성장하면 각자의 우리를 마련해 주어야 한다.

해설 햄스터는 암컷과 수컷을 합방시킬 때 반드시 암컷을 수컷의 우리에 넣어야 한다.

햄스터(hamster)

답 ①

08 다음은 기니피그에 대한 설명이다. 틀린 것은?

① 분양은 생후 1개월 정도가 적당하다.

② 생후 약 3주 후에 젖을 뗀다.

③ 암컷에는 젖꼭지가 2개밖에 없으므로 양모가 있으면 나누어 키우는 것이 좋다.

④ 새끼들은 태어난 다음 날부터 이빨로 먹이를 먹기도 한다.

⑤ 특별한 이유식은 필요 없다.

해설 기니피그의 임신기간은 60~69일, 새끼 수는 2~3마리, 포유기간은 15~16일이다. 평균 수명은 약 4~5년 정도이다. 비타민 C를 합성하지 못하기 때문에 비타민 배합사료를 주어야 한다.

기니피그(guinea pig)

답 ②

09 납막을 보고 암수를 판단하는 조류는?

① 사랑새앵무　　② 십자매
③ 카나리아　　　④ 문조
⑤ 홍조

해설 납막(cere)은 조류에 있어서 윗부리의 기부를 덮고 있는 부드럽고 볼록한 부분으로 매, 수리류, 멧비둘기류, 사랑앵무(잉꼬) 등에 있다. 사랑앵무(잉꼬)의 성별은 납막의 색으로 구분한다. 수컷 사랑앵무의 납막은 밝은 파란색이나 감청색을 띠고 종종 선명하게 남색을 띠기도 하며 암컷 사랑앵무의 납막은 밝은 갈색이나 담갈색이다.

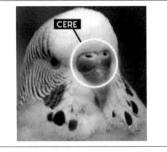

납막(cere)

답 ①

10 관상조의 구입할 때 선택 요령에 대한 설명 중 틀린 것은?

① 동작이 활발하고 젊은 새
② 몸에 상처가 없고 배설 강이 깨끗한 것
③ 체형이 클 것
④ 털갈이 중인 새
⑤ 색상이 선명하고 체형이 균형 잡힌 것

답 ④

11 다음 개의 특성에 대한 설명으로 옳지 않은 것은?

① 자신을 친절하게 대해주고 귀여워 해주는 사람을 바로 알아보는 능력이 있다.
② 자기 주위의 일정 구역을 세력권으로 삼는다.
③ 개가 갖고 있는 감각기관 중 가장 뛰어난 기관은 청각기관이다.
④ 개의 시력은 근시이다.
⑤ 개는 색맹이다.

해설 개가 갖고 있는 감각기관 중 가장 뛰어난 기관은 후각기관이다. 후각보다는 못하지만 청각 또한 인간보다 뛰어나다. 개들은 자신들의 귀를 마치 안테나 움직이듯이 소리 나는 방향으로 움직이며 인간보다 더 멀리서 나는 소리까지 들을 수 있다.

답 ③

12 개의 귀 청소의 방법으로 타당하지 않은 것은?

① 귀 세정제를 이용한다.
② 귀 세정제를 몇 방울 떨어뜨린 후 귀를 문지르고 면봉으로 부드럽게 닦아준다.
③ 귀 청소를 할 때 귓속의 털은 되도록이면

손대지 않는다.

④ 눈에 보이는 범위 내에서 귀지를 제거한다.

⑤ 면봉을 너무 깊은 곳까지 넣지 않게 주의한다.

[해설] 강아지 귀 털은 웬만하면 목욕하는 날 제거해주는 게 좋다.

답 ③

13 개의 이 닦기와 거리가 먼 것은?

① 태어난 지 12개월 후부터 이 닦기를 하여야한다.

② 가급적 강아지 전용 칫솔을 사용한다.

③ 거즈를 손가락에 감아 이 표면을 문지른다.

④ 이 닦기는 치석을 제거해 주기 위한 것이다.

⑤ 치석이 생기면 치아의 질환이 생긴다.

[해설] 강아지는 보통 태어나고 4~6개월 사이에 젖니가 빠지고 영구치가 나게 된다. 영구치가 나오게 되면 강아지 양치질을 시작해야 하는 시점이다.

답 ①

14 다음은 고양이에 대한 설명이다. 틀린 것은?

① 고양이의 소장이 짧은 것은 육식성이기 때문

② 고양이의 혀 끝 가까이에 뒤쪽으로 향한 예리한 극상돌기가 강판모양

③ 고양이는 야행성이므로 사냥시 후각만 이용

④ 고양이는 발톱을 사용하지 않을 때 발가락의 집속에 숨겨놓고 있다.

⑤ 고양이류는 모두 헤엄을 칠 수 있으나 대체로 물에 들어가는 것을 좋아하지 않는다.

[해설] 고양이류는 야행성이므로 먹이를 찾을 때에는 후각·청각을 이용한다.

답 ③

15 고양이의 습성과 먹이에 대한 설명으로 틀린 것은?

① 고양이는 혼자서 생활하고 정해진 자기 세력권을 갖는다.

② 고양이는 주로 밤에 먹이를 먹는다.

③ 고양이는 밤에 집회를 한다.

④ 고양이는 사람에게 쉽게 길들여 질 수 있다.

⑤ 고양이는 동물성 식품을 주식으로 한다.

답 ④

16 개의 감각 중 가장 발달된 것으로 사람과 비교하면 이것을 담당하는 세포의 수가 사람은 $5 \sim 20 \times 10^6$ 개인데 비해 개는 2.8×10^8 개인 것은?

① 촉각　　　　② 시각

③ 후각　　　　④ 미각

⑤ 청각

답 ③

17 영국이나 또는 미국의 dog show에서는 개를 7~8개 그룹으로 분류하고 있다. 영국 켄넬클럽 기준에 의해 분류된 그룹을 각 항목마다 동일한 그룹에 속한 품종을 열거하였는데 다음 중 잘못 나열되어 있는 것

을 고르시오.

① 아프칸하운드, 닥스훈드, 비글, 그레이하운드, 살루기, 휘펫

② 잉글리쉬세터, 골든리트리버, 브리타니, 아이리쉬세터, 포인터, 고돈세터

③ 불테리어, 폭스테리어, 케리블루테리어, 놀위치테리어, 웰시테리어, 스코티시테리어

④ 비숑프리제, 치와와, 이탈리안그레이하운드, 페키니즈, 퍼그, 요크셔테리어

⑤ 복서, 도벨만, 그레이트데인, 볼조이, 사모에드, 세인트버나드

해설 켄넬 클럽(Kennel Club) : 켄넬(Kennel)은 개의 학명으로 켄넬 클럽(Kennel Club)은 '애견 협회'로 번역된다. 각국의 켄넬 클럽(Kennel Club)에서는 세계의 각지에 존재하는 개들을 조사하여 독립된 순종으로 인정하고 순혈종 개들의 혈통관리를 통한 순혈종의 보존을 위해 활동한다. 켄넬 클럽들은 개의 등록업무와 함께 여러 가지 법규와 기준을 제시하면서 개 품평회(Dog Show), 훈련경기 및 사냥경기 등을 주관하고 있다. 세계적인 켄넬 클럽에는 영국켄넬클럽(KC), 미국켄넬클럽(AKC), 세계애견연맹(FCI) 등으로 이들은 세계 3대 켄넬 클럽에 해당한다. 우리나라에는 한국애견협회(KKC, Korean Kennel Club)와 한국애견연맹(KKF, Korea Kennel Federation)이 있다. 2011년 1월 기준으로 170여 견종(Breed)을 특징과 목적에 따라 7개 그룹으로 분류하고 있다.
① 스포팅(Sporting) : 포인터, 스패니얼 등 28종
② 하운드(Hound) : 그레이하운드 등 사냥에 적합한 25종
③ 워킹(Working) : 가축을 돌보는 등 여러 일에 적합한 개로 시베리안 허스키 등 28종
④ 테리어(Terrier) : 에어데일 테리어 등 27종
⑤ 토이(Toy) : 토이 푸들 등 덩치가 작은 21종
⑥ 논스포팅(Non-Sporting) : 미니어처 푸들 등 19종
⑦ 허딩(Herding) : 벨지안 셰퍼드 등 24종

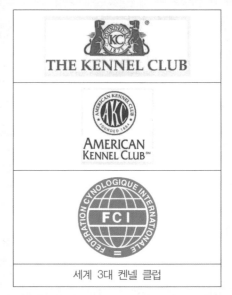

세계 3대 켄넬 클럽

답 ⑤

18 암캐의 경우 일반적으로 생후 첫 발정을 나타내는 시기는?

① 출생 ~ 2주령
② 3주 ~ 4주령
③ 5주 ~ 2개월
④ 3개월 ~ 5개월
⑤ 6개월 ~ 10개월

답 ⑤

19 개의 눈 및 시력에 대한 사항 중 틀린 것은?

① 시각은 청각보다 발달하지 못했다.
② 근시이거나 원시이다.
③ 색깔을 구분할 수 없다.
④ 시력으로 사물의 윤곽을 판단할 수 없다.
⑤ 후각이 시각보다 발달해 있다.

답 ④

20 다음 중 개의 비만여부와 직접적으로 관계 없는 것은?

① 체지방 함량이 체중의 20% 이상
② 복부 처짐
③ 복부좌우측 확장
④ 울퉁불퉁한 척추(골)의 촉감을 느낄 수 있음
⑤ 갈비뼈를 쉽게 만질 수 없음

답 ④

21 반려동물을 사육함으로써 기대되는 효과가 아닌 것은?

① 특히 청소년의 정서함양에 도움이 된다.
② 생명에 대한 경외심을 갖게 된다.
③ 친구로서, 반려자로서의 역할을 할 수 있기 때문에 소외감을 극복할 수 있다.
④ 노년사망률의 감소에 도움을 준다.
⑤ 청소년의 비행을 예방하는 데는 도움을 주지 않는다.

답 ⑤

22 개의 위 임신(가상임신)에 대한 설명 중 틀린 것은?

① 임신한 것과 유사한 증상을 나타낸다.
② 유즙도 분비되고 복부가 확장되기도 한다.
③ 임신 후반기에 체중의 증가가 없다.
④ 발정기 때 에스트로겐의 분비지속이 원인이다.
⑤ 발정이 올 때마다 동일한 증상을 반복하거나 심해질 수 있다.

해설 개와 고양이의 위 임신은 가상 임신, 상상 임신, 거짓 임신, pseudopregnancy, 히스테리 임신 등으로 불리며 프로게스테론이라는 임신유지 호르몬으로 인해 발생한다.

23 반려견의 피모관리와 피부구조, 털 주기에 대한 설명으로 틀린 것은?

① 모낭(hair follicle)이란 모근을 싸고 있는 주머니 형태의 구조물로, 털을 보호하고 단단히 지지해 준다.
② 피지선은 발바닥과 비경의 피부부위에 분포되어 있다.
③ 털 주기는 발생기, 성장기, 퇴행기, 휴지기 과정을 거친다.
④ 휴지기에는 약한 자극에도 쉽게 털이 탈락된다.
⑤ 개 피부는 사람 피부보다 구조가 단순하여 피부 두께가 얇다.

답 ②

24 다음 중 인수공통전염병인 개의 질병은?

① 파보바이러스성 장염
② 디스템퍼
③ 켄넬코프
④ 광견병
⑤ 심장사상충

답 ④

25 사람과 반려동물을 전염성 질환으로부터 보호하기 위한 예방관리지침에 해당되지 않는 것은?

① 반려동물을 믿을 수 있는 곳에서 구입한다.
② 구입전후 전문가나 수의사와 상담하고 건강검진을 받는다.

③ 도망가거나 분실되지 않게 하고 반드시 인식표를 부착한다.
④ 야생동물이나 길 잃은 동물과 쉽게 접촉해도 무방하다.
⑤ 동물의 배설물을 깨끗하게 처리한다.

답 ④

26 우리나라 토종개가 아닌 것은?

① 진도견   ② 풍산개
③ 삽살개   ④ 댕견
⑤ 시바견

해설 진도견, 풍산개, 댕견은 우리나라 남한의 토종견이고, 풍산개는 북한의 토종견이며, 시바견은 일본의 토종견이다.

답 ⑤

27 개의 습성에 관한 사항 중 틀린 것은?

① 개는 방향감각이 우수하여 멀리 떨어진 곳으로부터 집까지 돌아올 수 있다.
② 개는 항상 사람을 지배하려는 행동을 하며 사람보다 상위에 있으려고 한다.
③ 개는 눈앞에서 달려가는 물체가 있으면 짖으면서 무조건 좇아가기도 한다.
④ 개는 살고 있는 곳이 더러워지는 것을 싫어하는 깨끗한 성격의 동물이다.
⑤ 수캐가 길가에 방뇨하는 것은 영역표시를 위한 행동이다.

답 ②

28 다음 중 건강한 강아지를 선택하는 기준이 아닌 것은?

① 귀를 긁거나 털지 말아야 한다.

② 활력 있고 활동적이어야 한다.
③ 침, 구토, 콧물 등 분비물이 없어야 한다.
④ 엉덩이를 바닥에 부비는 것은 염려하지 않아도 되는 증상이다.
⑤ 젖살이 빠지지 않고 통통한 체격이 좋다.

답 ④

29 반려견의 선택 시 건강한 외모에 대한 설명으로 틀린 것은?

① 깨끗한 눈
② 윤기 있는 털
③ 항문부위가 청결
④ 콧물이 보이지 않음
⑤ 가시 점막부위의 창백

답 ⑤

30 다음 개의 특성에 대한 설명으로 옳지 않은 것은?

① 자신을 친절하게 대해주고 귀여워 해주는 사람을 바로 알아보는 능력이 있다.
② 자기 주위의 일정구역을 세력권으로 삼는다.
③ 개가 갖고 있는 감각기관 중 가장 뛰어난 기관은 청각기관이다.
④ 개의 시력은 근시이다.
⑤ 개는 색맹이다.

해설 '개코'라는 말이 있듯이 개가 갖고 있는 감각기관 중 가장 뛰어난 기관은 후각이다. 청각기관도 사람보다는 뛰어나지만 개에게서 가장 뛰어난 감각기관은 후각이 맞다.

답 ③

31 다음 중 논 스포팅 그룹에 속하는 견종을 고르시오.

① 비숑 프리제   ② 제페니스 친
③ 말티즈   ④ 포메라니언
⑤ 저먼 포인터

해설 논 스포닝 그룹(non-sporting group)은 불독(Bulldog), 차우 차우(Chow Chow) 등이 대표적이고, 스피츠(Spitz), 달마티안(Dalmatian), 푸들(Poodle), 보스턴 테리어, 미니어처 푸들, 스탠다드 푸들, 프렌치 불독, 비숑프리제, 샤페이, 꼬똥 드 튤레아, 라사 압소, 시바이누 등이 해당된다. 스포팅 그룹(sporting group)의 견종으로는 저먼 포인터, 골든 리트리버, 라브라도 리트리버, 아이리시 세터, 아메리칸 코커 스파니엘, 잉글리쉬 코커 스파니엘 등이 있다.

답 ①

32 다음 중 논 스포팅 그룹에 속하는 견종이 아닌 것은?

① 샤모에드   ② 라사 압소
③ 챠우챠우   ④ 달마시안
⑤ 불독

답 ①

33 다음 중 테리어 그룹에 속하는 견종을 고르시오.

① 요크셔 테리어   ② 보스턴 테리어
③ 폭스 테리어   ④ 티베탄 테리어

해설 테리어 그룹(Terrier group)은 러셀 테리어, 불 테리어, 미니어처 슈나우저, 화이트 테리어, 에어데일 테리어(Airedale Terrier), 폭스 테리어(Fox Terrier) 등이 포함된다.

답 ③

34 다음 중 하운드 그룹에 속하는 견종이 아닌 것은?

① 휘펫   ② 바셋 하운드
③ 보르조이   ④ 보더콜리
⑤ 닥스훈트

해설 하운드 그룹(Hound Group)은 감각 기관에 따라 2가지 분류로 나뉜다. ① 시각 하운드 : 아프간 하운드(Afghan Hound), 그레이하운드(Greyhound), 살루키, 보르조이, 휘핏 등이 있다. ② 후각 하운드 : 블러드 하운드, 바셋 하운드(Basset Hound), 닥스훈트(Dachshund), 비글 등이 포함된다.

답 ④

35 다음 중 허딩 그룹에 속하는 견종이 아닌 것은?

① 올드잉글리쉬 쉽독   ② 웰시 콜기
③ 보더 콜리   ④ 세인트버나드
⑤ 저먼 세퍼드

해설 허딩 그룹(herding group)은 셔틀랜드 쉽독, 보더 콜리, 웰시코기, 저먼 셰퍼드 등이 포함된다.

답 ④

36 다음 중 허딩 그룹에 속하는 견종을 고르시오.

① 올드잉글리쉬 쉽독   ② 제페니스 친
③ 시베리안 허스키   ④ 포메라니언
⑤ 치와와

답 ①

37 다음 중 토이 그룹(toy group)에 속하는 견종이 아닌 것은?

① 치와와   ② 말티즈

③ 그레이하운드　　④ 세인트버나드

⑤ 페키니즈

해설 토이 그룹(toy group)의 견종은 치와와, 이탈리안 그레이하운드, 말티즈, 미니어쳐 핀셔, 빠삐용, 페키니즈, 토이 푸들 등이 해당된다.

답 ④

38 소형 품종 토끼로 반려동물로 인기 있는 종은?

① 콤팩트(compact)

② 실린드(cylindrical)

③ 풀아치(full arch)

④ 세미아치(semi arch)

⑤ 커머셜(commercial)

해설 '미니토끼'라는 종은 없다. 펫샵이나 인터넷에 나오는 미니토끼 또는 미니래빗이란 품종은 존재하지 않는다. 작은 크기로 개량된 소형종의 토끼를 억지로 미니토끼라고 부른다. 국내 대부분의 반려토끼는 믹스종으로 중형토끼와 믹스된 경우이고 4㎏ 이상 커지는 경우도 있다. 보통 작은 사이즈를 콤팩트라고 한다.

답 ①

39 기니피그 설명으로 옳지 않은 것은?

① 앞발은 발가락이 4개, 뒷발가락은 3개이다.

② 꼬마 돼지라는 뜻으로 해석하기도 한다.

③ 임신 기간은 42일 정도이다.

④ 무리지어 살기 좋아하는 사회적 동물이다.

⑤ 기니피그가 내는 소리는 다소 이상하게 들릴 수 있지만 소리마다 원하는 욕구와 감정이 다르다.

해설 기니피그의 임신 기간은 70일 정도이다.

기니피그

답 ③

40 '찾다', '뒤지다'의 의미를 가진 동물은?

① 토끼　　　　　　② 개

③ 페럿　　　　　　④ 기니피그

⑤ 햄스터

해설 "ferret"이라는 단어는 도둑이라는 뜻을 지닌 라틴어 furonem와 이탈리아어 furone에서 유래한다.

페럿

답 ③

41 햄스터의 설명으로 옳지 않은 것은?

① 임신 기간은 17~20일이다.

② 분만할 때 사람이 도와주어야 한다.

③ 청각이 초음파를 감지할 정도로 예민하다.

④ 임신 시 수컷을 분리시켜 주어야 한다.

해설 햄스터는 분만할 때 사람이 특별히 도와주지 않아도 어미가 스스로 알아서 잘 처리한다. 또한, 케이지에 손을 넣거나 건드리면, 신경이 날카로워진 어미 햄스터에게 물릴 수 있으므로 주의하여야 한다. 새끼가 스스로 먹이를 먹게 될 때까지는 절대로 새끼를 건드리면 안 된다. 왜냐하면 새끼에게서 사람의 냄새가 나면 물어 죽이는 수가 있다. 부득이한 경우에는 핀셋을 이용해서 신속하고 안전하게 처리하여야 한다. 가끔 어미가 새끼를 물어 죽이는 수가 있는데 이러한 현상은 대부분 어미가 자신의 새끼를 침착하게 돌볼 수 없을 만큼 심한 스트레스를 받았을 때 일어난다. 만약 매번 자기 새끼를 물어 죽이는 어미가 있다면 이것은 번식에 부적합하다.

햄스터

답 ②

42 다음 중 개의 심장에 기생하여 심장사상충이라고 불리는 기생충의 명칭은?

① 필라리아 ② 렙토스피라
③ 스케비스 ④ 데모덱스
⑤ 살모넬라

해설 개의 심장사상충병은 Dirofilaria immitis라는 길고 가느다란 모양의 사상충에 의해 야기되는 질병으로 모기에 의해 감염되는 인수공통질병이다.

답 ①

43 다음 중 동물의 피모를 좋게 하는 방법 중 틀린 것은?

① 지방분을 급여한다.
② 단백질을 급여한다.
③ 비타민 D를 급여한다.
④ 비타민 C를 급여한다.
⑤ 정기적으로 동물 피모를 손질한다.

해설 정기적으로 동물의 피모를 손질하는 일은 외관을 좋게 만들 뿐만 아니라 피부를 건강하게 유지하는데도 꼭 필요하다. 건강한 피부를 원한다면 추천하는 대표적인 비타민이 비타민 C이다.

답 ④

44 다음 중 다른 종은?

① 콘스네이크 ② 볼파이톤
③ 킹스네이크 ④ 비어디드 드레곤
⑤ 밀크스네이크

해설 비어디드 드레곤은 도마뱀이다.

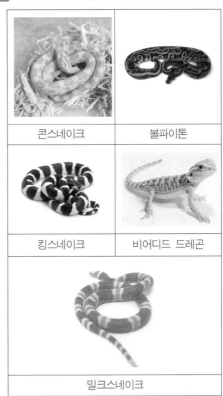

콘스네이크	볼파이톤
킹스네이크	비어디드 드레곤
밀크스네이크	

답 ④

45 다음 중 개가 털갈이를 하는데 제일 중요한 원인으로 작용하는 것은?

① 먹이량   ② 일조량

③ 목욕횟수   ④ 운동량

⑤ 견종

답 ②

46 개의 직접적인 조상으로 알려진 동물은 어느 것인가?

① 여우   ② 너구리

③ 늑대   ④ 고양이

⑤ 미어켓

답 ③

47 다음 중 개의 평균 분당 호흡수는?

① 10~20회   ② 15~25회

③ 20~30회   ④ 25~35회

⑤ 30~40회

답 ②

48 다음 중 개의 평균체온은?

① 36.5도   ② 37.5도

③ 38.5도   ④ 39.5도

⑤ 40.5도

답 ③

49 선천적으로 꼬리가 없거나 짧린 꼬리를 나타내는 말은?

① 킨크 테일(kink tail)

② 스워드 테일(sword tail)

③ 혹 테일(hook tail)

④ 밥 테일(bob tail)

⑤ 컬드 테일(curled tail)

[해설] 개의 꼬리 모양은 다음과 같다.

① Dock은 짧린 꼬리이다. 보통 생후 4~7일째에 자른다. 대표견종으로 도베르만, 폭스테리어 등이 있다.

② Low Set Tail은 꼬리의 시작부분의 위치가 낮은 꼬리를 말한다. 대표견종으로 코카스파니엘이 있다.

③ Screw Tail은 와인 오프너와 같은 나선형의 짧은 꼬리를 말한다. 대표견종으로 불독, 보스턴테리어 등이 있다.

④ Crank Tail은 짧고 아래로 향한 꼬리로 끝이 좀 위를 향한 꼬리이며 굴곡이 있는 꼬리를 말한다. 대표견종으로 스테포드셔불테리어가 있다.

⑤ Kink Tail은 근원 가까이에 예리하게 뒤틀려 구부러진 꼬리를 말한다. 대표견종으로 프렌치불독이 있다.

⑥ Bob Tail은 선천적으로 꼬리가 없거나 짧린 짧은 꼬리 또는 끝이 갈고리 모양으로 구부러져 늘어진 꼬리를 말한다. 대표견종으로 올드 잉글리쉬 쉽독이 있다.

⑦ Curled Tail은 말아서 등 가운데 짊어진 것 같이 보이는 꼬리를 말한다. 대표견종으로 페키니즈가 있다.

⑧ Hook Tail은 갈고리 꼬리이며 끝이 갈고리 모양으로 구부러져 늘어진 꼬리를 말하는데 대표견종으로 브리아르, 그레이트 피레니즈가 있다.

⑨ Sword Tail은 똑바로 아래로 늘어진 꼬리를 말하는데 대표견종으로 래브라도 리트리버가 있다.

⑩ Rat Tail은 쥐 꼬리이며 근원이 뚱뚱하게 말아진 털로 끝은 털이 없는 얇은 형의 꼬리를 말하고 대표견종으로는 아이리시 워터 스패니얼이 있다.

⑪ Brushed Tail은 둥근 브러쉬와 같은 털로 전체가 입혀져 있다. 여우꼬리같이 보이기 때문에 폭스브렛슈라고도 하며 대표견종으로 시베리안 허스키가 있다.

⑫ Flagpole Tail은 등선에 대해 직각방향으로 올라간 긴 꼬리를 말하며 대표견종으로는 비글이 있다.

⑬ Snap Tail은 낫 모양의 꼬리와 꼬리 끝이

등 면에 접촉돼 있으며 대표견종으로 알래스칸 멜러뮤트가 있다.

⑭ Plumed Tail은 긴 새털 모양의 방모의 꼬리를 말하고 대표견종으로 포메라니언, 페키니즈 등이 있다.

⑮ Stern Tail은 하운드나 테리어계의 비교적 짧은 꼬리를 말한다.

답 ④

50 다음 중 주로 테리어나 하운드의 짧은 꼬리를 나타내는 말은?

① 밥 테일(bob tail)

② 독 테일(dock tail)

③ 스턴 테일(stern tail)

④ 컬드 테일(curled tail)

⑤ 스크류 테일(screw tail)

답 ③

51 다음 중 애견의 귓속에 기생하여 귓병을 유발시키는 기생충을 고르시오?

① 이어 가드   ② 이어 마이트

③ 이어 오일   ④ 이어 웜

⑤ 이어 박테리아

답 ②

52 개가 이 갈이를 하고 난 후의 영구치는 모두 몇 개인가?

① 10   ② 32

③ 42   ④ 44

⑤ 46

답 ③

53 성견의 치아는 몇 개인가?

① 38   ② 40

③ 42   ④ 44

⑤ 46

답 ③

54 개의 유치는 몇 개인가?

① 20   ② 24

③ 28   ④ 32

⑤ 36

답 ④

55 말티즈나 시츄처럼 몸통이 짧은 체형을 나타내는 용어는?

① 비피(Beefy)

② 코비(Cobby)

③ 보씨(Bossy)

④ 브레스킷(Brisket)

⑤ 프론트(Front)

해설 개의 목 모양과 몸통 모양은 다음과 같다.

〈목〉

· 드라이넥(Dry neck) : 느슨한 피부나 주름이 없이 잡아당긴 듯한 목으로 클린넥(Clean neck)이라고도 한다.

· 웨트넥(Wet neck) : 피부가 느슨해져서 목 부분에 주름이 많은 것으로 드라이넥의 반대이다.

· 앞으로 나온 목 : 훤출한 긴 목이며 해당견종으로는 폭스테리어가 있다.

· 학목 : 학처럼 긴 목을 높게 드는 것으로 해당견종으로는 도베르만이 있다.

〈몸통〉

· 프론트(Front) : 앞다리, 앞가슴, 가슴, 어깨, 목 등을 포함한 개 전반부의 총칭이다.

· 위더스(Withers) : 기갑으로서 개의 키를 잴 때

는 발에 해당되는 패드에서부터 기갑부까지의
위치를 잰다.
- 구스럼프(Goose rump) : 근육의 발달이 불충
  분하기 때문에 엉덩이 골반의 경사가 급한 것
  이다.
- 브리스케트(Brisket) : 앞가슴을 말한다.
- 코비(Cobby) : 몸통이 짧고 간결한 체형으로
  해당견종은 몰티즈와 퍼그가 있다.
- 레시(Racy) : 균형이 잡히고 세련된 외형을 말
  한다.
- 클로디(Cloddy) : 키가 작고 몸통이 두껍고 무
  거운 체형이다.
- 위디(Weedy) : 골격이 가늘고 왜소한 체형으로
  미발육한 신체상태를 말한다.
- 보씨(Bossy) : 어깨 근육이 너무 발달된 상태이
  다.
- 비피(Beefy) : 근육이나 살이 과도하게 비만 되
  도록 발달해 체중이 무거운 것이다.
- 턱업(Tuck up) : 몸통의 높이가 허리 부분에서
  대단히 낮고 복부가 감싸 올려진 상태로서 해
  당견종은 그레이 하운드와 휘펫이 있다.
- 스트레이트쇼울더(Straight shoulder) : 어깨가
  전방으로 기울어져 있기 때문에 어깨의 전출
  이라 한다.
- 슬로핑쇼울더(Sloping shoulder) : 지나치게 어
  깨 갑골이 후방으로 경사진 어깨이다.
- 아웃엣쇼울더(Out at shoulder) : 두드러지게
  벌어진 어깨로 해당 견종은 불독이 있다.
- 다운힐(Downhill) : 등선이 허리부로 갈수록 나
  아지는 것이다.
- 로치백(Roach back) : 등에서 허리로 향하여
  부드럽게 휘어진 등을 말한다. 엉덩이가 약간
  처지는 경우가 많다.
- 스웨이백(Sway back) : 등선이 움푹 패인 것으
  로 허리가 긴 경우가 많다.
- 카멜백(Camel back) : 스웨이백과 반대로서 기
  갑과 좌골간의 등선이 낙타같이 부풀어 오른
  등이다.
- 레벨백(Lever back) : 기갑에서 허리에 걸쳐서
  등선이 수평한 등으로 가장 이상적인 모양이
  다.

답 ②

56 다음 용어 중 선천적 색소 결핍증으로 퇴
화 색이라고도 불리는 것은?

① 브린들(Brindle)
② 바이 칼라
③ 알비노(albino)
④ 화이트리스트
⑤ 백반증

해설 브린들페이스(Brindleface, 얼룩무늬 얼굴)는 얼
룩무늬인 동물의 얼굴 피부를 지칭한다.
알비노(albino)란 선천적으로 피부, 모발, 눈 등의
멜라닌 색소가 결핍된 동물 개체를 말하며 백자
(白子)라고도 한다. 멜라닌이 없기 때문에 눈은
혈액이 투명하게 비쳐 붉게 보인다. 선천적인 질
환이므로 후천적 질환인 백반증과 다르다.
바이칼라(bicolor)란 두 가지 색깔을 갖는 동물의
피부를 말한다.
화이트리스트(whitelist)는 식별된 일부 실체들이
특정 권한, 서비스, 이동, 접근, 인식에 대해 명
시적으로 허가하는 목록이다.

답 ③

57 5종 종합백신으로서 어린 강아지 때 15일
간격으로 3회 이상 접종을 해야 하는 예방
접종은?

① DHTTL
② DAPPL
③ DHPPL
④ DHIIL

해설 DHPPL은 각각 Distemper, Hepatitis, Pavo
Virus, Parainfluenza Infection, Leptospira의 줄
임말로써 각각의 질병 다섯 가지를 말하는 단어
이다. Distemper는 개 홍역을, Hepatitis는 개 간
염을, Pavo Virus는 개 장염을, Parainfluenza
Infection은 개 호흡기 질환의 하나를, Leptospira
는 DHPPL 중 유일한 세균성 질병으로 렙토스
피라균에 의한 인수공통 전염병을 각각 말한다.

답 ③

58 다음 견체 부위 중 상완골과 전완골이 만나는 부위는?

① Elbow : 팔꿈치

② Hock : 비절

③ Stifle : 무릎관절

④ Pastern : 발의 관절과 발가락 뼈 사이의 부위

⑤ Wrist : 앞다리의 가운데 부분 관절

해설

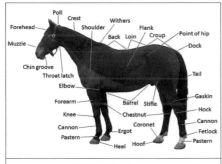

Points of a horse

- Hock : 비절, 뒷다리의 가운데 부분 관절, 아랫다리와 pastern 사이에 위치하는 뒷다리의 관절 : 하퇴골과 중족골이 만나는 부위
- Stifle : 무릎관절 : 대퇴골과 하퇴골이 만나는 부위
- Elbow : 팔꿈치 : 상완골과 전완골이 만나는 부위
- Pastern : 발의 관절과 발가락 뼈 사이의 부위
- Pads : 둥근발
- Dock : 짧린 꼬리, 도베르만, 폭스테리어 등에서 생후 4~7일째 자른다.
- Stern : 하운드나 테리어계의 비교적 짧은 꼬리
- Wrist : 앞다리의 가운데 부분 관절

답 ①

59 다음 견체 부위 중 하퇴골과 중족골이 만나는 부위는?

① Elbow : 팔꿈치

② Hock : 비절

③ Stifle : 무릎관절

④ Pastern : 발의 관절과 발가락 뼈 사이의 부위

⑤ Wrist : 앞다리의 가운데 부분 관절

답 ②

60 개의 뒷다리 주관절 밑에 있는 곳으로서 비절이라고도 하는 곳의 명칭은?

① Elbow   ② Hock

③ Stifle   ④ Pastern

⑤ Wrist

답 ②

61 다음 견체 부위 중 대퇴골과 하퇴골이 만나는 부위는 ?

① Elbow : 팔꿈치

② Hock : 비절

③ Stifle : 뒷무릎 관절

④ Pastern : 발의 관절과 발가락 뼈 사이의 부위

⑤ Wrist : 앞다리의 가운데 부분 관절

답 ③

62 개와 말의 주둥이 부분, 앞 얼굴 부위를 무엇이라고 하는가?

① Muzzle   ② Occiput

③ Withers   ④ Pastern

⑤ Wrist

해설 · Muzzle : 특히 개와 말의 주둥이 부분, 앞 얼굴 부위이다.
· Occiput : 후두부의 뒷부분이다.

• Withers : 기갑으로서 어깨갑골상부와 제1, 제2 가슴과 등골이 접합되는 부분이며 키를 잴 때는 이 위치에서 측정하기 때문에 중요하다.

답 ①

63 개의 몸에서 땀이 나는 부분은?

① 발바닥 중앙　　② 배 중앙
③ 귀 속　　　　　④ 모낭
⑤ 발 등

해설 개의 발바닥에는 땀샘이 있고, 개는 이곳을 통해 땀을 배출하여 체온을 조절하게 된다. 여름에 개 발자국이 마룻바닥에 찍혀있는 것을 보면 발을 통해 체온을 조절하는 것을 알 수 있다.

답 ①

64 다음 중 개 발바닥의 튼튼하고 푹신거리는 부분의 명칭은?

① foot　　　　　② pastern
③ pad　　　　　④ stifle
⑤ elbow

해설

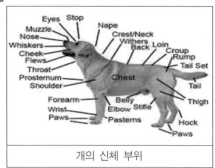

개의 신체 부위

답 ③

65 다음 중 개의 임신기간을 고르시오?

① 약 40일　　　　② 약 50일

③ 약 60일　　　　④ 약 70일
⑤ 약 80일

해설 개의 임신기간은 기본적으로 63일이며 견종에 따라 다소 다를 수 있다. 개는 교배 후 약 63일 만에 출산을 하며 대략 2개월 정도이다.

답 ③

66 다음 중 귀의 손질에 대한 설명으로 맞지 않는 것은?

① 이어 파우더를 이용하여 귀 털을 뽑아준다.
② 이어 마이트는 귀 속에 사는 기생충이다.
③ 고막이 정면에 있으므로 주의를 기울여야 한다.
④ 귀 손질을 안 하면 얼굴 전체에서 냄새가 난다.
⑤ 귓속 정리하기 전에 귀 세정제를 귓바퀴 따라서 두 방울 정도 부드럽게 흘려준다.

답 ③

67 다음은 견체의 같은 곳의 명칭이다. 이 중 성격이 다른 한 가지는?

① 치골　　　　　② 상조
③ 며느리 발톱　　④ 늑대 발톱
⑤ 잉여 발톱

해설 강아지의 발을 관찰해 보면 발바닥 위쪽에 영어로 'Dewclaw'라고 불리는 부위가 우리나라에서는 흔히 '며느리 발톱', 혹은 '늑대 발톱' 혹은 잉여 발톱이라고 불리기도 한다. 한자로는 상조라고도 한다.

답 ①

68 개가 페로몬을 분비했던 기관은 무엇인

가?

① 눈물 샘　　② 비경
③ 항문 낭　　④ 침샘
⑤ 방광

해설: 페로몬(pheromone)은 같은 종의 동물끼리의 의사소통에 사용되는 화학적 신호로서 개는 항문 낭(anal sac)에서 분비된다.

답 ③

69 개가 마운틴을 하는 이유가 아닌 것은?

① 교배를 위해서
② 서열가리기
③ 배변을 위해서
④ 놀이를 위해서
⑤ 스트레스를 받아서

해설 개는 성적 욕구를 위해, 우열을 가리기 위해, 그리고 스트레스를 받거나 때로는 놀이를 위해서도 마운팅(mounting) 동작을 한다.

답 ③

70 길고양이를 포획해서 중성화 수술을 한 다음에 방사하는 것을 무엇이라고 하나요?

① TRN　　② TNR
③ CIE　　④ BM
⑤ CEI

해설 고양이 중성화 사업(TNR, Trap-Neuter-Return)은 서울특별시가 늘어나는 길고양이 문제를 해결하고자 2008년 3월 1일부터 시행한 사업으로서 'Trap-Neuter-Return(또는 Release)'라는 이름에서 알 수 있듯이 잡아서(trap) 중성화 수술을 실시(neuter)한 후 다시 풀어주는(return) 행위이다.

답 ②

71 푸들의 체형 중에서 체고와 체장의 길이가 같은 이상적인 체형을 일컫는 말은?

① 드워프 타입　　② 하이온 타입
③ 스퀘어 타입　　④ 로치 타입
⑤ 리스트 타입

해설 푸들(Poodle) 체형에는 세 가지가 있는데 스퀘어 타입, 드워프 타입, 하이온 타입 등으로 나뉜다. 세가지를 이해하려면 다음 용어를 알아야 된다. 체고란 뒷목선의 커브가 시작되는 곳부터 앞 발 끝까지로서 등의 시작점에서 발아래까지이며, 체장은 목선 아래 흉배부터 꼬리 시작점까지로서 가슴 시작부터 엉덩이 끝까지이다.

　① 스퀘어 타입(Square Type) : 몸통과 발의 길이가 같은 상태를 말한다.
　② 드워프 타입(Dwarf Type) : 다리가 짧고 몸이 긴 상태이다.
　③ 하이온 타입(High on Type) : 몸에 비해 다리가 긴 상태이다.

주의할 점은 다리가 짧은 푸들과 긴 푸들은 서로 각기 다른 품종이 아니며 단지 타입에 따른 개체의 특징일 뿐이라는 점이다.

답 ③

72 푸들의 체형 중에서 체장이 체고 보다 긴 것을 무엇이라고 하는가?

① 드워프 타입　　② 하이온 타입
③ 스퀘어 타입　　④ 로치 타입

답 ①

73 푸들의 체형 중에서 체장이 체고 보다 짧은 것을 무엇이라고 하는가?

① 드워프 타입　　② 하이온 타입
③ 스퀘어 타입　　④ 로치 타입

답 ②

74 크기에 따른 푸들 종류에서 가장 작은 푸들 종류는?

① 오리지널 푸들 ② 미디엄 푸들
③ 미니어처 푸들 ④ 토이 푸들
⑤ 표준 푸들

해설 푸들에는 크기에 따라 네 종류가 있다. 푸들 원종 즉, 오리지널 푸들은 크기가 44~59cm이고, 미디엄 푸들은 크기가 35~45cm이며, 미니어처 푸들은 크기가 28~35cm이고, 토이 푸들은 크기가 24~28cm이다. 다만, 미니어처 푸들과 토이 푸들은 어릴 때는 구분하기 힘들고 성견이 되어야 알 수 있다. American Kennel Club의 규정에 의하면 푸들의 사이즈가 Toy Poodle은 10inch 이하(포함)이고, Miniature Poodle은 10inch 초과 15inch 이하(포함)이며, Standard Poodle은 15inch 초과이다.

답 ④

75 푸들의 수염(Moustache) 스타일이 아닌 것은?

① 도넛 머스테쉬(Donut Moustache)
② 램 머스테쉬(Lamb Moustache)
③ 프렌취 머스테쉬(French Moustache)
④ 스윗 하트 머스테쉬(Sweetheart Moustache)

답 ②

76 탈모가 되는 시기에 빠져나가는 죽은 털을 무엇이라고 하는가?

① 데드 코트(dead coat)
② 언더 코트(under coat)
③ 아웃터 코트(outer coat)
④ 부로큰 코트(broken coat)
⑤ 이너 코트(inner coat)

답 ①

77 다음은 단일색을 나타내는 용어이다. 이 중 여러 색을 나타내는 말은?

① 셀프 칼라 ② 블랙탄
③ 솔리드 블랙 ④ 블랙 칼라

해설 진돗개의 종류에는 황구, 백구, 흑구, 재구, 호구, 블랙탄(네눈박이)이 있다. 블랙탄은 블랙 앤 탄(Black and Tan)의 준말로 Tan은 무두질한 갈색 가죽색을 말한다. 보통 눈두덩 위의 눈썹 부위, 아래 턱, 목덜미와 앞가슴, 다리 아랫부분만 무두질한 갈색 가죽색일 경우가 있다. 전문가들이 블랙탄을 감정할 때 가장 먼저 혀와 입천장의 색을 본다고 한다. 블랙탄은 진돗개 6종 중 가장 비싼 종이다.

진돗개 블랙탄

답 ②

78 견종의 모색에 자주 등장하는 탄(Tan)을 잘 설명한 것은?

① 전체의 칼라에 섞여 있는 다른 색
② 황갈색의 색
③ 몸에 있는 점
④ 점박이의 견종
⑤ 검은 색

답 ②

79 다음 중 앞다리 발가락이 외향되어 동과 서로 향하고 있는 좋지 않은 형태는?

① 스프레이 풋　　　② 캣 풋
③ 플랫 풋　　　　　④ 이스트웨스트 풋

답 ④

80 다음 중 반려견의 특성에 대한 설명으로 옳지 않은 것은?

① 강한 집단의식이 있다.
② 인간이 따라갈 수 없는 후각을 가지고 있다.
③ 개의 시력은 인간보다 높다.
④ 개의 청각은 인간보다 우수하다.
⑤ 개는 발바닥에 땀샘이 있다.

해설 개의 시력은 근시이며, 주간에도 100미터 정도 떨어져 있는 고정된 물체를 인식하기 어렵다.

답 ③

동물보건영양학

- 22문항 -

01 사료 선택 기준으로 적합한 것은?

> 가. 임신 중 사료급여량은 평상시의 두 배 이상이고 수유 중에는 세 배 이상이다.
>
> 나. 소형견의 성장기 급여량은 부족하지 않고 충분한 양이어야 한다.
>
> 다. 질병이 있을 경우 수의사의 진단에 따른 적절한 처방식이 필요하다.
>
> 라. 급속성장기의 강아지는 최소한의 사료를 조금씩 자주 나누어주는 것이 좋다.
>
> 마. 성장기의 강아지가 허약한 경우 사료급여 횟수를 늘리지 못하므로 설탕 등 당도 높은 식품을 먹여 열량을 보충해야 한다.

① 가, 나 ② 가, 나, 다
③ 가, 라, 마 ④ 나, 라
⑤ 라, 마

답 ②

02 다음 중 원칙적으로 다른 사료와 동시에 급여해서는 안 되는 것은?

① 종합영양식
② 간식
③ 처방식
④ 프리미엄 푸드
⑤ 사람이 남긴 음식

답 ③

03 개의 식사 및 영양관리에 대한 사항 중 맞는 것은?

> 가. 식사는 일정한 시간에 일정한 장소에서 동일한 식기를 사용해 급여한다.
>
> 나. 식기에서 흘린 것이나 식기에서 물어내온 것을 먹으려 하면 중지시킨다.
>
> 다. 식사를 안 먹거나 남기면 곧바로 치운다.
>
> 라. 개의 단백질 요구량은 인간의 1/3 정도이고, 염분은 인간의 3배이다.
>
> 마. 성견은 강아지보다 2~3배의 칼로리가 필요하다.

① 가, 나, 다 ② 나, 다, 라
③ 다, 라, 마 ④ 가, 나, 마
⑤ 가, 라, 마

답 ①

04 다음 반려동물 사료 중 100그램당 열량이 가장 많은 것은?

① dry type
② semi-moist type
③ soft-dry type
④ wet type
⑤ moist type

해설 일반사료에서 semi-moist type은 수분함유량이 25~35%이고, dry type과 wet type의 중간이며, dry type은 수분함유량이 10% 이하이고, 대형견 전용과 소형견 전용은 각각 입자 크기가 다르다. Wet type은 수분 함량이 75% 이상으로 소고기, 닭고기, 돼지고기, 양고기, 생선, 채소 등 다양한 종류의 음식으로서 그 자체적으로 봉해져 있어 냄새도 강하고, 부드러운 맛으로 개의 기호를 만족시킬 수 있는 제품이다. 개들에게는 가장 기호성이 높은 종류 중 하나이다.

답 ①

05 다음 중 동물의 음수량 증가 요인이 아닌 것은?

① 발열   ② 기온저하
③ 출혈   ④ 설사
⑤ 운동

답 ②

06 단백질의 구성단위(building block)는?

① amino acid   ② glucose
③ glycerine   ④ fatty acid
⑤ nucleotide

답 ①

07 소장 상피세포에서 흡수되지 않은 물질은?

① triglyceride
② monoglyceride
③ tripeptide
④ dipeptide
⑤ monosaccharide

해설 대부분의 흡수와 소화는 소장에서 일어나는데 소장의 가수분해 효소들은 온전히 또는 부분적으로 소화된 탄수화물, 지방, 단백질 분자들을 각각 단당류, 지방산, 아미노산으로 분해한다. 소화생성물은 상피세포를 통해서 흡수되고 혈액이나 림프로 들어간다. 효소에 의한 소화과정이 필요하지 않은 비타민, 무기질, 수분은 소장에서 흡수된다.
트리글리세리드(triglyceride)는 지질의 한 종류로 글리세린 한 분자에 지방산 3분자가 에스터 결합을 하는 구조이다. 중성 지방이 이 종류이다. 모노글리세리드(monoglyceride)는 글리세리드의 한 종류이다. 지방이 라이페이스와 쓸개즙을 통해 분해되어서 모노글리세리드와 지방산으로 산출된다.

답 ①

08 다음 중 대사 에너지(Metabolizable Energy : ME)를 설명하는 것은?

① 사료 중 동물이 실제로 이용할 수 있는 에너지
② 식이의 대사가 끝난 후 나오는 질소화합물 등으로 배설되는 에너지
③ 이 중 동물체가 흡수함이 가능한 에너지
④ 복사에너지가 광합성으로 결합에너지의 형태로 생명체에 축적된 에너지
⑤ 흡수 가능한 에너지에서 요 중에 배설되는 에너지를 뺀 나머지

답 ⑤

09 사료 급여법의 설명으로 맞지 않는 것은?

① 자유채식법은 섭취량의 변화를 발견하기 어렵다.

② 정시급여법에서 과식하는 개체가 나올 수 있다.

③ 정시급여법은 보통 하루 1회 15~20분 정도로 해야 잘 먹는다.

④ 정량급여법은 성견이라도 하루 2회 이상 급여한다.

⑤ 정량급여법은 대부분의 반려견에게 추천할 수 있다.

해설 정시급여법은 보통 하루 1회 15분 이하로 해야 잘 먹는다. 하루 정해진 횟수로 정확한 양을 주는 것이 좋고 식사시간도 15분 정도로 제한하는 것이 잘못된 식습관을 만들지 않을 수 있다.

답 ③

10 다음 개 성장단계 가운데 에너지 요구량이 가장 많은 것과 가장 적은 것을 잘 선택한 번호를 고르시오.

가. 이유 직후 자견

나. 성장기 중기 자견

다. 성견

라. 임신 6주

마. 분만 4주

① 가, 라 　　　② 나, 가

③ 마, 가 　　　④ 라, 다

⑤ 마, 다

답 ⑤

11 뮤신(mucin)에 대하여 설명한 것으로 맞는

것은?

① 트립시노겐을 활성화한다.

② 단백질을 분해한다.

③ 세균을 죽인다.

④ 위벽을 보호한다.

⑤ 탄수화물을 분해한다.

해설 뮤신(mucin)은 점막에서 분비되는 점액 물질의 일종이고 탄수화물 코팅에 의해 둘러싸여진 당단백질로 점액의 점성을 주는 물질이다. 뮤신은 세포가 만드는 단백질이다.

답 ④

12 신생아의 영양관리에서 맞지 않는 것은?

① 최선의 영양관리는 어미가 키우는 것이다.

② 어미가 없는 경우는 대리모를 이용하는 것이 인공영양보다 좋다.

③ 우유는 단백질이 부족하다.

④ 우유는 열량이 많다.

⑤ 급여 시 38℃로 데워 급여한다.

해설 우유는 탄수화물, 단백질, 지방 등 열량을 내는 영양소뿐 아니라 칼슘, 인, 비타민 B2, 비타민 A가 많이 함유되어 있으며, 비타민 B12, 비타민 D, 마그네슘, 셀레늄 등 다양한 무기질과 비타민이 들어 있다.

답 ③

13 개의 임신 중 먹이와 운동에 대한 설명으로 적절치 않은 것은?

① 임신 중 가장 중요한 것은 충분한 영양과 운동이며 임신초기에는 입덧 증상으로 먹는 것을 꺼리거나 토하는 경우도 있다.

② 임신 1개월부터는 태내의 새끼가 자라 위를 압박하게 되어 소화하기 어려우므로 한 번에 많은 양을 주지 말고 횟수를 늘

려 주는 것이 좋다.

③ 임신 중에는 칼슘영양제 공급이 반드시필
요하다.

④ 임신 1개월 후부터는 가능한 한 운동을
삼가야한다.

⑤ 교배 후 2~3주간은 자궁에 착상하는데 무
리가 올 수 있기 때문에 목욕을 금해야
한다.

답 ④

14 다음 중 개에게 가장 적합한 식품은?

① 당도가 높은 초콜릿

② 영양소가 풍부한 우유

③ 비타민이 함유된 양파

④ 캡사인을 가지고 있는 고추

⑤ 열량이 풍부한 고구마

해설 · 초콜릿은 개에게 유독하다. 초콜릿에는 개의
대사 과정을 방해하는 자극제인 테오브로민
(thobromine)이 함유되어 있다.

· 양파와 마늘은 반려견에게는 독이 된다. 반려
견이 먹을 경우 적혈구가 손상되어 빈혈에 걸
릴 수 있다.

· 포도와 건포도는 인간에게는 건강한 음식이지
만 반려견에게 독이 된다. 급성 신부전을 유발
할 수 있다.

· 우유, 크림 및 치즈 등의 유제품은 반려견이
성견으로 자라면서 유제품 소화 효소가 부족
해져 소화 능력이 저하된다. 따라서 우유, 크
림 또는 치즈를 먹을 경우 구토, 설사, 소화불
량 같은 유당 불내증이 나타날 수 있다.

· 인공 감미료도 좋지 않다. 사람이 자일리톨을
지나치게 많이 섭취하면 복부 팽만, 부글거림,
설사를 일으킬 수 있지만, 개에게 자일리톨은
독이 된다.

답 ⑤

15 개에게 급여하여도 무방한 음식은?

① 양파　　　　　② 초콜릿

③ 삶은 계란　　　④ 오징어

⑤ 닭 뼈

해설

개에게 주면 안 되는 음식

답 ③

16 반려동물사료의 종류에 대한 사항 중 맞는 것은?

① 습식사료는 수분함량이 70%이며, 맛이 없
어 기호성이 낮다.

② 습식사료는 통조림으로 만든 제품으로서
주식으로 가장 적합하다.

③ 건조사료는 수분함량이 10% 이하이며, 먹
이기에 편리하고 보존하기 쉽다.

④ 건조사료는 영양소 함유량이 불충분하며
기호성도 떨어져 보편성이 아주 낮다.

⑤ 반건조사료는 건조사료와 습식사료의 단
점을 보완한 것으로써 가장 많이 사용된
다.

해설 일반사료에서 semi-moist type은 수분함유량이
25~35%이고, dry type과 wet type의 중간이며,
dry type은 수분함유량이 10% 이하이고, 대형

견 전용과 소형견 전용은 각각 입자 크기가 다르다. Wet type은 수분함량이 75% 이상으로 소고기, 닭고기, 돼지고기, 양고기, 생선, 채소 등 다양한 종류의 음식으로서 그 자체적으로 봉해져 있어 냄새도 강하고, 부드러운 맛으로 개의 기호를 만족시킬 수 있는 제품이다. 개들에게는 가장 기호성이 높은 종류 중 하나이다.

답 ③

17 반려견의 식사관리에 대한 사항 중 틀린 것은?

① 성견의 경우 동일한 체중으로 환산하여 강아지보다 3배 이상의 식사가 필요하다.
② 사역견은 에너지 소모가 많으므로 열량을 높인 식사를 급여한다.
③ 임신 후기의 모견은 식사를 몇 차례 나누어 조금씩 급여하여 소화가 용이하도록 한다.
④ 노견에게는 먹기 쉽고 소화가 용이하며 적당한 영양소가 함유된 식사를 급여한다.
⑤ 일반적으로 변의 상태를 봐서 묽거나 설사를 한다면 식사를 줄이고, 반대로 딱딱하고 양이 적으면 식사량을 늘려서 급여한다.

해설 소형 강아지의 경우에 태어나서 6개월까지는 급속하게 성장하므로 성견의 2배에 해당하는 영양분이 필요하다. 이 시기에 영양이 부족하면 뼈나

근육의 발달에 문제가 생길 수 있다.

답 ①

18 다음은 개의 사료급여에 관한 사항이다. 올바르지 않은 것은?

① 성견은 사료를 하루에 두 번 주는 것이 좋다.
② 사료 채식 량은 체표면적을 기준으로 할 때 작은 개가 더 많이 먹는다.
③ 개가 가끔씩 풀을 먹는 행동은 정상 행동으로 간주한다.
④ 개의 신체성장에 필수적으로 필요한 것은 단백질이다.
⑤ 개는 단 것을 좋아하므로 초콜릿을 훈련 시 칭찬 목적으로 주면 좋다.

답 ⑤

19 반려견 전용사료에 관한 설명으로 옳지 않은 것은?

① 전용사료에는 반려견에게 필요한 영양소가 적절하게 배합되어 있다.
② 전용사료가 완벽한 영양식품이나 수시로 간식을 주는 것이 영양 밸런스를 유지하는데 도움이 된다.
③ 전용사료에는 드라이 타입, 소프트 드라이 타입, 웨트 타입이 있다.
④ 전용사료는 소형견이나 대형견, 강아지나 성견 구분 없이 공통적으로 사용할 수 있다.

답 ④

20 다음 중 반려견의 식사에 관한 내용으로

옳지 않은 것은?

① 강아지의 경우 사람과 같이 걸쭉한 것에서 시작하여 알갱이가 있는 것으로 성장에 따라 변화시킨다.

② 개는 원래 육식성 동물이었으나 사람에게 길들여지면서 잡식성으로 변했으므로 주식은 식물성 단백질 중심으로 한다.

③ 지방이 많은 고기나 생선가시 등은 강아지 먹이로 부적절하다.

④ 강아지의 경우 생후 2개월에서 7개월 사이는 성장기에 해당되므로 균형 잡힌 고열량의 먹이를 주어야 한다.

답 ②

21 질병에 걸린 반려견 먹이 주는 방법으로 옳지 않은 것은?

① 조금이라도 먹기 편하고 영양가 있는 음식을 먹이도록 한다.

② 직접 만들어서 먹이는 경우에는 육류는 잘게 썰어 주고 쌀은 죽을 만들어 먹인다.

③ 식욕이 떨어진 경우, 드라이 타입의 사료에 물이나 우유를 섞어서 주면 안 된다.

④ 설사를 하는 경우도 소화 흡수가 용이한 음식을 먹이도록 해야 한다.

답 ③

22 개나 고양이가 섭식하면 혈뇨, 황달, 빈 호흡, 빈혈 등의 중독증상을 일으키는 것은?

① 커피   ② 초콜릿
③ 포도   ④ 아보카도
⑤ 부추

해설 개와 고양이가 양파를 섭취하면 적혈구 손상을 동반한 빈혈을 일으킨다. 따라서 개가 양파를 먹으면 소변 색이 짙은 갈색이 되고, 빈혈이 생길 수 있다. 건조된 양파, 조리된 양파, 쪽파, 양파를 우려낸 국물 모두 위험하다. 개들이 먹어서 안 되는 야채로 파, 양파, 마늘, 부추 등이 있는데 증상이 비슷하다. 소량의 양파라도 지속해서 먹으면 개에게 치명적인 영향을 미칠 수 있다. 초콜릿은 개가 먹으면 안 되는 대표적인 음식인데 초콜릿의 카페인 성분은 개의 신경계를 흥분시켜 발작을 일으키고, 혼수상태에 이르게 할 수 있다. 초콜릿과 마찬가지로 카페인이 함유된 커피도 마시면 안 된다. 포도는 개의 콩팥을 손상시키는 음식이다. 심할 경우 콩팥 기능이 회복되지 못할 정도로 떨어지는 신부전증이 생길 수 있다. 포도알 뿐만 아니라 포도 껍질, 건포도, 포도주 모두 피해야 한다. 토마토는 그 속에 들어있는 아트로핀 성분이 개의 부정맥을 유발할 수 있다. 또 토마토가 익으면서 생성되는 토마틴 성분을 먹으면 호흡곤란·구토·설사·변비 증상이 나타나는데, 심할 경우 사망할 수 있다. 개가 아보카도를 먹으면 심장, 폐 등이 손상된다. 아보카도의 지방 성분이 소화불량, 구토, 췌장염을 유발할 수 있다.

답 ⑤

동물보건행동학

- 39문항 -

01 반려견의 다음 행동이 의미하는 것은?

> 꼬리를 세우고 청각과 후각을 곤두세웠다. 입은 굳게 다물고 있지만, 눈은 평온한 상태이다.

① 놀고 싶은 때　　② 화났을 때
③ 호기심을 표현할 때　④ 두려울 때

답 ③

02 사람이 뛰면 갑자기 따라서 뛰거나 굴러가는 공을 보면 빠르게 뛰어가 잡는 본능은?

① 운동본능　　② 사냥본능
③ 무리본능　　④ 도망본능

답 ②

03 쓰다듬어주거나 가벼운 빗질 등 사람의 손길을 긍정적으로 받아들이게 하는 것은?

① 터치스트레스　　② 저항스트레스
③ 사회성　　④ 소음스트레스

답 ①

04 개가 주인에게 달려들 때 행동의 원인과

교정방법에 대한 설명 중 옳지 않은 것은?

① 위압적인 개는 좋아하는 장난감을 차지하고자 주인에게 대드는 경우가 있다.
② 자신이 주인보다 높은 서열에 있다고 과시하려고 생각하기 때문이다.
③ 개가 이러한 행동을 보일 때는 "안돼"라고 단호하게 말하고 개와 시선을 마주치고 어루만져 주어야 한다.
④ 개에게 엎드리도록 명령한다. 그러한 행동을 취하면 위에서 내려다보는 사람에게 자동적으로 굴복하는 것이 된다.
⑤ 개에게 엎드리도록 명령한 후 그 행동을 취하지 않으면 뒷다리를 들어서 주인이라는 권위를 나타낸다.

답 ③

05 개가 먹이를 먹을 때 접근하면 으르렁거리는 행동의 원인과 대책으로 맞지 않은 것은?

① 자신의 서열이 주인보다 높다고 생각하기 때문이다.
② 항상 주인보다 개에게 식사를 먼저 준다.
③ 항상 식사 전에는 '앉아', '기다려' 등의 훈련을 거쳐 음식을 주도록 한다.
④ 야생의 습관으로 인해 가끔 으르렁거릴 경우도 있다.

⑤ 으르렁거릴 경우에는 상냥하게 쓰다듬어
주면서 먹이를 빼앗으려는 것이 아니라는
것을 이해시키는 것이 좋다.

답 ②

06 개가 다른 개와 만나면 싸우는 행동의 원
인과 대책으로 옳지 않은 것은?

① 다른 개들과 사이좋게 어울려 본 적이 없
기 때문이다.
② 동물사회에서 서로 우위를 차지하려는 것
일 수도 있다.
③ 개가 주인의 말을 듣지 않을 경우엔 개 줄
을 느슨하게 하여 활동이 자유롭게 해준
다.
④ 다른 개와 사이좋게 지내면 그때마다 칭
찬을 해 주도록 한다.
⑤ 주인이 리더라는 것을 환기시키며 앉으라
고 명령하면 낯선 개는 자신과 관련이 없
다는 것을 알게 되므로 두려워할 필요가
없다는 것을 깨닫게 된다.

답 ③

07 개가 아무데나 배설하는 행동의 원인과 대
책에 대한 설명 중 옳지 않은 것은?

① 개가 혼자 있게 되는 불안감이나 불만을
표현하기 위해 일부러 하는 경우도 있다.
② 자립심의 부족에서 오는 불안감 때문이다.
③ 개가 보는 곳에서 배설한 곳을 청소하는
것이 좋다.
④ 자신이 배설한 곳을 주인이 청소하는 모
습을 보면 자신이 주도적인 위치에 있는
것으로 생각할 수 있기 때문이다.
⑤ 개의 자립심을 키워주는 게 중요하다.

답 ③

08 개가 스스로 리더라고 생각해서(권력증후
군) 가족이라는 무리와 영역을 지키려고
할 경우 스트레스를 받는 원인이 아닌 것
은?

① 배달원 등이 올 때
② 방문객이 있을 때
③ 산책 도중 다른 개나 사람이 다가올 때
④ 주인이 체벌을 가한 경우가 있을 때
⑤ 초인종이 울릴 때

답 ④

09 다음 개의 행동에 대한 설명으로 옳지 않
은 것은?

① 개는 한번이라도 체험해 본 경험이 있어
야지 체험해보지 못한 것에 대해서는 개
스스로 생각하고 이해하며 판단하는 일은
없다.
② 훈련사가 개에게 어떤 조건 및 행동으로
유도하는 과정에서 원하는 행동을 취할
때는 충분히 칭찬을 해주어야 한다.
③ 개가 대소변을 지정한 장소에 배설하지
않았을 때는 전혀 다른 장소에서 꾸짖어
야 한다.
④ 칭찬은 훈련사가 원하는 것을 개 스스로
이해하고 기억하여 차후 훈련사의 똑 같
은 지시나 행동으로 인해 반사적으로 자
세를 취한다. 이것을 조건반사 훈련이라
고도 한다.
⑤ 훈련사는 모든 것을 개의 입장에서 생각
하여야 한다.

해설 개가 대소변을 지정한 장소에 배설하지 않았을 때는 같은 장소에서 즉시 꾸짖어야 한다.

답 ③

10 다음 중 고양이의 프레맨 행동 반응과 관계가 있는 기관은?

① 귀   ② 입
③ 코   ④ 눈
⑤ 발

해설 플레멘 반응(Flehmen response)은 동물이 낯선 냄새를 맡았을 때 입을 벌리는 반응이다.

고양이 플레멘 반응

말 플레멘 반응

답 ②

11 다음 개의 행동에 대한 설명으로 적절하지 않은 것은?

① 개는 인간보다 수백 배나 민감한 후각을 가지고 있다.

② 동료와 함께 무리를 지키는 등 강한 집단 의식을 갖고 있다.

③ 가족이 개가 좋아 만져주고자 할 때 처음에 꼬리 부분을 먼저 쓰다듬어 준다.

④ 개끼리 만나서 서로의 힘 관계를 탐색할 때에는 꼬리를 들어 살짝 흔들고 힘겨루기에서 진개는 꼬리를 내리고 이긴 개는 더욱 꼬리를 높게 쳐든다.

⑤ 개는 여러 가지의 소리를 내어 한 패끼리 혹은 가까이 있는 같은 종류의 동물과 의사소통이나 연락을 취한다.

해설 개들은 등 위쪽이나 척추 양쪽을 긁어주는 것을 좋아한다. 목과 어깨 근처의 앞쪽이 꼬리와 뒷다리가 있는 뒤쪽보다는 개를 불안하게 만들 가능성이 낮다. 개의 다리, 꼬리 그리고 은밀한 부위는 만지지 않아야 한다.

답 ③

12 커밍 시그널 행동에 대한 설명으로 맞지 않은 것은?

① 개가 스스로 침착해지기 위해서 또는 상대를 안정시키기 위해서 하는 행동을 문제행동의 교정에 이용하려는 것이다.

② 산책 도중에 개가 다른 개를 봤을 때 개가 시선을 피하거나 풀냄새를 맡거나 하품을 한다거나 엎드린다거나 하는 행동을 말한다.

③ 훈련 중에 개가 커밍 시그널 행동을 보이는 것은 복종의 의미이다.

④ 훈련 중에 딴청을 피우는 것도 커밍 시그널의 일종이다.

⑤ 루거스가 처음 제창한 설이다.

해설 커밍 시그널(calming signals)이란 강아지의 바디랭귀지(body language)에 의한 일종의 언어이다.

개가 하품을 할 때 상대방에게 진정을 하라는 의미를 가지고 있다. 개는 꼬리를 내리거나 감출 때 복종을 하거나 무서울 때이다. 기분이 좋거나 반가울 때는 꼬리를 흔들고 귀를 뒤로 접는 제스처를 한다. 개들끼리 꼬리를 흔들며 커브를 그릴 때는 친하게 지내자는 표현이다. 개가 기지개를 켤 때는 따분함을 느낄 때이고, 개가 코를 핥을 때는 상대방과 자신을 진정시키려는 의미이다. 고개 돌리기나 눈 피하기는 상대방과 갈등을 피하고 싶거나 두려움을 느낄 때이다. 바닥 냄새를 킁킁 맡음은 불안할 때, 상대방에게 적의가 없을 때 하는 표현이다.

몸을 흔든다는 것은 스스로 불안감을 해소하기 위한 표현이고, 입을 다물고 몸을 낮추어 귀를 뒤로 눕혔다면 겁먹은 상태에 있는 것이다. 귀를 눕혔으나 이를 드러냈다면, 두렵지만 공격할 의사도 있다는 뜻이다. 배를 보이고 누움은 기분이 좋고 편할 때 표현이다. 바닥에 앞발을 뻗은 채 엉덩이를 놓고 꼬리를 흔듦은 함께 놀자는 표현이다. 몸을 긁음은 스스로를 위로하는 표현이고, 불안·공포·불쾌감 등에서 벗어나고 싶을 때는 몸을 뒷발로 긁는다. 몸을 크게 터는 것은 기분전환을 하고자하는 표현이다.

비켜지나가는 것은 부담을 느끼는 표현이고, 사이에 끼어들기는 싸움을 말리려는 표현이다.

개의 calming signals

고양이 꼬리 언어

고양이의 calming signals

답 ③

13 다음 개의 행동에 대한 설명으로 옳지 않은 것은?

① 키우고 있는 개가 몸을 낮추고 다가올 때는 무언가 잘못했을 때이다.

② 개가 이를 드러내는 것은 공격 직전의 자세이다.

③ 개가 귀를 세우고 앞쪽을 응시하고 있을 때는 무언가 경계를 하고 있거나 신경을 집중하고 있는 경우이다.

④ 낯선 개에게 손을 내밀 때 주인이 옆에 있

을 경우에는 쭈그리고 앉아 자세를 낮추고 주인에게 만져도 좋은지 묻고 나서 손을 내밀도록 한다.

⑤ 개가 꼬리를 높이 하는 것은 자신은 강하다는 기분을 나타내는 것이다.

> 해설 강아지가 몸을 낮추고 다가올 때는 기쁨이나 친밀감을 나타내는 것이며 대개 꼬리도 좌우로 빙글빙글 돌린다.

답 ①

---

14 다음 중 '용변가리기'의 훈련과정으로 옳지 않은 것은?

① 우선 강아지를 처음 집에 데려 왔을 때 용변가리기를 시키기 전에 먼저 목욕을 시키는 방법이 중요하다.

② 주인은 강아지에게 먹이를 먹이고 난 후바로 화장실로 데리고 가서 용변을 볼 때까지 불안해하지 않도록 함께 있어 주는것이 중요하다.

③ 용변을 본 뒤에는 항상 칭찬과 애무로써강아지에게 용기를 주고 뒤처리를 깨끗이한 뒤 데리고 나오는 것을 반복함이 중요하다.

④ 화장실 외의 장소에서 용변을 보는 경우에는 치우지 말고 개를 끌고 가서 야단은쳐야한다.

⑤ 용변을 보고 싶어 하는 강아지는 주위를돌아다니면서 바닥에 냄새를 맡고 다니므로 이때 바로 화장실로 데리고 가서 용변을 볼 수 있게 유도한다.

답 ④

---

15 강아지의 훈련 시기로 적기는?

① 생후 2~4개월   ② 생후 4~6개월

③ 생후 6~8개월   ④ 생후 8~12개월

⑤ 생후 12~14개월

> 해설 강아지를 훈련시키는 가장 좋은 직기는 생후 3~4개월부터이며 대소변 가리기나 함부로 물어뜯는 버릇 교정 등 이른바 '유아기'의 예의범절 교육을 시켜야 한다. 강아지의 성격이 형성되는 8개월 이전에 미리 교육하는 것이 좋다. 사회화 훈련은 생후 3주~15주가 적당하다.

답 ①

---

16 개를 훈련시킬 때 "ㄴ" 모양으로 하며 명령하는 것은 어느 것을 훈련시킬 때인가?

① 앉아   ② 엎드려

③ 지켜   ④ 기다려

⑤ 쉬어

> 해설

개를 훈련시킬 때 "ㄴ"모양

답 ①

---

17 최근 많은 사람들이 적용하고 있는 개의 훈련방법으로서 개의 활동성을 최대한 긍정적으로 유도할 수 있는 훈련방법은?

① 조건반사법(Pavolv's learning)

② 양성강화법(positive reinforcement)

③ 음성강화법(negative reinforcement)

④ 양성처벌법(positive punishment)

⑤ 음성처벌법(negative punishment)

답 ②

18 동물을 훈련할 때 적용되는 학습이론이다. 네 가지 단계가 순서대로 바르게 연결된 것은?

① 획득 - 익숙 - 일반화 - 유지

② 익숙 - 획득 - 일반화 - 유지

③ 조건반사 - 획득 - 유지 - 일반화

④ 획득 - 조건반사 - 유지 - 일반화

⑤ 조건반사 - 획득 - 일반화 - 유지

답 ①

19 개는 무리를 이루어 사는 사회적 동물로서 무리 속의 일원으로 잘 살아가기 위해 사회성을 키우는 것이 매우 중요하다. 사회화 훈련을 반드시 해 주어야 할 민감한 시기는 언제인가?

① 생후 1주령 - 9주령

② 생후 3주령 - 12주령

③ 생후 6개월 - 9개월

④ 생후 9개월 - 12개월

⑤ 생후 12개월 - 15개월

해설 강아지를 훈련시키는 가장 좋은 적기는 생후 3~4개월부터이며 대소변 가리기나 함부로 물어뜯는 버릇 교정 등 이른바 '유아기'의 예의범절 교육을 시켜야 한다. 강아지의 성격이 형성되는 8개월 이전에 미리 교육하는 것이 좋다. 사회화 훈련은 생후 3주~15주가 적당하다.

답 ②

20 개를 잘 기르기 위해 가정훈련은 매우 중

요하다. 가정에서 처음으로 입양하였을 때 반드시 ( )을 명확하게 인식시켜 주어야 한다. 그리고 가장 효과적인 훈련방법은 ( )과 ( )이다. 빈 칸에 들어갈 말이 순서대로 올바르게 연결된 것은?

① 이름, 칭찬, 놀아주기

② 이름, 놀아주기, 체벌

③ 이름, 칭찬, 체벌

④ 서열, 체벌, 보상

⑤ 서열, 칭찬, 보상

답 ⑤

21 개를 길들이는 훈련을 할 경우 주로 사용하는 기본동작 명령어가 아닌 것은?

① 앉아(Sit)　② 기다려(Stay)

③ 엎드려(Down)　④ 이리와(Come)

⑤ 달려(Run)

답 ⑤

22 다음 중 개의 노령화에 따른 행동으로 볼 수 없는 것은?

① 화를 잘 내며 공격적으로 변한다.

② 산책을 즐기고 놀이에 관심이 많아진다.

③ 가출을 반복하며 미아가 되기 쉽다.

④ 정신이 흐려지고 무기력해 진다.

⑤ 기억 장해로 인해 금방 먹고도 또 식사를 조른다.

답 ②

23 동물의 학습 형태의 하나로 연상 학습(associative learning)이 있다. 연상 학습은 특정 자극에 대해 처벌이나 보상을 하

면서 배우게 되는 행동인데, 이것을 설명할 수 있는 이론의 하나로, 파블로프가 행한 실험을 무엇이라고 하는가?

① 자극회피실험
② 자극반사실험
③ 조건제공실험
④ 조건반사실험
⑤ 연상유발실험

해설 1904년에 이반 P. 파블로프(Ivan P. Pavlov 1849~1936)는 소화에 관한 연구로 생리학과 의학 부문에서 노벨상을 받았다. 파블로프는 개의 위벽에 구멍을 뚫는 수술을 했다. 위액 분비가 처음에는 위에 도달하는 먹이 때문이 아니고 먹이를 씹거나 단순히 그 모습만 보고도 야기됨에 주목하고는, 개의 타액선에 관을 설치하는 훨씬 간단한 수술을 통해 타액의 분비량을 측정할 수 있었다. 파블로프가 개의 뺨에 관을 설치한 후 먹이를 제시하면, 비커에 타액이 떨어지고, 비커 눈금으로 침의 양을 쉽게 측정할 수 있었다. 이 타액 방울은 먹이에만 반응하는 것이 아니고 실험실 내의 다른 여러 자극에도 반응하는 것으로 드러났다. 이 새로운 연구 분야(Pavlov, 1960)를 통하여, 그는 조건 형성의 아버지로서 유명해졌다.

파블로프의 실험

답 ④

24 다음은 개의 성장 및 발달과정 감각이 최초로 생기는 시기 또는 신체의 변화를 열거하였다. 청각(귀 열림) - 미각 - 후각 - 촉각 - 시각(눈뜸)의 발단 단계가 바르게 표기된 것은?

① 10~16일령 - 출생 시 - 15~18일령 - 출생 시 - 12~14일령
② 10~16일령 - 15~18일령 - 출생 시 - 출생 시 - 10~16일령
③ 10~16일령 - 출생 시 - 출생 시 - 15~18일령 - 12~14일령
④ 12~14일령 - 출생 시 - 출생 시 - 출생 시 - 10~16일령
⑤ 12~14일령 - 출생 시 - 15~18일령 - 출생 시 - 12~14일령

답 ④

25 어린이들은 보통 어른에 비해 개의 행동을 예측하고 통제하는 능력이 부족한데, 다음 중 어린이들이 주의해야 할 사항과 거리가 먼 것은?

① 개에게로 갑자기 다가가지 않는다.
② 개 옆에서 음식을 먹는다.
③ 개를 괴롭히는 행동을 하지 않는다.
④ 개의 으르렁거리는 소리를 무시하지 않는다.
⑤ 처음 보는 개를 만지고 싶을 때는 개의 주인에게 허락을 받는다.

답 ②

26 반려동물과 보호자에게는 타인과의 관계에서 기본적인 에티켓을 지켜야 할 의무가 있는데, 영국의 GCDS(Good Citizen Dog Scheme)와 관련이 없는 것은?

① 물은 항상 개가 찾을 수 있는 곳에 깨끗한 물을 준비한다.
② 사료는 하루 1~2회 가량 급여한다.

③ 운동은 품종과 크기에 상관없이 모든 개들이 운동을 해야 한다.

④ 개가 항상 자신이 사랑받고 있다고 느낄 수 있도록 해야 한다.

⑤ 개가 소속되어 있는 무리에는 항상 리더가 필요하므로, 가족관계에서 개에게 리더역할이 가능하도록 기회를 제공한다.

해설 GCDS란 Good Citizen Dog Scheme의 약자로 영국의 Kennel Club에서 주관하는 애완견 훈련 자격증 제도인데 개를 키우는 사람들이 일상생활에서 필요한 만큼 훈련할 수 있도록 도와주는 프로그램이다. 반려견과 주인이 함께 살아가기에 불편하거나 불쾌한 일들을 최소화하고 서로 행복하게 살기 위함이며 아주 기본적이고 기초적인 교육을 통해 반려견과의 생활에서 일어날 수 있는 행동문제를 최소화하고 나아가 해결할 수 있다. 주인과 개와 함께 참여하며 개는 생후 10개월 이상이 대상이다.

답 ⑤

27 반려견 훈련 중 조기 훈련에 해당되지 않는 것은?

① 따라 걷기　② 사람 만나기
③ 목줄 적응하기　④ 배변 훈련
⑤ 배뇨 훈련

해설 반려견 훈련 중 따라 걷기는 복종 훈련에 해당된다.

답 ①

28 다음 중 고양이가 화났을 때 표현 방법이 아닌 것은?

① 귀를 눕히고 코에 주름을 만든다.
② 선채로 꼬리를 아래위로 움직인다.
③ 샤 하는 소리를 낸다.
④ 꼬리를 크게 부풀려 S자로 만든다.

해설 선채로 꼬리를 아래위로 움직이는 행동은 조금 무섭거나 싫다는 표현이다.

답 ②

29 개 길들이기에 관한 내용 중 잘못된 것은?

① 길들이기라는 것은 배우는 예의 작용이다.
② 어릴 때 배운 것이 그 후 삶의 기본이 되는 것은 사람이나 개나 마찬가지다.
③ 개의 길들이기는 인간의 교육과는 다르다.
④ 길들이기는 사회의 제약에 얼마나 적용시키는가의 문제이다.

해설 개의 길들이기는 인간의 교육과 같다.

답 ③

30 반려견 훈련 등에 관한 설명으로 옳지 않은 것은?

① 개를 사랑하는 마음이 있는 상태에서 훈련시켜야 한다.
② 주인이 받아들일 수 있는 수준에서 훈련시켜야 한다.
③ 여러 훈련 내용 중 개가 따라 하기 쉬운 것부터 해나간다.
④ 어려운 훈련은 장기적인 계획을 세워서 시행한다.

해설 반려견 훈련은 주인이 아닌 개가 받아들일 수 있는 수준에서 훈련을 시켜야 한다.

답 ②

31 반려견 복종 훈련 중 명령어인 "앉아"에 맞는 손동작은?

① 오른쪽 손바닥을 아래로 향한 후 개의 머리 위쪽에서 바닥으로 내린다.

② 오른쪽 손바닥을 개의 얼굴 쪽으로 막는
다.

③ 차려 자세에서 오른손을 왼쪽 가슴부위로
올린다.

④ 허리를 약간 굽히고 오른쪽 손바닥으로
오른쪽 무릎을 친다.

해설 앉아의 손동작은 차려 자세에서 오른손을 왼쪽
가슴부위로 올린다.

답 ③

32 주인과 개의 관계 정립을 위한 내용으로
옳지 않은 것은?

① 강아지를 꾸짖을 때에는 진지하고 엄하게
한다.

② 개를 통제할 때에는 손으로 개의 주둥이
부분을 감싸 쥐거나, 개의 목을 누른다.

③ 복종의 자세를 취하도록 한다.

④ 가급적 강아지가 주눅 들지 않도록 통제
를 하지 않아야 한다.

답 ④

33 성견이 불안하거나 외로움을 나타내는 소
리로 옳은 것은?

① 끄응, 끄응 같은 콧소리를 낸다.

② 으르렁 거린다.

③ 깽, 깽 같은 소리를 낸다.

④ 목구멍에서 앙-, 앙- 같은 소리를 낸다.

답 ①

34 다음 중 생후 4~5주 령 강아지의 특성으로
옳지 않은 것은?

① 얼굴에 표정을 지으며 공격적으로 짖기도

한다.

② 다른 형제들의 행동을 모방한다.

③ 다른 강아지를 물고 공격하는 행동을 보
인다.

④ 스킨십을 자주 나누어 사람의 손길에 익
숙하게 해주어야 한다.

답 ③

35 개의 본능이라 볼 수 없는 것은?

① 경계 본능

② 자기방어 본능

③ 사교 본능

④ 호기심 본능

답 ③

36 개의 동작 의사표현에 대한 설명으로 적절
하지 않은 것은?

① 키우는 개가 자세를 낮추고 다리를 구부
려서 다가옴 - 공격하겠다는 신호

② 이빨을 드러냄 - 개가 이를 드러내는 것은
공격 이전의 자세

③ 눈을 살짝 위로 떠서 사람을 바라보며 눈
치를 살핌 - 개 자신이 뭔가 좋지 않은 일
을 했을 때

④ 귀를 뒤로 확 젖히고 꼬리를 빙글빙글 혼
드는 경우 - 기쁘거나 응석을 부리는 경우

답 ①

37 목욕을 안 하려고 버티는 개의 대한 설명
으로 틀린 것은?

① 개가 목욕을 안 하려고 버티는 이유 중 하
나는 좋지 않은 목욕 방법으로 인해 개가

안 좋은 기억을 가지고 있는 경우가 있다.

② 목욕이라는 말을 들으면 도망가려 한다.

③ 물을 적시거나 샴푸를 하거나 거품을 헹구려 하면 으르렁 거리거나 짖으려 한다.

④ 우선 잘 달래면서 재빨리 목욕을 시키는 버릇을 들여야 한다.

답 ④

---

38 반려동물인 개의 용변 훈련 방법에 관한 설명으로 잘못된 것은?

① 화장실 외의 장소에서 용변을 본 경우에도 엄하게 꾸짖어서는 안 된다.

② 길들이기는 강아지가 새로운 환경에 적응하기 시작했을 때부터 시작하지만, 용변 훈련은 첫날부터 시작해야 한다.

③ 개는 처음 용변을 본 장소를 화장실로 생각하는 습성을 갖고 있기 때문에 용변을 보는 장소를 빨리 기억하도록 가르칠 필요가 있다.

④ 급할 때는 참지 못하고 방바닥이나 구석을 킁킁거리며 이리저리 돌아다니기 시작한다. 그런 행동을 보이면 안아서 곧바로 화장실로 데려가 용변을 보도록 훈련시킨다.

답 ①

---

39 개가 스스로 집안의 리더가 자신이라고 생각하는 것을 무엇이라 하는가?

① 공포   ② 트러블

③ 알파신드롬   ④ 베타신드롬

답 ③

동물보건사

2

예방 동물보건학
(60문제 대비)

- 🐾 동물보건응급간호학
- 🐾 동물병원실무
- 🐾 의약품관리학
- 🐾 동물보건영상학

동물보건응급간호학

- 12문항 -

01 강아지나 고양이 등 반려동물의 심폐소생술 방법에 대해 틀린 것은?

① 눈이나 발가락 등을 자극해 의식여부를 확인한다.
② 코와 입에 귀를 가져다대거나 손가락을 대서 호흡을 한다.
③ 입속에 이물질을 확인 후 제거한다.
④ 심장압박은 흉곽의 3분의1이 들어갈 정도로 30회 압박 후 2번 숨을 불어넣는다.
⑤ 심장압박 속도는 1초당 5회 실시한다.

해설 심폐소생술(CardioPulmonary Resuscitation, CPR)에서 심장압박 속도는 1초당 2회 실시한다.

답 ⑤

02 반려동물에 응급상황이 발생할 때 응급처치가 틀린 것은?

① 반려동물은 열사병에 취약하기 때문에 열사병 증상이 보이면 차가운 물을 마시게 하고 차가운 수건을 목 주변에 둘러준다.
② 독성이 있는 음식을 섭취하면 소량의 음식을 먹인 후 과산화수소를 먹여 구토를 유발하게 시킨다.
③ 뒷다리 안쪽 대퇴동맥을 짚어 맥박을 확인한다.
④ 중형견이나 대형견의 심폐소생술은 양손으로 압박한다.
⑤ 화상을 입었으면 빨리 화상부위에 얼음을 댄다.

해설 화상을 입었을 때는 화상부위를 흐르는 찬물로 10~15분간 식힌다. 화상부위에 얼음을 직접 대면 안 된다. 혈관이 수축해 혈류량이 확 줄어드는 바람에 피부조직 손상이 심해질 수 있기 때문이다.

답 ⑤

03 반려견에게 응급상황이 발생할 때 응급처치에 대한 동물 보건사의 안내로써 틀린 것은?

① 뼈가 부러졌을 때 두꺼운 담요나 겉옷 등으로 환자를 감싼 후 최대한 조심스레 동물병원으로 이송하도록 안내한다.
② 무리해서 골절부위를 고정하려 하면 개가 심한 통증을 느껴 보호자를 물 수 있음을

안내한다.

③ 발작이 일어났을 때 머리를 움켜쥔 상태에서 눈을 감긴 다음에 양측 눈꺼풀을 엄지로 10~15초간 지그시 눌러주도록 안내한다.

④ 눈을 감긴 다음에 양측 눈꺼풀을 엄지로 10~15초간 지그시 눌러주도록 하는 것은 부교감신경이 활성화돼 진정시키는 데 도움이 된다고 알려준다.

⑤ 피를 흘릴 때 깨끗한 거즈나 수건으로 압박지혈을 하는데 과다출혈일 땐 해당부위를 탄력붕대로 감게 하며 사지말단을 천붕대로 장시간 꽉 묶으면 안전하다고 안내한다.

> 해설 깨끗한 거즈나 수건으로 압박지혈을 하며, 과다출혈일 땐 해당부위를 탄력붕대로 감는다. 하지만, 사지말단을 천붕대로 장시간 꽉 묶으면 혈행장애가 일어나 괴사될 위험이 있다.
>
> 답 ⑤

04 반려동물이 높은 곳에서 떨어진 경우의 응급처치로 틀린 것은?

① 보호자는 반려동물을 안고 신속히 뛰어가야 한다.

② 골절이 오거나 흉강이 다칠 수 있기 때문에 반려동물을 안고 뛰지 말아야 한다.

③ 머리와 부상 부위에 자극을 주고, 부러진 갈비뼈가 폐에 구멍을 낼 수 있으므로 반려동물을 안고 뛰지 말아야 한다.

④ 겁먹은 반려견이 물 수 있으므로 바닥이 평평한 이동 장에 넣어 병원으로 이동한다.

⑤ 뇌진탕이 올 수 있기 때문에 반려동물을 안고 뛰지 말아야 한다.

> 해설
>
>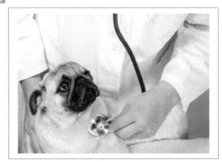
>
> 답 ①

05 심정지 후 뇌손상 시간표에 의하면 심정지 이후 몇 분이 지나지 않으면 뇌손상이 거의 없는 상태인가?

① 2분 ② 3분

③ 4분 ④ 5분

⑤ 6분

> 해설
>
>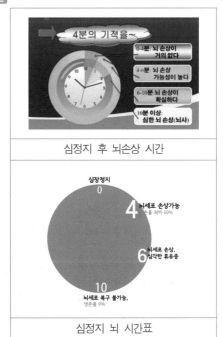
>
> 심정지 후 뇌손상 시간
>
> 심정지 뇌 시간표
>
> 답 ③

06 이물질이 목에 걸렸을 때 반려견에 대한 응급처치법으로의 하임리히법으로 올바른 것은?

① 머리를 45도 아래로 향하게 하며 등을 5회 정도 압박한 다음 몸을 돌려 배를 다시 5회 정도 압박한다. 이 과정을 반복한다.

② 머리를 90도 아래로 향하게 하며 등을 2회 정도 압박한 다음 몸을 돌려 배를 다시 2회 정도 압박한다. 이 과정을 반복한다.

③ 머리를 45도 아래로 향하게 하며 등을 10회 정도 압박한 다음 몸을 돌려 배를 다시 10회 정도 압박한다. 이 과정을 반복한다.

④ 머리를 90도 아래로 향하게 하며 등을 4회 정도 압박한 다음 몸을 돌려 배를 다시 4회 정도 압박한다. 이 과정을 반복한다.

⑤ 머리를 45도 아래로 향하게 하며 등을 1회 정도 압박한 다음 몸을 돌려 배를 다시 1회 정도 압박한다. 이 과정을 반복한다.

해설

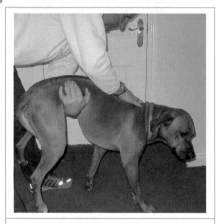

반려견 응급시 하임리히법

하임리히법(Heimlich maneuver)은 응급처치의 일종으로서 기도가 폐쇄되었을 때 즉, 질식했을 때 이물질을 제거하는데 사용되는 처치법이며 1974년, 이 방법을 고안, 체계화한 흉부외과 의사인 헨리 하임리히의 이름을 따서 하임리히법 또는 하임리히 요법으로 불린다.

답 ①

07 동물 응급처치의 순서가 맞는 것은?

① 심박확인 - 기도확보 - 인공호흡
② 기도확보 - 인공호흡 - 심박확인
③ 인공호흡 - 심박확인 - 기도확보
④ 인공호흡 - 기도확보 - 심박확인
⑤ 기도확보 - 심박확인 - 인공호흡

답 ①

08 일반적인 개의 분만 징후가 아닌 것은?

① 숨을 헐떡인다.
② 식욕이 저하된다.
③ 배뇨 횟수가 감소한다.
④ 체온 저하가 보인다.
⑤ 둥지 만들기 행동을 시작한다.

해설 분만 징후 가운데에는 잦은 출혈이 있고 소변이 잦으며 소변이 새기도 하고 배뇨 통이 있기도 하다.

답 ③

09 신장질환을 가지고 있는 동물의 간호에 대해 잘못된 것은?

① 요도 폐색은 긴급성이 매우 높은 질환이다.
② 신부전으로 식이 할 수 없는 동물에게는 중심정맥영양을 행하기도 한다.

③ 신장질환을 가지고 있는 동물은 적절한 식이 관리가 중요한 치료가 된다.

④ 하부요로 질환인 고양이는 배설하기 쉽도록 화장실 환경을 정돈하는 것이 중요하다.

⑤ 만성신부전인 동물은 음수량을 제한하고, 탈수가 일어나지 않도록 한다.

답 ⑤

10 네블라이저(nebulizer) 요법에 대한 설명으로 맞는 것은?

① 기기의 세정이나 점검은 한 달에 한 번으로 충분하다.

② 실시할 때는 동물을 마취시킬 필요가 있다.

③ 에어로졸화한 약을 마스크 등을 끼운 동물에게 흡인시킨다.

④ 네블라이저(nebulizer) 요법을 실시할 경우 동물에게 통증이 발생한다.

⑤ 집에서는 할 수 없다.

해설

네블라이저(nebulizer)

답 ③

11 진료보조 시의 바이탈(vital) 사인 측정법으로 맞는 것은?

① 모세혈관 재 충만 시간(CRT)은 잇몸을 압박하여 측정한다.

② 체온은 구강체온으로 측정한다.

③ 혈압은 맥박수로 측정한다.

④ 심장박동수와 호흡수는 회/시간으로 표기한다.

⑤ 심장 박동 수는 타진을 통해 측정한다.

답 ①

12 건강한 고양이의 바이탈(vital) 사인으로 적절하지 않은 것은?

① 이완기 혈압 : 100mmHg

② 체온 : 36.5℃

③ 심장 박동 수 : 185회/분

④ 호흡수 : 25회/분

⑤ 모세혈관 재 충만 시간(CRT) : 약 1초

해설 고양이 정상 체온은 약 37.2℃~39.2℃ 사이이며 만약 정상 체온에서 0.5℃ 이상 벗어났다면 건강에 문제가 있다는 신호이기 때문에 주의가 필요하다.

답 ②

동물병원실무

- 48문항 -

01 예방접종 후 주의사항으로 옳은 것은?

① 예방접종 후 깨끗하게 목욕시킨다.
② 병원 마감시간에 접종하는 것이 좋다.
③ 예방접종 당일은 체력증진을 위해 운동을 시키는 것이 좋다.
④ 예방접종과 질병 치료는 가능한 함께 하는 것이 좋다.
⑤ 예방접종 후 구토, 고열이 있을 때는 즉시 병원으로 연락한다.

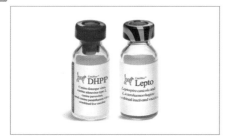

해설

답 ⑤

02 동물병원에서 동물보건사의 기본 업무가 아닌 것은?

① 진료의 접수   ② 투약의 설명
③ 진료기구의 소독   ④ 진단과 처방
⑤ 마취시 부작용의 설명

답 ④

03 동물보건사의 업무 수행 중 사고발생을 예방할 수 있는 방법은?

> 가. 환자와 보호자에 대한 철저한 관찰과 보고
>
> 나. 자신의 직무범위에 대한 인식
>
> 다. 자신의 직무한계에 대한 인식
>
> 라. 업무상 이상이나 의문이 있을 경우 신속한 보고

① 가, 나, 다   ② 가, 라
③ 나, 다   ④ 라
⑤ 가, 나, 다, 라

답 ⑤

04 동물병원의 치과 간호에 적합하지 않은 것은?

① 보호자에게 양치의 중요성을 설명한다.
② 치주질환이 심하면 치석제거가 필요할 수도 있다.
③ 치석이 심하면 심장질환이 생길 수 있음을 보호자에게 알려준다.
④ 치근이 손상되어 발치한 경우에는 후처치가 필요 없다.
⑤ 치석제거 후에는 보다 철저한 양치가 필

요하다.

답 ④

05 반려동물 간호에 적합한 내용이 아닌 것은?

① 반려동물은 보호자의 가족이라는 의식을 갖는다.

② 반려동물의 고통을 이해하고 배려하려 노력한다.

③ 반려동물과 보호자의 입장을 이해하는 자세가 필요하다.

④ 반려동물의 고통이 심한 경우 보호자에게 안락사를 권유하는 것이 좋다.

⑤ 반려동물과 보호자의 관계를 이해하는 것이 중요하다.

답 ④

06 동물병원의 비품 관리 시 유의사항으로 바르지 않은 것은?

① 재고 파악을 통해 중복된 주문이 없도록 해야 한다.

② 소독된 기구와 물품은 젖지 않도록 보관해야 한다.

③ 의약품의 유효기간을 정기적으로 점검한다.

④ 정해진 장소에 정리 정돈하여 관리한다.

⑤ 오래 사용하지 않는 물품은 확인 절차를 생략하고 임의로 처리한다.

답 ⑤

07 다음 중 불법진료에 해당되지 않는 것은?

① 반려견 판매소에서 판매한 동물을 임의

진료하였다.

② 반려견 판매소에서 판매한 동물에게 기생충 약을 주었다.

③ 동물복지사가 친구 강아지에게 약을 조제해 주었다.

④ 동물복지사가 동물병원에 내원한 환자를 진단하였다.

⑤ 동물복지사가 수의사의 처방에 따라 투약하였다.

답 ⑤

08 예방접종 백신의 보관방법으로 바른 것은?

① 어둡고 서늘한 냉암소에 보관

② 실온 보관

③ -10℃ 이하의 냉동 보관

④ 2~5℃ 냉장 보관

⑤ 30℃ 이하의 통풍이 잘되는 장소

답 ④

09 다음 약물 처방전의 상용 약어 중 바른 것은?

① b. i. d. - 하루 한 번

② p. o . - 직장 내 투여

③ s. i. d. - 하루 두 번

④ t. i. d. - 하루 세 번

⑤ q. i. d. - 하루 한 번

해설 bid는 하루 두 번(two times a day), tid는 하루 세 번(three times a day), qid는 하루 네 번(four times a day), bd는 잠 잘 때(at bedtime), sid는 하루 한 번(once daily), PO는 경구로(by mouth, orally), NPO는 금식(nothing by mouth)을 각각 뜻하는 라틴어이다.

입으로 동물에게 약 먹이는 법

답 ④

10 '1일 2회 복용'이란 뜻을 가진 약어는?

① ac   ② bid

③ tid   ④ qid

⑤ NPO

해설 ac는 식사 전에(before meals)를 뜻하는 라틴어이다. NPO는 Nil Per Os라는 라틴어의 준말이고, 입으로는 아무것도 안 된다는 뜻이다.

답 ②

11 비 경구 투여 방법으로 '근육 내 주사'를 뜻하는 약어는?

① SC   ② IP

③ IM   ④ IV

⑤ ID

해설 투약간호에서 비경구투여로는 피내(ID), 피하(SC), 근육(IM), 정맥(IV) 등이 있다.
ID(Intradermal)는 피내로서 표피 아래 진피 속에 투여하는 것이고, SC(subcutaneous)는 피하로서 피부의 진피 아래 투여하는 것이다.
IP(intraperitoneal)은 복강주사를 말한다.

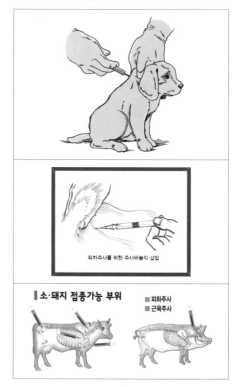

답 ③

12 다음 중 효과적인 보호자 교육 방법이 아닌 것은?

① 보호자 교육은 환자의 치료를 위해 필수적인 사항이다.

② 정보를 한꺼번에 너무 많이 제공하지 않는 것이 효과적이다.

③ 시청각 자료를 적절히 사용해야 한다.

④ 만성질환인 경우 보호자교육을 반복하지 않는 것이 좋다.

⑤ 보호자의 행동 변화를 관찰하며 실시해야 한다.

답 ④

13 다음 중 피하주사를 뜻하는 약자는?

① SC(SQ) ② IV
③ IM ④ IP
⑤ NPO

해설 투약간호에서 비경구투여로는 피내(ID, intra-dermal), 피하(SC, subcutaneous, SQ), 근육(IM, intramuscular), 정맥(IV, intravenous) 등이 있다. ID(Intradermal)는 피내로서 표피 아래 진피 속에 투여하는 것이고, SC(subcutaneous)는 피하로서 피부의 진피 아래 투여하는 것이다. IP(intra-peritoneal)은 복강주사를 말한다.

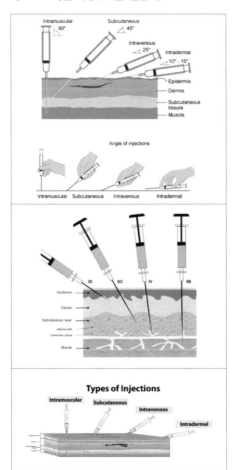

답 ①

14 다음 중 의무기록의 기능과 용도에 해당되는 것은?

> 가. 환자와 보호자의 문제를 체계적이고 지속적으로 관리
>
> 나. 임상수의학의 연구 자료로 활용
>
> 다. 법적인 증거 문서
>
> 라. 진료비 산정의 근거자료
>
> 마. 임상과 의학의 교육자료

① 나, 다 ② 다, 라
③ 가, 다, 라 ④ 나, 다, 라, 마
⑤ 가, 나, 다, 라, 마

답 ⑤

15 다음 중 동물보건사의 역할에 대한 설명으로 바른 것을 모두 고른 것은?

> 가. 환자의 간호와 관찰
>
> 나. 보호자 교육과 상담
>
> 다. 간호의 연구 및 개발
>
> 라. 수의사 처방 지시에 따른 투약 및 처치
>
> 마. 환자의 질병에 대한 정확한 원인 판단과 진단

① 나, 다 ② 다, 라
③ 가, 다, 라 ④ 나, 다, 라, 마
⑤ 가, 나, 다, 라

답 ⑤

16 예방접종 후 주의사항으로 바른 것은?

① 예방접종 후 환자의 청결을 위해 반드시

목욕을 한다.

② 병원 마감 시간에 접종하는 것이 좋다.

③ 접종 당일 항체 증가를 위해 운동을 권장 해야 한다.

④ 예방접종과 질병치료는 가능한 한 동시에 실시한다.

⑤ 접종 후 구토, 고열, 식욕부진 등의 증상 이 있는 경우 반드시 병원에 내원하여 상 담해야 한다.

답 ⑤

17 소독용기와 소독물품의 사용방법으로 바 르지 못한 것은?

① 소독물품은 반드시 소독기구로 꺼내야 한 다.

② 소독용기에서 꺼내 사용하고 남은 소독물 품은 반드시 소독용기에 다시 넣어야 한 다.

③ 가능한 한 용기의 뚜껑을 여러 번 열지 말 아야 한다.

④ 소독물품을 꺼낼 때는 소독기구가 소독되 지 않는 곳에 닿지 않도록 주의해야 한다.

⑤ 소독물품은 항시 사용할 수 있도록 준비 해 놓아야 한다.

답 ②

18 다음 중 동물보건사의 업무에 해당되는 것 은?

① 치료계획을 수립한다.

② 치료과정을 상담한다.

③ 치료과정을 수정한다.

④ 치료성과를 평가한다.

⑤ 진단계획을 설정한다.

답 ②

19 수액에 대한 설명으로 바르지 않은 것은?

① 수액은 체액을 보충하기 위한 수단으로 투여된다.

② 수액은 정맥주사로 투여하는 것이 일반적 이다.

③ 수액을 통해 영양공급을 시행할 수 있다.

④ 수액은 가능한 한 빠른 속도로 신속하게 투여한다.

⑤ 수액은 수의사의 처방에 따라 선택해야 한다.

답 ④

20 입원 견에게 음식물을 급여할 때 주의사항 중 옳은 것은?

① 음식물은 한 번에 많이 주는 게 좋다.

② 회복기 환자는 제한된 공간 안에 갇혀 있 기 때문에 저칼로리의 식이관리를 해야 한다.

③ 입원 견에게 급여할 때에는 tube나 spoon 을 사용해서는 안 된다.

④ 급여하는 음식물은 혈액온도(blood tem-perature)만큼 데워서 급여하는 것이 좋 다.

⑤ 입원 견에 있어서는 영양관리에 있어 크 게 신경 쓰지 않아도 된다.

답 ④

21 격리간호(barrier nursing)에 있어 사실과 거리가 먼 것은?

① 동물보건사는 방수앞치마, 장갑 및 신발을 신어야 한다.

② 격리환자의 치료로 다른 입원환자가 감염 되지 않도록 주의한다.

③ 격리된 동물들은 식기, 청소도구, 털손질 기구 및 침구를 따로 사용해야 한다.

④ 같은 질병을 가진 동물들은 격리된 병동에서 같이 지낼 수 있다.

⑤ 이미 전염병에 이환된 격리환자는 다른 환자로부터의 감염이 고려되지 않는다.

답 ⑤

22 경구투여용 약물의 복약지도에 해당하는 것은?

> 가. 정확한 용량과 용법에 맞게 투여 방법을 설명한다.
>
> 나. 약제실에서 조제할 경우 반드시 유효기간을 확인한다.
>
> 다. 처방약이 남은 경우 냉장 보관하여 유사증상이 있는 경우 투약할 수 있도록 보호자에게 설명한다.
>
> 라. 처방약은 냉동 보관하면 질환이 재발될 경우 다시 사용할 수 있다.
>
> 마. 복약지도 과정에서 보호자에게 투약방법을 시범으로 보이는 것은 중요한 사항이다.

① 가, 나, 다   ② 가, 나, 라
③ 나, 다, 마   ④ 나, 라, 마
⑤ 가, 나, 마

답 ⑤

23 강아지와 고양이의 예방접종 가이드라인을 제시하는 기관은?

① 한국애견연맹
② 대한수의사회
③ 한국동물병원협회
④ 한국임상수의학회
⑤ 한국애견협회

답 ③

24 투약 시 주의사항으로 바른 것은?

> 가. 약병 속의 약을 다른 병에 옮겨 담지 말아야 한다.
>
> 나. 투약이 다른 환자와 바뀌지 않도록 주의한다.
>
> 다. 약제의 성상이나 성분이 변한 경우 반드시 보호자에게 설명해야 한다.
>
> 라. 처방전의 약물이 없는 경우 유사 약물로 대체하여 투약한다.

① 가, 나   ② 나, 다
③ 다, 라   ④ 나, 라
⑤ 가, 라

답 ①

25 가족과 함께 생활하는 개가 렙토스피라증으로 진단되었다. 적합한 보호자 교육은?

① 이미 감염되었기 때문에 면역이 형성되어 더 이상 추가접종이 필요 없다.
② 인수공통전염병이기 때문에 철저한 치료와 관리가 필요하다.
③ 한번 감염되었어도 회복되며 더 이상의 감염위험이 없으니 안심해도 된다고 위로한다.
④ 모두 맞다.
⑤ 모두 틀리다.

답 ②

26 다음 중 불법진료에 해당되지 않는 것은?

① 반려견 판매소에서 동물을 판매한 후 판매자가 임의 진료하였다.
② 반려견 판매소에서 판매한 동물에게 기생충 약을 주었다.
③ 동물보건사가 친구 강아지에게 임의로 약을 조제해 주었다.
④ 동물보건사가 동물병원에 내원한 환자를 진단하였다.
⑤ 동물보건사가 수의사의 처방에 따라 투약하였다.

답 ⑤

27 다음 중 문제 중심 의무기록(POMR, Problem Oriented Medical Record)의 구성요소가 아닌 것은?

① 치료계획으로 보호자교육
② 치료계획으로 검사계획
③ 예방접종 기록 포함된 초기자료
④ 행습문제 등 포함된 초기자료
⑤ 기록 방법은 정보중심의무 기록

답 ⑤

28 동물보건사의 역할에 대한 설명으로 바르지 못한 것은?

> 가. 환자의 간호 및 관찰
> 나. 치료계획 수립 및 예후 판정
> 다. 환자 및 보호자의 문제 해결
> 라. 수의사의 처방과 지시에 따른 처치 및 투약
> 마. 환자의 질병에 대한 원인 규명과 진단

① 가, 다
③ 나, 마
⑤ 나, 다, 마

② 나, 다
④ 마

답 ③

29 소화기계 이상으로 입원한 환자의 간호와 거리가 먼 것은?

① 식욕변화를 매일 확인하고 기록한다.
② 구토 량을 측정하고 기록한다.
③ 체중 변화는 크지 않으므로 평균 주 1회 측정한다.
④ 복부 통증이 있는지 확인한다.
⑤ 수액처치 등의 계획을 세우기 위해 혈액검사가 필요하다.

답 ③

30 다음 중 동물보건사의 역할에 대한 설명으로 바른 것을 모두 고른 것은?

> 가. 환자의 간호와 관찰
> 나. 보호자 교육과 상담
> 다. 간호의 연구 및 개발
> 라. 수의사 처방지시에 따른 투약 및 처치

① 가
③ 가, 나, 다
⑤ 가, 나, 다, 라

② 가, 나
④ 나, 다, 라

답 ⑤

31 POMR(Problem Oriented Medical Record)의 구성요소가 아닌 것은 ?

① Client education plan

② treatment plan

③ vaccination history

④ behavior problem

⑤ source oriented record

답 ⑤

는 치아를 변색시키지 않고도 치태를 제거할 수 있다.

⑤ 씹는 활동을 조장하는 제품은 칫솔질만큼 효과가 있는 것은 아니다.

답 ④

32 복약지도와 보호자교육에 대한 설명 중 맞는 것은?

> 가. 제공되는 약품의 성상과 포장단위를 먼저 설명해야 한다.
>
> 나. 제공되는 약품의 투여 스케줄을 설명한다.
>
> 다. 저장방법과 복용방법을 설명한다.
>
> 라. 투약방법에 대한 시범을 보인다.
>
> 마. 주의사항을 말하고 봉투에 기록한다.

① 가, 나, 다   ② 가, 나, 다, 라

③ 가, 나, 다, 마   ④ 나, 다, 라, 마

⑤ 가, 나, 다, 라, 마

답 ⑤

33 개의 치과질환 처치에 관한 사항 중 틀린 것은?

① 치주질환은 가장 많이 볼 수 있는 구강질환이다.

② 치주질환을 예방하고 장기적으로 통제하려면 적절한 가정간호가 필요하다.

③ 매일 칫솔질을 하는 것이 가장 효과적인 치태 제거 방법이다.

④ 클로르헥시딘과 같은 화학적 치태억제제

34 보호자 교육의 효과를 설명한 것 중 맞는 것은?

> 가. 환자의 자긍심을 높이고 희망을 갖게 한다.
>
> 나. 치료에 적극적인 태도를 갖게 한다.
>
> 다. 환자와 스태프 간의 효과적인 의사소통을 할 수 있다.
>
> 라. 환자의 사후관리가 잘 된다.
>
> 마. 환자를 돌볼 수 있는 실제적인 방법을 알게 된다.

① 가, 나, 다, 라   ② 나, 다, 라, 마

③ 가, 다, 라, 마   ④ 나, 다, 라, 마

⑤ 가, 나, 다, 라, 마

답 ⑤

35 다음 중 예방접종 시 유의사항이 아닌 것은?

① 동물의 건강상태와 성격적인 특성, 이전의 병력 등을 확인한다.

② 보호자에게 예방접종 후 1~2일간 피로하거나 미열이 발생할 수 있음을 설명한다.

③ 보호자에게 예방접종 후 스트레스 요인들을 강조한다.

④ 예방접종 시 교상, 낙상 등 안전사고에 유의한다.

⑤ 예방접종 후 부작용에 대해서는 설명할 필요가 없다.

답 ⑤

36 다음 중 개의 치아관리를 위한 보호자교육 사항 중 틀린 것은?

① 정기적인 양치질을 하도록 한다.
② 애견전용 칫솔과 치약을 사용하도록 한다.
③ 칫솔질을 마친 후에는 반드시 초콜릿 또는 비스킷으로 보상하도록 한다.
④ 잔존유치는 발치하도록 설명한다.
⑤ 1년에 1회 주기적인 스케일링을 하도록 권장한다.

답 ③

37 심전도 검사에 관한 내용으로 맞는 것은?

① T파는 심방의 전기활동을 나타낸다.
② 파형이 나와 있다면 심장은 정상적으로 움직이고 있다.
③ 파형으로부터 부정맥을 알 수 있다.
④ 파형으로부터 혈압을 알 수 있다.
⑤ P파는 심실의 전기활동을 나타낸다.

해설 심전도 검사에서 P파는 심방의 전기활동을 나타내고, QRS파는 각각 심실의 전기활동을 나타낸다.

답 ③

38 처방 약어인 q6h의 의미로 맞는 것은?

① 1일 6정   ② 6시간마다
③ 6일마다   ④ 6주간 분
⑤ 1일 6회

해설 qid q6h는 하루에 6시간마다 4번 투여하라는 뜻

이다.

답 ②

39 동물보건사의 진료보조 및 동물간호에 사용하는 기술로 잘못된 것은?

① 약의 처방
② 입원 동물의 관리기술
③ 감염예방 · 환경위생관리기술
④ 동물 보호자와의 커뮤니케이션 기술
⑤ 동물을 잡는 보정기술

답 ①

40 수액 투여량을 결정할 때 참고해야 하는 병적인 수분상실 요소는?

① 연하곤란   ② 설사
③ 기침   ④ 절뚝거림
⑤ 식욕저하

답 ②

41 동물병원에 내원하는 고령 동물에 대한 설명으로 잘못된 것은?

① 시각, 청각은 쇠퇴되지만, 후각 기능은 변하지 않는다.
② 근력이 약해져, 넘어지기 쉬워진다.
③ 삼키는 능력이 떨어져 식기는 높은 위치에 두는 것이 좋다.
④ 같은 나이더라도, 견종에 따라 케어 방법이나 정도가 다르다.
⑤ 소화 기능 저하를 고려하여, 소량씩 자주 식이를 한다.

답 ①

42 개나 고양이의 호흡을 측정하는 방법에 대한 설명으로 잘못된 것은?

① 뛰고 난 후는 호흡수가 증가되므로, 안정을 취한 후에 호흡수를 측정한다.

② 호흡수는 흉부의 움직임을 보고 측정한다.

③ 안정 시의 정상 호흡수는 45회/분 이상이다.

④ 산소포화도 측정기는 혈중 산소포화도를 측정하는 데 사용한다.

⑤ 통증이나 발열이 있는 경우에 호흡수가 증가한다.

해설 개의 안정 시 호흡수는 평균 분당 25~30회 정도가 정상이고 30회 이상인 경우 유의하며 관찰하는 것이 필요한 단계이다. 고양이의 안정 시 호흡수는 분당 20~30회 이내인데 25회가 넘어가면 빠른 축에 속하고 20회 이하일 때 조금 느리다고 할 수 있다.

답 ③

43 개와 고양이의 위생과 건강관리에 대한 설명으로 잘못된 것은?

① 귓바퀴는 적신 탈지면 등으로 누르듯이 닦는다.

② 고양이는 샴푸를 자주 하면 털이나 피부 통증의 원인이 된다.

③ 샴푸를 헹굴 때는 둔부나 다리 쪽부터 물을 뿌린다.

④ 엉킨 털을 효과적으로 풀기 위해, 빗질은 털이 자란 반대 방향으로 한다.

⑤ 양치는 주 2~3회 정도 한다.

답 ④

44 동물의 수술 전 준비에 대한 설명으로 맞는 것은?

① 드레이프(drape)는 멸균된 상태이므로 잡을 때 특별히 주의해야 한다.

② 동물의 털은 수술실에서 깎는 것이 바람직하다.

③ 수술 부위 소독은 절개할 부분의 바깥쪽부터 원을 그리듯이 중심으로 향한다.

④ 수술 부위 소독은 소독용 스크럽(Scrub)과 알코올을 사용하며, 번갈아 1회 시행한다.

⑤ 후두경 없이 기관 튜브를 삽관한다.

해설

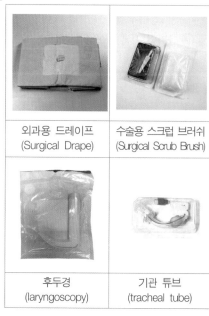

외과용 드레이프 (Surgical Drape)	수술용 스크럽 브러쉬 (Surgical Scrub Brush)
후두경 (laryngoscopy)	기관 튜브 (tracheal tube)

답 ①

45 개의 귀 관리에 대한 설명으로 잘못된 것은?

① 귀의 오염이 심각할 경우에는 귀 세정을 해야 한다.

② 귀지는 면봉으로 강력하게 문지르듯이 제거한다.

③ 귀에 이상이 있을 경우, 동물은 머리를 자

주 흔든다.

④ 귀 청소로 파낸 귀지는 검체로 사용될 수 있으므로 함부로 버리지 않아야 한다.

⑤ 시진이나 촉진 시에 귀의 냄새, 귓바퀴 안쪽의 상태를 관찰한다.

답 ②

46 수술 전 손 씻기(scrub)에 대한 설명으로 맞는 것은?

① 물기를 닦는 방향은 특별히 신경 쓰지 않아도 된다.

② 손가락 끝은 항상 위를 향하게 해야 한다.

③ 밴드를 붙인 경우에는 떼지 않은 상태에서 손을 씻는다.

④ 특히 꼼꼼히 씻어야 하는 부위는 손바닥과 손목의 경계 부분이다.

⑤ 팔꿈치부터 손끝 방향으로 씻어나간다.

답 ②

47 동물의 수술 전 준비에 대한 설명으로 맞는 것은?

① 삽관해야 하는 기관 튜브는 동물의 기관 직경에 맞춰 준비한다.

② 마취 전 투약을 하는 이유는 수술 중 마취약 사용량을 늘리려는 것이다.

③ 전신 마취를 동반하는 수술은, 수술 전 충분한 물과 식이를 제공한다.

④ 마취 전에는 맥박, 호흡, 체온 등의 동물의 상태를 확인하지 않아도 된다.

⑤ 기관 삽관 후에 공기가 새지 않는지 확인하지 않아도 된다.

답 ①

48 개와 고양이의 몸 관리에 관한 설명으로 잘못된 것은?

① 손톱깎이나 양치질 등도 몸 관리의 하나이다.

② 동물이 사람의 손을 받아들이고 몸을 건드리는 것을 싫어하지 않아야 한다.

③ 사회화기에도 몸 관리를 하는 것이 중요하다.

④ 적절한 몸 관리를 해도 병의 조기 발견은 할 수 없다.

⑤ 몸 관리할 때 동물이 싫어하면 잠시 멈추는 것이 좋다.

답 ④

의약품관리학

- 16문항 -

01 녹내장은 시신경 유두의 손상과 시야장애를 유발하는 안과질환이다. 일반적으로 안압의 상승을 보임으로 정상 안압(10~21mmHg)보다 높은 안압(22mmHg 이상)을 나타낸다. 다음 중에서 녹내장에 대한 의약품과 무관한 것은?

① 항히스타민제 ② 교감신경흥분제
③ 스테로이드 ④ 항생제
⑤ 항콜린제

해설 · 안압 상승 약물에는 개방각 녹내장과 폐쇄각 녹내장에 대한 약물이 각가 다르다.
· 개방각 녹내장에는 스테로이드, 항히스타민 안약, Fenoldopam, Succinylcholine, 혈관확장제, Cimetidine 등이 쓰인다.
· 폐쇄각 녹내장에는 항콜린제, 교감신경흥분제, Phenothiazine, 항히스타민제, Ipratropium, SSRI, Imipramine, Venlafaxine, Topiramate, BZD, Theophylline, 혈관확장제, Tetracycline, MAOI 등의 약물이 쓰인다.
· 녹내장의 치료에 쓰는 약물은 상승된 안압을 저하시켜 시신경 손상을 감소시키고 시각 기능을 정상 유지시킨다.
· 원발성 폐쇄각 녹내장과 선천성 녹내장은 진단 즉시 치료를 시작하여야 하는데, 원발성 개방각 녹내장의 경우 약물치료를 우선적으로 고려한다.
· 동공이 차단된 폐쇄각 녹내장이나 선천성 녹내장에선 약물치료는 부수적인 역할을 한다.

답 ④

02 녹내장에 대한 환자의 복약 순응도 개선을 위한 동물 보건사의 역할이 아닌 것은?

① 일반적으로 치료 전 안압의 25~30% 감소를 요구하며 이것도 절대적인 기준은 아님을 수의사의 지시를 따라 보호자에게 안내하여 준다.
② 환자의 복약 순응도 개선을 위하여 녹내장과 그 치료에 대해서 환자를 교육한다.
③ 투약 시간표를 환자의 일상 시간표와 맞춘다.
④ 녹내장에 대한 환자에 적합한 처방을 내린다.
⑤ 일차 진료 수의사와 협력하며 환자와 수의사의 관계를 개선시킨다.

해설 환자에 적합한 처방을 내리는 것은 수의사의 역할이다. 동물보건사가 주의하여야 할 녹내장 환자 복약 순응도 개선 내용은 다음과 같다. 녹내장과 그 치료에 대해서 환자를 교육한다. 투약 시간표를 환자의 일상 시간표와 맞춘다. 안약점안에 대한 교육을 강화한다. 일차 진료 수의사와 협력한다. 부작용을 경감시킨다. 환자와 수의사의 관계를 개선시킨다.

답 ④

03 올바른 안약 점안 방법이 아닌 것은?

① 안약 점안에 대한 교육을 강화하여 부작용을 경감시킨다.

② 고개를 젖히고 하안점을 아래로 당겨 결막낭을 노출한다.

③ 약병의 꼭지가 눈에 닿지 않게 점안한다.

④ 눈을 감고 누낭 부위를 5분간 부드럽게 압박한다.

⑤ 2가지 안약을 사용할 땐 시간 간격을 두지 않고 투약한다.

해설 안약 점안에 대한 교육을 강화하여 부작용을 경감시킨다. 고개를 젖히고 하안점을 아래로 당겨 결막낭을 노출한다. 약병의 꼭지가 눈에 닿지 않게 점안한다. 눈을 감고 누낭 부위를 5분간 부드럽게 압박한다. 2가지 안약을 사용할 땐 최소 5~10분 간격을 두고 투약한다.

올바른 안약 점안 방법

답 ⑤

04 해열진통제가 아닌 것은?

① Acetaminophen ② Aspirin

③ Propylphenazone ④ Ibuprofen

⑤ Cimetidine

해설
· Cimetidine은 항궤양 약물이다.
· Acetaminophen은 타이레놀정, 타스펜 이알서방정, Neopap 등의 성분이다.
· Acetic salicylic acid는 Aspirin의 성분이다.
· Propylphenazone은 게보린, 암씨롱, 리돈에이정 등의 성분이다.
· Arylpropanoic Acid는 Ibuprofen이라고도 하며 디퓨텝서방정, 부루펜정, 브루펜시럽, Brufen 등의 성분이다.

답 ⑤

05 항궤양 약물이 아닌 것은?

① Cimetidine ② Acetaminophen

③ Nizatidine ④ Omeprazole

⑤ Lansoprazole

해설
· Acetaminophen은 해열진통제이다.
· Cimetidine은 타가메트정, 싸이메트정, 에취투정, Tagamet으로, Ranitidine은 잔탁정, Zantac으로, Nizatidine은 자스티딘캡슐, 니자락틴캡슐, 니자티드정, Axid 등으로, Omeprazole은 로섹캅셀, Prilosec 등으로, Lansoprazole은 란스톤캅셀, 란소졸정, Prevacid 등으로 알려져 있다.

답 ②

06 수의사 처방제로 약국판매가 가능한 약품 성분이 아닌 것은?

① 마취제 ② 호르몬제

③ 항생 · 항균제 ④ 백신

⑤ 구충제

해설 수의사 처방제로 약국판매가 가능한 성분은 마취제, 호르몬제, 항생 · 항균제, 백신, 기타 신경 · 순환계 약물 등의 품목들이다. 특히, 항생제, 마취제, 호르몬제는 별도의 성분 지정 없이 일괄적으로 처방 대상이다. 항생제 · 마취제 · 호르몬제는 새로운 약물이 출시되어도 자동적으로 수의사 처방 대상에 포함이다. 하지만, 백신, 기타 신경 · 순환계 약물은 별도의 성분 지정에 의한 수의사 처방 대상 포함이다.

답 ⑤

07 수의사 처방전 없이도 약국 판매가 가능한 품목들이 아닌 것은?

① 구충제

② 심장사상충 예방약

③ 외부기생충약

④ 항생제

⑤ 백신

해설 수의사 처방전 없이도 판매가 가능한 다양한 품목들에는 구충제, 심장사상충 예방약, 외부기생충약, 피부병약, 백신, 영양제 등이 있다.

답 ④

08 다음 중에서 종류가 다른 의약품은?

① Isoflurane

② Xylazine HCl

③ Etorphine

④ Pentobarbital sodium

⑤ Ivermectin

해설 Isoflurane은 동물실험에 쓰는 흡입마취제, Etorphine은 일반 모르핀의 50~100배의 위력을 가지고 있어 기린이나 코끼리 같은 대형 초식동물 마취에만 쓰이는 동물 마취제, Xylazine HCl (Rompun)은 외과적 수술을 위해 국소마취제와 함께 사용하는데 안정성이 높아 가장 많이 사용되는 진정 마취제로 소를 마취시킬 때 쓴다. Pentobarbital sodium은 실험동물 마취에 쓴다. Iivermectin은 구충제이다.

답 ⑤

09 다음 중 종류가 다른 동물용 의약품은?

① Enrofloxacin

② Milbemycin

③ Moxidectin

④ Selamectin

⑤ Ivermectin

해설 심장사상충 약품의 성분 종류들로는 이버멕틴 (Ivermectin), 셀라멕틴(Selamectin), 목시덱틴

(Moxidectin), 밀베마이신(Milbemycin) 등이 있고, Enrofloxacin은 합성항균제의 일종이다.

답 ①

10 개의 5종 혼합백신에 포함되지 않는 병원체는?

① 개 디스템퍼 바이러스

② 개 코로나바이러스

③ 개 파보바이러스

④ 개 아데노바이러스 2형

⑤ 개 파라인플루엔자 바이러스

해설 개 종합예방접종은 총 5종의 질병에 대한 백신인 DHPPL이다. 개 홍역(디스템퍼, D), 전염성 간염 (H), 파보 장염(P), 파라 인플루엔자(P), 렙토스피라증(L)에 대한 예방접종이며, 강아지 시절에 이 예방접종을 한 뒤 1년에 한 번씩 정기적으로 접종을 하게 된다.

답 ②

11 개의 예방접종에 관한 설명으로 맞는 것은?

① 강아지 백신은 생후 10일, 30일, 50일의 시점에서 접종하는 것을 권장한다.

② 광견병 백신은 5종 혼합백신에 포함되어 있다.

③ 개 5종 혼합백신의 접종이 수의사법으로 의무화되어 있다.

④ 백신접종은 많은 동물에게 실시되고 있으며 부작용이 전혀 없는 안전한 약품이다.

⑤ 백신이 있는 질병 중에서는 동물의 생명에 영향을 미치는 감염병도 있다.

답 ⑤

12 근육 내 약물 투여에 따른 동물의 약물 통과 경로로 맞는 것은?

① 근육 → 점막 → 정맥 → 심상

② 근육 → 피하조직 → 진피 → 모세혈관 → 정맥 → 심장

③ 근육 → 소화관 점막 → 문맥 → 간장 → 심장

④ 피하조직 → 모세혈관 → 정맥 → 심장

⑤ 근육 → 근육 내 혈관 → 정맥 → 심장

답 ⑤

13 만성신장병인 동물에게 섭취를 제한하는 미네랄은 무엇인가?

① 아연   ② 인

③ 칼슘   ④ 마그네슘

⑤ 요오드

해설 만성 콩팥 질병인 만성 신장병은 콩팥에서의 비타민 D의 생성 및 인의 배설이 적절하게 이루어지지 않아 발생하는 합병증으로 치료를 하지 않을 경우에 골 대사 이상은 물론 심장 혈관계 합병증을 초래하게 된다. 만성 신장병의 경우 미네랄 골질환의 예방 및 치료를 위해서 고 인산 혈증을 잘 조절하여 부갑상선 호르몬 수치가 적절한 범위 안에서 유지되게 하여야 하며 인 성분의 섭취를 제한하는 것이 중요하다.

답 ②

14 항생제 투여 효과가 있는 비뇨기질환은?

① 신장종양   ② 요로결석증

③ 요로폐색   ④ 세균성방광염

⑤ 방광종양

답 ④

15 다음의 백신 중 비 핵심 백신의 병원체는 무엇인가?

① 개 파보 백신

② 광견병 백신

③ 개 코로나 백신

④ 고양이 칼리시 백신

⑤ 고양이 파보 백신

해설 고양이의 필수 백신인 4종 종합 백신은 감기와 비슷한 헤르페스 바이러스, 칼리시 바이러스, 클라미디아 바이러스 그리고 고양이 범백혈구증후군의 원인인 파보바이러스까지 4가지 바이러스를 예방하는 백신이다. 개의 필수 백신인 5종 종합 백신은 DHPPL 백신으로서 개 홍역(디스템퍼, D), 전염성 간염(H), 파보 장염(P), 파라 인플루엔자(P), 렙토스피라증(L)에 대한 예방접종이다. 또한 광견병 백신은 개와 고양이에서 공통적으로 필수 중에도 필수적인 백신이 된다. 코로나 바이러스는 비 필수 백신이고, 복막염은 권장하지 않는 백신이 된다.

답 ③

16 다음 중에서 약물 알레르기의 증상은?

① 설사   ② 다음 다뇨

③ 구토   ④ 체중 증가

⑤ 탈모

답 ③

동물보건영상학

- 36문항 -

01 초음파를 이용하여 임신견의 임신 상태를 검사하고자 한다. 이때 개의 복부에 밀착시키며 초음파가 발산시켜 echo를 받기위한 부위의 기계장치 명칭은 무엇인가?

① probe
② beam
③ sector
④ linear
⑤ convex

해설 초음파를 발생시켜 송신하고 반사된 에코(echo)를 수신하는 장비를 탐촉자(probe or transducer)라고 하며 검사 부위와 목적에 따라서 모양과 크기가 다르다. 탐촉자의 종류로는 선형 탐촉자(linear probe), 부채꼴 탐촉자(sector probe), 볼록형 탐촉자(convex probe), 사다리꼴 탐촉자(trapezoid probe) 등이 있고, 사용 방법에 따라 도플러용(doppler), 천자용(acupuncture), 수술용 탐촉자가 있다. 심장초음파검사를 영어 표현으로는 Echocardiography라고 하고 심초음파는 stress echo라고 한다.

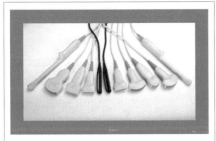

답 ①

02 초음파의 취급 및 관리에서 수의사와 동물보건사의 영역 중 동물보건사의 영역에 대한 설명을 모두 선택하면?

> 가. 진단의 결과에 따른 처방을 지시한다.
>
> 나. 동물의 위치보정과 심리적 안정을 위해 적절한 조치를 취한다.
>
> 다. 기본적인 장기의 검사를 초음파를 이용하여 진단한다.
>
> 라. 초음파 진단에 앞서 기계의 작동유무를 검사하고 겔을 준비한다.

① 가, 나, 다
② 가, 다
③ 나, 라
④ 라
⑤ 가, 나, 다, 라

답 ③

03 다음 중 X선에 통과하면 흑색으로 보이는 물질은?

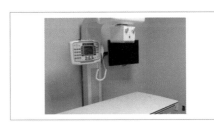

① 광물질   ② 뼈

③ 지방   ④ 기체

⑤ 액체

해설 X선에 비치면 금속은 완전히 백색으로 나타나고, 뼈는 거의 백색으로 나타나며, 지방, 근육 및 체액은 회색의 그림자로 나타나고, 공기 및 가스는 흑색으로 나타난다. X선은 여러 조직은 조직의 밀도에 따라, 각기 다른 X선 양을 차단하는데 금속은 방사선 불 투과성이고, 공기 및 가스는 방사선 투과성이다.

답 ④

04 생후 3개월 된 진돗개가 높은 곳에서 떨어져 요척골의 골절이 의심된다. 이때 방사선사진촬영을 위한 설명 중 바른 것을 선택하시오.

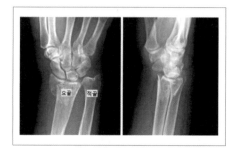

가. 보호자로부터 들은 내용을 수의사에게 설명하고 방사선촬영을 위한 준비를 한다.

나. 골절 의심 부위에는 평형과 직각으로 양측 앞다리 모두 각 2장의 사진을 촬영한다.

다. 방사선 사진 촬영 시 환 견이 통증을 호소할 때 약간의 진통제를 투여할 수 있다.

라. 현상된 사진을 판독하여 수의사에게 보고 한다.

① 가, 나, 다   ② 가, 다

③ 나, 라   ④ 라

⑤ 가, 나, 다, 라

답 ①

05 다음은 X선 사진이다. 어느 부위를 나타낸 것인가?

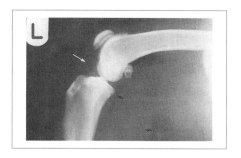

① 고관절 부위   ② 슬관절 부위

③ 경골 부위   ④ 지골 부위

⑤ 주관절 부위

답 ②

06 다음 방사선의 현상 순서로 바른 것은 설명으로 바른 것은?

① 현상(developing) - 고정(fixing) - 세척(washing) - 건조(drying)

② 현상(developing) - 고정(fixing) - 건조(drying) - 세척(washing)

③ 고정(fixing) - 현상(developing) - 세척(washing) - 건조(drying)

④ 고정(fixing) - 현상(developing) - 세척(washing) - 인화(printing)

⑤ 현상(developing) - 세척(washing) - 고정(fixing) - 인화(printing)

해설 X-ray 필름의 현상 과정 : 방사선에 노출된 필름을 현상하는 과정에는 현상액(Developer)과 정지액(Stop Bath), 그리고 정착액(Fixer) 3가지 화학 용액이 필요하다. X-ray 필름의 숨겨진 이미지를 나타내기 위한 첫 번째 단계는 필름을 현상액에 노출시키는 것이다. 현상액 내의 특수한 화학 물질은 은 결정을 검게 만드는 효과를 가지고 있기 때문에 X-ray 필름에 숨겨진 이미지를 나타나게 할 수 있다. X-ray 필름 현상 과정의 두 번째 단계는 필름을 정지액에 노출시키는 것이다. 정지액은 빙초산(Glacial acetic acid)과 물이 섞인 화합물로, X-ray 필름이 현상액에 의해 과도하게 현상되는 것을 막아주는 역할을 한다. 만약 현상이 과하게 될 경우 이미지를 알아볼 수 없기 때문에 주의가 필요하다. X-ray 필름 현상 과정의 세 번째는 필름을 정착액에 노출시키는 것이다. 정착액은 X-ray 필름에 있는 이미지를 영구적으로 고정시키는 역할을 하는데, 먼저 필름에 남아 있는 노출되지 않은 은 결정을 모두 제거한 후 에멀전층에 남아있는 결정체를 굳혀야 한다. X-ray 필름이 적절하게 현상된 후 물로 헹궈 화학 용액들을 제거하고 말리면 육안으로 이미지를 확인해 판독할 수 있는 상태가 된다.

답 ①

07 다음 방사선 노출에 대한 설명으로 틀린 것은?

① 노출의 기본 조건은 mA(milliamperage), kV(kilovoltage), 시간(time; second)이다.
② 진단용 x-ray 사진을 촬영하기 위해서는 높은 전압과 충분한 전자 전류가 필요하다.
③ x-ray 전압(voltage)은 kVp, x-ray 전류는 mA로 측정한다.
④ mA는 x-ray 튜브에서 생성되는 x-ray 양자의 양을 결정한다.
⑤ kVp를 높이면 투과력이 낮아진다.

해설 kVp를 높이면 투과력은 높아진다.

답 ⑤

08 다음 방사선 촬영 조건의 설명으로 틀린 것은?

① kVp가 높으면 투과도가 증가하여 필름의 대비도가 낮아진다.
② kVp가 너무 높으면 골격과 근육의 대비도가 낮아진다.
③ mAs를 높이면 촬영시간이 길어져 오점(artifact)가 생길 수 있다.
④ mAs가 높으면 사진이 보다 검어진다.
⑤ mAs가 크면 사진의 밀도가 낮고 밝아진다.

답 ⑤

09 다음 방사선 기계의 관리로 부적합 한 것은?

> 가. 방사선 사진의 노출을 정확히 하기 위해 매일 테크닉 챠트를 재조정한다.
> 나. 방사선 사진의 관리를 위해 현상한 사진에 병록번호를 유성 펜으로 적어 넣는다.
> 다. 방사선 사진의 허상을 줄이기 위해 주기적으로 증감지를 알콜로 닦는다.
> 라. 방사선 사진의 허상(artifact)을 없애기 위해 카세트에 묻은 오물을 알콜로 닦는다.

① 가, 나, 다   ② 가, 다
③ 나, 라   ④ 라
⑤ 가, 나, 다, 라

답 ①

10 모든 살아 있는 세포는 이온화된 방사선 손상에 감수성이 있다. 다음 중에서 X선에 노출되었을 때 가장 민감한 세포는?

① 뼈

② 진피세포

③ 상피세포

④ 성선세포

⑤ 각질조직

해설

민감도 높은 순	인체 기관
1	림프조직, 골수, 흉선
2	난소
3	고환
4	점막
5	타액선
6	모낭(毛囊)
7	땀선 및 피지(皮脂)선
8	피부
9	장(腸)막
10	신장
11	부신, 간장, 췌장
12	갑상선
13	근육
14	결합조직, 혈관
15	연골
16	뼈

X선에 노출되었을 때 가장 민감한 부위

답 ④

11 방사선 사진 상의 밀도에 영향을 미치는 요소를 모두 고르시오.

> 가. 필름에 도달하는 X선의 총량
>
> 나. X선의 투과력
>
> 다. 현상 시간
>
> 라. 현상액의 온도

① 가, 나, 다

② 가, 다

③ 나, 라

④ 라

⑤ 가, 나, 다, 라

답 ⑤

12 X선 촬영 시 산란선을 줄이기 위해 사용하는 장치는?

① 카세트

② 증감지

③ 그리드

④ 필터

⑤ 암실 안전등

해설 '그리드(grids)'는 X-ray가 피사체를 통과하면서 발생하는 '산란선'을 제거해 적은 X-ray 양으로 보다 깨끗하고 선명한 영상을 얻을 수 있게 하는 X-ray 장비의 핵심 부품이다.

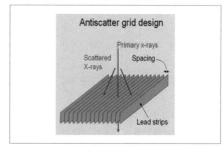

답 ③

13 다음 중 방사선 사진에 표시하지 않아도 되는 항목은?

① 병원 이름

② 촬영 날짜

③ 축주의 이름

④ 환축의 이름

⑤ 그리드 종류

답 ⑤

14 일반적으로 소동물 수의 임상에서 X선 촬영 시 그리드를 사용하지 않는 부위는?

① 사지

② 복부

③ 흉부

④ 골반

⑤ 척추

해설 X선 그리드는 컴퓨터에서 생성된 이미지를 흐려지거나 흐리게 만들 수 있는 임의로 편향된 방사선을 걸러내는 X선 기계의 일부이다. 그것은

1913년에 발명되었다. X선 그리드는 X선 필름의 이미지 선명도를 보장하는 필터링 장치이다.

답 ①

15 다음 중 X선이 가장 자유롭게 통과할 수 있는 물질은 어느 것인가?

① 광물질   ② 뼈
③ 지방   ④ 기체
⑤ 액체

답 ⑤

16 복부 방사선 촬영을 위해서 환자의 등을 바닥에 붙이고 사지를 당겨서 촬영을 하였다. 현상 후 이 자세에 대해서 기록하려 한다. 정확한 표기법은?

① 배복측위   ② 복배측위
③ 외측위   ④ 두미측위
⑤ 내외측위

답 ②

17 필름 초점 거리는 환자와 필름에 도달하는 방사선 강도에 영향을 미친다. 다음 중 표준 거리로 적당한 것은?

① 35~60cm   ② 55~80cm
③ 75~100cm   ④ 95~120cm
⑤ 115~140cm

답 ③

18 라브라도 리트리버의 복강을 촬영하고자 한다. 이 때 외측상의 측정치는 20cm이고, focal spot과 X선 필름까지 거리(FFD)는

40인치였다면, 필요한 kVp를 구하시오.

① 20   ② 40
③ 60   ④ 80
⑤ 100

> **해설**

검사종류	국내(kVp)	
	평균관전압	관전압범위
두부AP	74	60-90
두부LAT	74	60-90
흉부PA	100	80-120
흉부PA	88	60-120
흉부AP	99	80-120
복부AP	77	60-100
골반AP	76	60-100
경추AP	71	60-80
경추LAT	76	60-100
흉추AP	76	60-100
흉추LAT	83	60-100
요추AP	79	60-100
요추LAT	86	60-120
요추OBL	81	60-100
양쪽쇄골AP	68	50-90
어깨AP	68	50-90
고관절AP	60	60-100
무릎AP	54	40-80
발목AP	51	40-80
상완골AP	76	40-80
팔꿈치AP	59	40-70
손목AP	56	40-70
검사별 관전압의 범위		

방사선 엑스레이 사진이 검을 때 kVp, mAs를 조절한다. 통과해야 할 환자의 몸의 두께는 kVp로 해결하는데 너무 세면 모두 필름에 도달하고, 너무 약하면 모두 몸에 흡수한다. 뼈는 하얗게 연부조직도 잘 보이게 하려면 mAs로 해결하는데 너무 많으면 필름에 너무 많이 도달하고, 적으면 몸에 다 흡수되어 필름에 도달하지 않는다. 뚱뚱해서 희게나오면 kVp를 올린다. 체격과 관계없이 연부조직이 검으면 mAs를 낮춘다. 희미하고 검을 때는, kVp, mAs 모두 낮춘다. kVp를 올리고 mAs를 낮출수록 환자가 피폭이 덜 된다. 보통은 kVp는 120으로 고정하고, 농도는 mAs로 조절한다.

답 ④

19 아래 보기 중에서 X선의 총량

(milliamperage-second, mAs)이 다른 경우는?

① 20milliampcrage(mA)를 1/2초 동안 필라멘트에 가한 경우

② 100milliamperage(mA)를 1/10초 동안 필라멘트에 가한 경우

③ 200milliamperage(mA)를 1/20초 동안 필라멘트에 가한 경우

④ 300milliamperage(mA)를 1/30초 동안 필라멘트에 가한 경우

⑤ 400milliamperage(mA)를 1/50초 동안 필라멘트에 가한 경우

답 ⑤

20 다음 중 카세트의 취급 방법으로서 바른 것은?

> 가. 단단한 표면에 떨어뜨리지 않도록 주의한다.
> 나. 혈액이나 분뇨와 같은 액체가 스미지 않도록 한다.
> 다. 카세트는 물기 없는 마른 수건으로만 청소해야 한다.
> 라. 카세트에 번호를 적어두는 것이 좋다.

① 가, 나, 다 ② 가, 나, 라
③ 나, 다, 라 ④ 가, 나, 다, 라
⑤ 답 없음

해설 가벼운 청소만으로 엑스레이 카세트나 증감지의 인공물을 제거할 수도 있기 때문에 모든 인공물이 완전히 제거될 수 없더라도 가능한 한 적게 나타나도록 관리한다.

답 ②

21 X선관에서 음극의 역할은?

① 전자 발생 ② 전자 흡수
③ 전자 충돌 ④ 온도 조절
⑤ 밝기 조절

답 ①

22 다음 중 음성 조영제를 모두 고른 것은?

> 가. 공기
> 나. 황산바륨
> 다. 요오드계조영제
> 라. 산소
> 마. 이산화탄소

① 가 ② 나, 다
③ 가, 다, 라, 마 ④ 가, 라, 마
⑤ 가, 나, 다, 라, 마

해설 조영제의 분류
- 음성 조영제(Negative Contrast Media)
  - 주위보다 검은(black) film상 : Radiolucent (부분적 투과)
  - 폐나 복강 내의 생리적 조영
  - 투과력이 좋은 물질(air, O_2, CO_2, N_2 등)
- 양성 조영제(Positive Contrast Media)
  - 주위보다 흰(white) film상 : Radiopaque(불투과)
  - 고밀도로써 자신이 사진 상에 잘 나타나므로 체내의 목적부위를 잘 볼 수 있다.
  - (무기, 유기 화합물) Ba, 요오드제 Barium ($BaSO_4$) (대표적인 무기 화합물 조영제)

답 ④

23 다음 중 X선의 안전 수칙으로 올바르지 않은 것은?

① 촬영 동안 촬영 장소에 불필요한 인력을

없도록 한다.

② 가급적 보정 장치(예, 모래주머니)를 사용한다.

③ 가급적이면 화학적 보정(마취, 정온)은 실시하지 않는다.

④ 노출을 최소화하기 위해 촬영 시 보조하는 사람들을 순환시키도록 한다.

⑤ 보호 장구는 적절히 사용하고 관리해서 최대 사용기간을 갖도록 한다.

답 ③

24 다음 중 카세트의 취급 방법으로서 바르게 열거된 것은?

> 가. 단단한 표면에 떨어뜨리지 않도록 주의한다.
>
> 나. 혈액이나 오줌과 같은 액체가 스며들지 않도록 한다.
>
> 다. 카세트를 청소할 때는 물기가 없는 마른 걸레로만 청소해야 한다.
>
> 라. 카세트에 번호를 적어두는 것이 좋다.

① 가, 나, 다   ② 가, 나, 라
③ 나, 다, 라   ④ 가, 나, 다, 라
⑤ 답 없음

답 ②

25 방사선 관련 종사자들이 받는 방사선 실제 선량은 검색이 가능하다. 수의임상에서 가장 일반적으로 이용되며, 차광 포장 내에 방사선에 민감한 필름이 들어 있는 플라스틱 홀더로 되어 있는 방사선 노출 검색 장치는?

① Film badge
② Pocket ionization chamber
③ Thermoluminescent dosimeter
④ Cassette
⑤ 납 스크린

해설 film badge는 이온화 방사선으로 인해 누적 방사선량을 모니터링하는데 사용한다. 배지는 사진 필름과 홀더의 두 부분으로 구성된다.

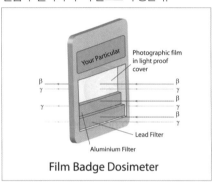

Film Badge Dosimeter

Pocket ionization chamber는 방사능 측정을 위한 장치이고 방사성 물질을 사용하는 실험실에서 작업자에게 제공한다.

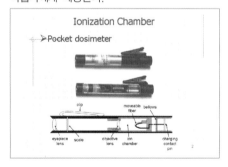

Thermoluminescent dosimeter는 방사선 수준을 판독하는 장치이다.

답 ①

26 다음의 피사체들을 같은 조건에서 X-선 촬영을 할 경우 가장 희게 보이는 것은?

① 가스   ② 지방
③ 물   ④ 뼈
⑤ 금속

답 ⑤

27 필름의 수동 현상 과정을 올바른 순서대로 나타낸 것은?

① 현상 → 헹굼 → 정착 → 수세 → 건조
② 현상 → 헹굼 → 정착 → 건조 → 수세
③ 헹굼 → 현상 → 정착 → 수세 → 건조
④ 헹굼 → 현상 → 정착 → 건조 → 수세
⑤ 정착 → 헹굼 → 현상 → 수세 → 건조

답 ①

28 다음은 X-선 사진이다. 어느 부위를 나타낸 것인가?

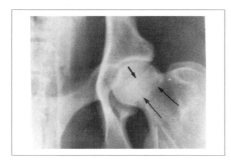

① 대퇴관절 부위
② 무릎관절 부위
③ 경골 부위
④ 지골 부위
⑤ 팔꿈치관절 부위

답 ①

29 X-선 사진을 촬영 후 사진이 너무 어둡게 나오면 다음에 어떤 항목을 조정해야 하는가?

① mAs 30~50% 증가 또는 kVp 10~15% 감소
② mAs 30~50% 증가 또는 kVp 10~15% 증가
③ mAs 30~50% 감소 또는 kVp 10~15% 증가
④ mAs 30~50% 감소 또는 kVp 10~15% 감소
⑤ mAs 30~50%와 kVp 10~15% 모두 증가

답 ②

30 식도 및 위장관 조영술에서 주로 사용되는 조영제는?

① 황산나트륨   ② 황산바륨
③ 요오드계 조영제   ④ 물
⑤ 공기

답 ②

31 거대식도증(megaesophagus) 진단에 이용되는 영상진단 방법은?

① 공기조영(Negative media)
② 바륨경구투여(barium swallow)
③ 내시경(endoscopy)
④ 단순방사선촬영(plan radiograph)
⑤ 바륨식이(barium meal)

해설 바륨식이(barium meal)는 황산바륨이 환자에 의해 섭취된 후 식도, 위 및 십이지장의 방사선 사진을 촬영하는 절차이다. 바륨식이는 foregut의 구조 및 운동성 이상 진단에 유용하다.

답 ⑤

32 의식이 있는 환자가 급성 호흡곤란 증상을 보일 경우 방사선 촬영 시 체위로 금기되

는 것은?

① Right lateral view

② Ventro-dorsal view

③ Dorso-ventral view

④ Left lateral view

⑤ Oblique view

답 ②

33 복부 방사선 촬영을 위해서 환자의 등을 바닥에 붙이고 사지를 당겨서 촬영을 하였다. 현상 후 이 자세에 대해서 기록하려 한다. 정확한 표기법은?

① 배복측위   ② 복배측위

③ 외측위   ④ 두미측위

⑤ 내외측위

답 ②

34 초음파검사의 특징에 대한 설명 중 잘못된 것은 어느 것인가?

① 초음파 투시로 고통을 주지 않는다.

② 반복 검사가 가능하고 중증에서도 사용 가능하다.

③ 연부에 대한 검사에서는 정확한 검사가 어렵다.

④ 검사 방향의 선택이 자유롭다.

⑤ 결과를 즉시 표시할 수 있다.

답 ③

35 코커스패니얼의 복강을 촬영하고자한다. 이 때 외측 상의 측정치는 10cm였다. 이 때 focal spot과 X선 필름까지 거리(FFD)는 100cm였다면, 필요한 kVp는?

① 20   ② 40

③ 60   ④ 80

⑤ 100

답 ③

36 다음은 X선 사진이다. 어느 부위를 나타낸 것인가?

① 대퇴관절 부위

② 무릎관절 부위

③ 경골 부위

④ 지골 부위

⑤ 앞다리굽이관절 부위

답 ②

동물보건사

3

임상 동물보건학
(60문제 대비)

🐾 동물보건내과학   🐾 동물보건외과학

🐾 동물보건임상병리학

동물보건내과학

- 75문항 -

01 단두종증후군(brachycephalic airway syndrome)에 대한 설명으로 바른 것은?

> 가. 퍼크, 시쥬, 페키니즈 등의 주둥이가 짧은 개들에서 해부학적 이상으로 발생한다.
>
> 나. 호흡곤란을 주요 증상으로 한다.
>
> 다. 기침을 자주하고 코를 골기도 한다.
>
> 라. 눈물을 많이 흘리며, 심한 경우 수술을 해야 한다.

① 가, 나, 다   ② 가, 라
③ 나, 다   ④ 라
⑤ 가, 나, 다, 라

해설 눈물을 많이 흘리며, 심한 경우 수술을 해야 하는 눈물 흘림증은 단두종증후군과는 무관하다.

답 ①

02 다음 중 일반적으로 사용되는 수액제제가 아닌 것은?

① 5% Dextrose solution
② Heparin solution
③ Normal saline
④ Ringer's solution
⑤ Hartman's solution

해설 헤파린(Heparin)은 혈액응고를 막는 성질이 강한

물질이다. 1922년에 발견된 물질로, 간이나 폐 등에 있다. 혈액의 응고를 방지하거나 혈전을 방지하는 데 사용된다.

답 ②

03 산욕열(eclampsia)에 대한 설명으로 바르지 못한 것은?

> 가. 산욕열은 대부분 분만 후 1~4주 사이에 발병한다.
>
> 나. 호흡이 불안하고, 신경증상을 보이기도 한다.
>
> 다. 침을 많이 흘리고 근육경력이 나타나기도 한다.
>
> 라. 산욕열을 자연치유가 됨으로 특별한 처치가 불필요하다.

① 가, 나, 다   ② 가, 라
③ 나, 다   ④ 라
⑤ 가, 나, 다, 라

답 ③

04 정맥 내 카테터 장착에 대하여 즉, catherterization에 대해 바른 설명을 고르시오?

① 창착된 카테터는 3일 이내에 제거해야 한

다.

② 창착된 카테터 주변에 염증반응이 있으면 정맥주사액으로 세정해야 한다.

③ 정맥으로부터 회수한 카테터는 깨끗이 세척한 뒤 소독하여 다시 사용한다.

④ 정맥내 카테터를 유지하기 위해서 매일 반창고를 갈아 붙여야 된다.

⑤ 정맥 카테터로는 수액을 투여하지 말아야 한다.

답 ①

05 자궁축농증(Pyometra)에 대한 설명으로 바른 것은?

> 가. 자궁축농증은 대부분 발정 뒤에 발병한다.
>
> 나. 자궁축농증은 자궁 내막 안에 염증과 질의 분비물을 보인다.
>
> 다. 구토, 설사, 식욕부진 증상이 심하게 나타난다.
>
> 라. 물을 많이 마시고, 오줌을 많이 누는 다음, 다뇨 증상이 있다.

① 가, 나, 다   ② 가, 라
③ 나, 다   ④ 라
⑤ 가, 나, 다, 라

해설 개의 자궁축농증(Pyometra) 자궁 강 내에 많은 농즙이 정체되며, 자궁 내막의 낭포성 증식을 동반하는 질병을 말한다. 세부적으로는 자궁농양, 증식성 자궁내막증, 만성 낭포성 자궁내막염, 만성 화농성 자궁염 등이 있으며 이들을 자세히 구별하는 것이 어렵기 때문에 통틀어 자궁축농증이라 일컫는다. 자궁축농증의 원인은 내분비학적 원인에 기인한다. 자궁축농증의 공통적인 임상증상으로는 침울, 식욕부진, 구토, 음부의 종대 등이 나타난다. 야뇨증과 함께 다음다갈증과 다뇨증을 나타내며 탈수 상태가 되며, 자가 중독

증상을 나타낸다.

답 ⑤

06 각막 괴양(corneal ulceration)에 대한 설명으로 바른 것은?

> 가. 각막 괴양은 각막이 벗겨진 상태이다.
>
> 나. 대부분 외상이나 자가 손상에 의해 발생한다.
>
> 다. 눈을 시려하고 자주 깜박거리며 눈물이 흐르는 증상이 있다.
>
> 라. 수술치료를 원칙으로 한다.

① 가, 나, 다   ② 가, 라
③ 나, 다   ④ 라
⑤ 가, 나, 다, 라

답 ⑤

07 다음 그림의 설명 중 바른 것은?

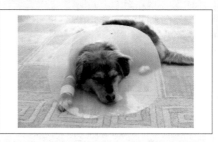

① 동물의 구토를 방지하기 위한 장치이다.
② 동물의 가려움증을 예방하기 위한 장치이다.
③ 동물의 기침을 방지하기 위한 장치이다.
④ 피부과 질환이나 안과질환에 응용할 수 있다.
⑤ 순환기 질환이 있는 환자의 치료 보조 장

치이다.

답 ④

08 다음 중 심장혈관계 질환이 인정되는 환축의 간호 및 관리와 거리가 먼 설명은?

① 쇼크가 발생하였거나 또는 발생할 가능성이 있으므로 주의한다.
② 환축 보정이나 이동시에 세심한 주의를 필요로 하며 경우에 따라서 산소흡입요법을 실시할 수도 있다.
③ 심장혈관계 질환 환축은 호흡기계나 비뇨기계 질환 등을 병발하는 경우도 있다.
④ 일반적으로 심장혈관계 질환의 동물에는 고 나트륨 식이 급여가 원칙이다.
⑤ 환축의 안정을 유지하기 위하여 케이지 레스트를 실시하기도 한다.

해설 일반적으로 심장혈관계 질환의 동물에는 저농도의 나트륨 식이 급여가 원칙이다.

답 ④

09 쇼크에 대한 설명으로 가장 거리가 먼 것은?

① 사지의 열감, 모세혈관 혈액 재 충만 시간(CRT)의 단축, 다음다뇨 등의 증상이 인정된다.
② 이미 동물이 쇼크가 왔을 경우에는 한 시라도 빨리 적절한 조치를 실시하여야 한다.
③ 출혈, 외상, 구토, 화상, 하리 등에 의한 급속한 순환혈액량 감소가 원인이 될 수 있다.
④ 세균 감염에 의한 독소 산생에 의해 감염성 쇼크가 발생하기도 한다.

⑤ 쇼크가 발생하면 신체 전 조직에 필요한 산소 공급이 원활하지 않게 된다.

해설 쇼크는 급성 질환이나 상해의 결과로서 순환계가 우리 몸의 주요 기관에 충분한 혈액을 공급할 수 없어서, 진행성 말초 혈액 순환 부족으로 조직의 산소 부족이 발생해 탄산가스나 유산 등의 대사산물의 축적을 일으킨 상태를 말한다.

답 ①

10 다음 중 변비(constipation)를 일으키는 질환이 아닌 것은?

① 뼈와 같은 섭취
② 전립선의 비대
③ 운동부족
④ 결장 및 직장의 종양
⑤ 개 지알디아 감염증

답 ⑤

11 다음 중 설사(diarrhea)를 일으키는 질환이 아닌 것은?

① 개 홍역
② 개 회충 감염증
③ 분만 후 많은 태막의 섭취
④ 방광염
⑤ 개 파보바이러스 감염증

답 ④

12 개의 질병을 예방하기 위한 백신 중 DHPPL 백신이 있는데 이 백신으로 예방이 가능한 질환이 아닌 것은?

① 파라인플루엔자 감염증
② 개 홍역

③ 개 전염성 기관지염
④ 개 전염성 간염
⑤ 렙토스피라감염증

해설 DHPPL은 각각 Distemper, Hepatitis, Parvovirus, Parainfluenza Infection, Leptospira의 줄임말로써 각각의 질병 다섯 가지를 말하는 단어이다. Distemper는 개 홍역이고, Hepatitis는 개 간염이며, Parvovirus는 개 장염이고, Parainfluenza Infection은 개 인플루엔자이며, Leptospira는 DHPPL 중 유일한 세균성 질병이고 유일한 인수동통전염병이다.

답 ③

13 다음 중 심장혈관계 질환에서 인정되는 증상과 가장 거리가 먼 것은?

① 원기소실
② 심음이나 심박의 이상
③ 이식증
④ 부정맥
⑤ 운동불내성

답 ③

14 소화기계 이상으로 입원한 환축이 매일 체크되어야 할 사항이 아닌 것은?

① 식욕변화를 체크하여야 한다.
② 구토량을 체크하여야 한다.
③ 체중변화는 매일 측정할 필요 없다.
④ 복부통증이 있는지 체크하여야 한다.
⑤ 혈액검사를 통해 수액처치 등의 계획을 세워야 한다.

답 ③

15 다음 중 신생자가 태어났을 때 소생시키기

위한 과정 중 잘못 된 것은?

① 기도를 닦아 준다.
② 양수를 빼기 위해 아래위로 부드럽게 흔들어준다.
③ 드라이기로 바짝 말려준다.
④ 호흡을 촉진시키기 위해 호흡촉진제 doxapram을 사용하기도 한다.
⑤ 제대는 출혈이 생기지 않게 실로 묶어 주거나 겸자로 집어준다.

해설 doxapram은 호흡기 촉진제 또는 호흡기자극제이다.

답 ③

16 수혈에 있어 공혈동물(Donor)의 조건에 해당하는 것은?

가. DEA-1(A-factor)와
   DEA-7(Tr-factor)에 음성
나. 수혈 받은 경험이 없을 것
다. 건강(전염성 질환에 음성)하고 영양상태가 좋을 것
라. 생후 1~6년, 체중이 20kg 이상

① 가, 나, 다   ② 가, 다
③ 나, 라   ④ 라
⑤ 가, 나, 다, 라

해설 사람은 ABO식으로 혈액형을 구분하여 환자에게 맞는 혈액을 수혈한다. 반려견도 혈액형을 구분하며 사람과는 달리 DEA(Dog Erythrocyte Antigen)라는 분류 방식을 사용해 분류한다. 현재까지 총 13개의 혈액형을 구분 짓고 있으며 수혈 상황 시 각각 일치하는 혈액형의 혈액으로 수혈하는 것이 좋다. 동물병원에서는 13가지 가운데에서도 수혈 전에 부작용이 제일 심한 DEA1.1, DEA1.2에 대해서만 구분을 한 다음 수

혈을 시도한다. 1.1형의 강아지가 89%, 1.2형의 강아지가 6%, 1-형의 강아지가 5% 정도로 분포한다. 하지만, 강아지는 처음 수혈할 때 부작용이 거의 없어 혈액형과 관계없이 수혈할 수 있는데 이는 동종항체를 가지고 있지 않기 때문이며 부작용 가능성이 적은 것이고 부작용이 없는 것은 결코 아니다. 고양이는 강아지보다 혈액형의 종류가 적으며 A, B, AB 3가지로 나뉜다. 87% 이상의 고양이가 A형의 혈액을 가지고 있으며 AB형은 매우 드물다. 고양이는 혈액형이 맞지 않으면 급성용혈과 같은 부작용이 강하게 나타나기 때문에 수혈 시 혈액형을 꼭 맞춰야 하며 추가로 수혈 적합성 검사를 한 후 수혈을 진행해야 한다. 수혈은 반려동물에게 꼭 필요한 처치이다 보니 혈액을 공급하는 공혈동물이 존재할 수밖에 없다.

답 ⑤

17 개에게 약을 먹이는 방법으로 타당하지 않은 것은?

① 혀 깊숙이 넣고 삼킬 때까지 입을 꼭 붙잡는다.
② 쨈 등에 섞어서 콧등에 발라준다.
③ 가루약인 경우에는 물에 타서 마시게 한다.
④ 식성이 좋은 경우 가루약일 때 밥에 섞여 먹인다.
⑤ 좋아하는 음식에 싸서 먹인다.

답 ③

18 수혈을 실시하는 경우 주의 깊게 관찰해야 하는 수혈 부작용 증상과 거리가 먼 것은?

① 발열
② 빈맥
③ 빈호흡 또는 헐떡거림
④ 구토

⑤ 다음다뇨

답 ⑤

19 다음 중 동물병원의 기능과 개념에 대한 설명으로 바른 것은?

> 가. 동물의 질병 치료
> 나. 동물의 건강관리와 질병예방
> 다. 동물약품 판매
> 라. 동물을 양육하는 사람의 심리적, 정신적 문제 해결
> 마. 지역의 인수공통전염병을 예방, 차단하는 공중보건학적 감시 기능

① 가, 다
② 가, 나, 다, 라, 마
③ 라, 마
④ 가, 나, 다, 라
⑤ 가, 나, 라, 마

답 ②

20 동물보건사의 역할에 대한 설명으로 바르지 못한 것은?

> 가. 환자의 간호 및 관찰
> 나. 간호의 연구 및 개발
> 다. 환자 및 보호자의 문제 해결
> 라. 수의사의 처방과 지시에 따른 처치 및 투약
> 마. 환자의 질병에 대한 원인 판단과 규명

① 가, 다
② 나, 다
③ 나, 마
④ 마

⑤ 나, 다, 마

답 ④

21 동물병원 접수실 근무자의 기능으로 바른 것은?

> 가. 환자 및 보호자에 대한 응대
>
> 나. 환자 및 보호자의 내원사유 파악
>
> 다. 환자 및 보호자의 문제 원인 파악
>
> 라. 환자 및 보호자의 문제 해결 방안 제시
>
> 마. 환자 및 보호자의 문제 해결 절차 안내

① 가, 라, 마
② 가, 나, 다
③ 가, 나, 마
④ 가, 나, 라
⑤ 가, 라, 마

답 ③

22 다음 중 의무기록(medical record)의 임상 자료(clinical data)에 해당되는 것은?

> 가. 진료의뢰서 또는 예진서(exam request)
>
> 나. 입퇴원기록지(admission / discharge)
>
> 다. 병력기록지(history)
>
> 라. 신체검사기록지(physical exam)
>
> 마. 경과기록지(progress note)

① 가, 다 　　　　② 가, 나, 다
③ 나, 다, 라, 마 　④ 가, 나, 다, 라
⑤ 가, 나, 다, 라, 마

답 ③

23 다음 중 예방의학의 관리대상 질환에 속하는 것은?

> 가. 견 회충(Toxocara canis)
>
> 나. 기관 협착(Tracheal collapse)
>
> 다. 심장 사상 충(Dirofilaria immitis)
>
> 라. 전염성 기관지염(Infectious Tracheobronchitis)
>
> 마. 치은염(gingivitis)

① 가, 다, 라
② 가, 나, 다, 라, 마
③ 나, 다, 라, 마
④ 가, 다, 라, 마
⑤ 가, 나, 라, 마

답 ④

24 coccidium에 대한 설명으로 바른 것은?

> 가. 신생자견에서 지속적인 설사를 유발한다.
>
> 나. 혈액이 섞인 점액변을 볼 수 있다.
>
> 다. 분변검사로 원인체를 확인할 수 있다.
>
> 라. 유충을 섭취하는 경구감염으로 전염된다.
>
> 마. 충체는 염소계 소독제로 소독하면 사멸한다.

① 나, 다, 라 　　　② 가, 나, 다
③ 나, 다, 라, 마 　④ 가, 나, 다, 라

⑤ 가, 나, 다, 라, 마

해설 콕시듐은 소화관에 기생하는 원충(protozoa)으로서 심한 설사를 일으키는 것이 특징이다. 분변 내에 배설된 콕시듐을 오시스트(oocyst)라 부른다. 오시스트는 구형 또는 난원형이며 크기는 종류에 따라 다르나 보통의 충란보다 작다. 외부에서 수일이 지나면 세포 내에 포자가 형성되는데 포자 분열된 오시스트(oocyst)는 감염력을 가지며 저항력이 매우 강해 보통의 소독제로는 사멸되지 않는다. 따라서 깨끗하게 하고 건조시키는 것이 중요하다. 오시스트를 소독하기 위해서는 뜨거운(65℃ 이상) 증기를 뿜어주거나 암모니아수를 뿌려준다.

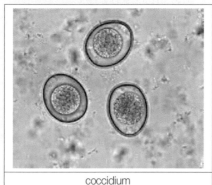

coccidium

답 ④

25 Canine Scabies(개 옴 진드기)에 대한 설명으로 바른 것은?

> 가. 심한 소양감이 있다.
>
> 나. 사람에 전염되기도 하나 인체에서는 자연 사멸된다.
>
> 다. 충체의 생활사는 약 21일 정도이다.
>
> 라. 외부기생충 예방약으로 예방하는 것이 도움이 된다.
>
> 마. 진행되면 피부과 증상이 악화되는 경우가 많다.

① 가, 다

② 가, 나, 다
③ 라, 마
④ 가, 나, 다, 라
⑤ 가, 나, 다, 라, 마

해설

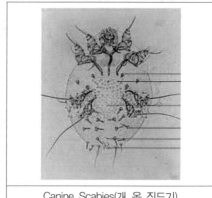

Canine Scabies(개 옴 진드기)

답 ⑤

26 다음 중 효과적인 보호자 교육 방법으로 바른 것은?

> 가. 중요한 사항을 먼저 말한다.
>
> 나. 정보는 한꺼번에 너무 많이 제공하지 않는다.
>
> 다. 시청각 자료를 적절히 사용한다.
>
> 라. 명확하고 구체적으로 말한다.
>
> 마. 보호자의 행동 변화를 확인한다.

① 가, 다
② 가, 나, 다
③ 라, 마
④ 가, 나, 다, 라
⑤ 가, 나, 다, 라, 마

답 ⑤

27 동물병원에서 일반적으로 사용하는 피부 및 상처소독제와 거리가 먼 것은?

① 알코올　　　　② 포비돈액

③ 크레졸액　　　④ 과산화수소수

⑤ 크로르헥시딘액

답 ③

28 Ear mite(귀 진드기)에 대한 설명으로 바른 것은?

> 가. 검이경으로 충체를 확인할 수 있다.
>
> 나. 검은색 귀지가 과다하게 분비되는 경우가 많다.
>
> 다. 충체의 생활사는 약 28일 이므로 치료 계획에서 충란의 사멸을 고려한다.
>
> 라. 외부기생충 예방약으로 예방할 수 있다.
>
> 마. 심하면 피부병으로 진행되기도 한다.

① 가, 다　　　　② 가, 나, 다

③ 라, 마　　　　④ 가, 나, 다, 라

⑤ 가, 나, 라, 마

해설

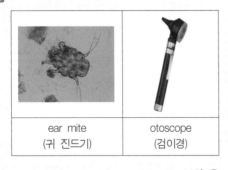

| ear mite
(귀 진드기) | otoscope
(검이경) |

답 ⑤

29 다음 중 '신체장기가 비정상적인 구멍 또는 약해진 부분을 통해서 그 본래의 위치에서 이탈된 상태'를 뜻하는 의학용어는?

① 허니아　　　　② 파행

③ 탈구　　　　　④ 장염전

⑤ 협착

해설 탈장(hernia)은 복강 내에 있어야 할 장이 복벽 근육의 터진 틈을 통해 복강 밖으로 탈출하는 상태를 말한다. 탈장은 복강을 둘러싼 부위에서만 발생한다. 파행(claudication)이란 안정 시에는 사지에 통증 또는 불쾌감이 없으나 보행을 시작한 후에 통증, 긴장 등이 나타나며 보행이 불가능하게 되는 상태를 말한다. 탈구(dislocation) 또는 탈골이란 관절을 형성하는 뼈들이 제자리를 이탈하는 현상을 말하며 흔히 인대나 근육에 과도한 압력이 가해졌을 때 발생한다. 장염전(intestinal volvulus)은 장이 서로 꼬여서 막히게 되는 것을 말하며, 장염전은 통과 장애와 순환 장애를 초래하고, 혈액 순환이 원활하지 않아 수 시간 내에 치료를 하지 않으면 염전 부위가 썩거나 괴사가 일어날 수 있다. 허리 척추 협착(Spinal stenosis)은 허리의 척추관이 좁아지는 것이고, 허리를 통해 다리로 뻗어 나가는 신경을 압박시킨다.

답 ①

30 올바른 예방접종법과 거리가 먼 것은?

① DHPPL 백신접종으로 개 홍역과 개 파보 바이러스감염증 등의 예방이 가능하다.

② 접종하기 전 환자의 신체검사가 필수적이다.

③ 종종 백신접종으로 인해 쇼크가 발생할 수 있으므로 주의 깊은 관리가 필요하다.

④ 백신주사 시술은 조작이 간단하므로 반려동물 판매소 등에서도 접종할 수 있도록 홍보하는 것이 질병예방에 도움이 된다.

⑤ 접종 후에는 환자에게 스트레스를 줄 수

있는 행위는 삼가는 것이 좋다.

답 ④

31 다음 중 개의 심장사상충 감염증에 대한 설명으로 거리가 먼 것은?

① 모기의 흡혈로 인해 감염 및 전파
② 개사상충은 주로 감염견의 우심계(우심방, 우심실, 폐동맥)에 기생하며 순환기계의 장애를 유발
③ 감염 정도에 따라 기침, 원기소실, 식욕부진, 호흡곤란, 복수 및 혈뇨 등의 증상 발현
④ 예방약과 치료약은 동일하므로 연령 및 감염 여부에 상관없이 투여 가능
⑤ 진단을 위해 임상증상의 확인, 혈액검사, X-선 검사, 초음파검사 및 항원-항체 키트 검사 등이 필요

해설

심장사상충

답 ④

32 식욕이 저하된 환자의 식욕 자극 방법으로 바르지 못한 것은?

① 손으로 음식을 준다.
② 코에 분비물이 있으면 제거하여 준다.

③ 체온 정도로 음식을 데워 맛과 향기를 증가시킨다.
④ 액상의 사료는 가급적 주지 않는다.
⑤ 적은 양을 자주 먹인다.

답 ④

33 다음 중 간의 기능이 아닌 것은?

① 혈액을 통해 들어온 탄수화물을 당원으로 합성하여 저장한다.
② 혈액 중의 해로운 물질을 해독시킨다.
③ 알부민, 혈액응고인자, 호르몬 등을 생합성한다.
④ 혈액을 저장하여 순환 혈액량을 조절한다.
⑤ 인슐린이나 글루카곤을 생산한다.

해설 인슐린이나 글루카곤의 생산은 췌장의 기능이다.

답 ⑤

34 다음 중 혈액의 일반적인 기능이 아닌 것은?

① 영양물질을 신체 각 조직에 운반한다.
② 산소를 조직에 공급하고, 이산화탄소를 체외로 방출한다.
③ 면역물질을 포함하고 있어 체내에 침입한 병원균을 탐식한다.
④ 혈액응고 기능으로 출혈에 의한 혈액상실을 막는다.
⑤ 호르몬을 생산한다.

답 ⑤

35 소화기계 이상으로 입원한 환축이 매일 체크되어야 할 사항이 아닌 것은?

① 식욕변화를 체크하여야 한다.

② 구토량을 체크하여야 한다.

③ 체중변화는 매일 측정할 필요 없다.

④ 복부 통증이 있는지 체크하여야 한다.

⑤ 혈액검사를 통해 수액처치 등의 계획을 세워야 한다.

답 ③

36 입원실에서 응급환자가 발생한 경우 동물 보건사의 최우선 업무는?

> 가. 우선 급한 증상을 처치한다.
>
> 나. 즉시 수의사에게 보고한다.
>
> 다. 기도를 확보한다.
>
> 라. 지혈대를 장착한다.
>
> 마. 수액을 준비한다.

① 가, 나, 마   ② 나

③ 나, 다, 마   ④ 나, 마

⑤ 가, 나, 다, 라, 마

답 ②

37 다음 중 기침을 일으키는 질환이 아닌 것은?

① 개 콕시듐 감염증

② 선천성 심부전

③ 개 켄넬코프

④ 개 홍역

⑤ 호흡기의 외상

답 ①

38 다음 중 POMR(Problem Oriented Medical Record, 문제 중심 의무기록)의

구성요소가 아닌 것은?

① Client education plan(보호자교육 계획)

② treatment plan(치료 계획)

③ vaccination history(백신접종기록)

④ behavior problem(행습문제)

⑤ source oriented record(정보중심의무기록)

답 ⑤

39 사료선택 기준으로 적합하지 않은 것은?

> 가. 임신 중에서 평상시의 두 배 이상, 임 신 후 수유 중에는 세 배 이상의 사료 를 급여한다.
>
> 나. 소형견의 성장기에는 충분한 양의 사료를 급여한다.
>
> 다. 질병이 있을 경우 적절한 처방식을 먹이는 것이 좋다.
>
> 라. 성장기의 자견에게는 최소한의 사 료를 조금씩 나누어주고 설탕 등을 먹이는 것이 좋다.
>
> 마. 강아지가 허약한 경우 성장을 돕기 위해 초콜릿, 우유, 설탕 등 당도 높 은 식품을 먹인다.

① 가, 나   ② 가, 나, 다

③ 가, 라, 마   ④ 나, 라

⑤ 라, 마

답 ③

40 어떤 원인에 의해 정맥 혈류가 방해되어 장기조직 내의 정맥이나 모세혈관내의 혈 액량이 비정상적으로 증가된 상태는?

① 출혈   ② 울혈

③ 방혈　　　　　④ 채혈

⑤ 지혈

해설 출혈(bleeding, hemorrhaging, haemorrhaging)은 순환계로부터 피가 밖으로 빠져나오는 현상, 곧 피의 손실을 가리킨다. 혈액이 혈관 밖으로 나오는 일이고, 헌혈이나 채혈도 출혈을 일으켜 혈액을 채취하는 행위지만 일반적으로는 의도적이지 않은 혈관의 손상으로 피가 나오는 걸 출혈이라 한다. 울혈(congestion)은 국소 부위에서 혈액을 내보내는 정맥의 작용이 방해를 받아 잔류 혈액량이 늘어나는 현상을 말한다. 방혈(bleeding)은 가축의 체내 구석구석에 퍼져있는 혈액을 체외로 빼내는 과정으로서, 가축을 기절시킨 후에 피를 빼는 도축 공정이다. 채혈(blood collection)은 질병의 진단이나 수혈 등을 위해서 정맥이나 피부를 천자하여 혈액을 채취하는 것이다. 지혈(hemostasis)은 출혈을 멈추게 하는 과정으로, 손상된 혈관 내의 혈액을 유지시키는 것을 말한다.

답 ②

41 경구투여용 약물의 복약지도로 옳은 것은?

> 가. 정확한 용량과 용법에 맞게 투여 시간, 방법 등을 설명한다.
>
> 나. 약제실에서 약을 준비할 때는 반드시 유효기간을 확인한다.
>
> 다. 처방약이 남은 경우 냉장 보관하여 다음에 유사증상이 있을 때 다시 사용하도록 한다.
>
> 라. 복약 지도 시 필요한 경우 보호자에게 투약 시범을 보이는 것이 좋다.

① 가, 나　　　　② 가, 나, 다
③ 가, 다, 라　　　④ 가, 나, 라
⑤ 가, 나, 다, 라

답 ④

42 수액에 대한 설명으로 적합한 것은?

> 가. 수액은 체액을 보충하기 위한 수단으로 투여된다.
>
> 나. 수액은 정맥주사의 목적으로 투여할 수 있다.
>
> 다. 식욕을 잃은 경우 수액으로 영양을 공급할 수 있다.
>
> 라. 수액은 가능한 빠른 속도로 투여하는 것이 바람직하다.

① 가, 나　　　　② 가, 나, 다
③ 가, 나, 라　　　④ 나, 다, 라
⑤ 가, 나, 다, 라

답 ②

43 심한 설사환자가 내원하였다. 환자에 대한 설명으로 적합하지 않은 것은?

> 가. 설사는 다양한 원인으로 발생할 수 있다는 것을 설명한다.
>
> 나. 필요한 경우 분변검사를 통해 기생충 감염을 확인해야 한다.
>
> 다. 설사가 심한 경우 혈액검사를 통해 탈수 상태와 원인을 확인해야 한다.
>
> 라. 복통이 심한 경우 방사선 사진을 촬영해야 한다.
>
> 마. 설사를 치료하기 위해 필요하다면 처방식을 먹여야 한다.

① 가, 나, 마　　　② 가, 나, 다
③ 가, 나, 라　　　④ 나, 다, 라, 마
⑤ 가, 나, 다, 라, 마

답 ⑤

44 다음 중 광견병에 대한 설명으로 틀린 것은?

① 타액에 있는 바이러스를 통해서 감염된다.
② 백신으로 예방이 가능하다.
③ 바이러스가 뇌에 침입하여 신경증상을 보인다.
④ 소에는 감염이 되지 않는다.
⑤ 물을 무서워한다.

답 ④

45 다음 중 성숙한 개의 정상 체온 범위는?

① 33.5~35.0℃
② 35.0~36.5℃
③ 37.5~39.0℃
④ 39.0~40.5℃
⑤ 39.5~41.0℃

답 ③

46 식욕촉진 방법 중 바르지 못한 것은?

① 손으로 음식을 준다.
② 환자의 코에 분비물이 있는 경우 제거한다.
③ 체온 정도로 음식을 데워 맛과 향기를 증가시킨다.
④ 적은 양을 자주 먹인다.
⑤ 습식사료보다 건식사료를 급여한다.

해설 건식사료보다 습식사료를 급여하여야 한다.

답 ⑤

47 다음 중 개의 심장사상충감염증에 대한 설명이 아닌 것은?

① 모기를 통해 전파된다.
② 주로 우심방과 폐동맥에 기생한다.

③ 감염 정도에 따라 기침, 식욕부진, 복수 등의 증상을 보인다.
④ 예방약은 치료약과 동일하여 감염된 경우에도 투여한다.
⑤ 진단을 위해서는 방사선, 초음파, 혈액검사 등이 필요하다.

해설

진단키트	먹는 약
바르는 약	고양이 백신
대형견 약	감염경로

답 ④

48 다음 중 탈장(hernia)의 정의는?

① 신체 장기가 비정상적인 구멍으로 이탈된 상태
② 사지 운동기능이 비정상적인 상태
③ 체격지수가 비정상적인 상태
④ 소장이나 대장이 꼬인 상태
⑤ 관상장기의 내강이 좁아진 상태

해설 탈장(hernia)이란 신체의 장기가 제자리에 있지 않고 다른 조직을 통해 돌출되거나 빠져 나오는 증상을 말한다. 신체 어느 곳에나 생길 수 있지만 대부분의 탈장은 복벽에 발생하는데, 복벽 탈장은 복강을 둘러싼 근육과 근막 사이에 복막이 주머니 모양으로 돌출되어 비정상적인 형태를 이루는 상태이다.

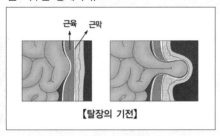
【탈장의 기전】

답 ①

49 다음 중 콕시디움(coccidium)에 대한 설명으로 바르지 못한 것은?

① 신생자견에서 지속적인 설사를 유발한다.
② 혈액 섞인 점액변을 보일 수 있다.
③ 분변검사로 원인체를 확인할 수 있다.
④ 집단감염이 쉬운 세균성 병원체이다.
⑤ 전파경로는 경구감염이다.

해설 콕시듐은 소화관에 기생하는 원충(protozoa)으로서 심한 설사를 일으키는 것이 특징이다.

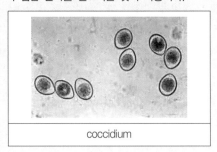
coccidium

답 ④

50 다음 중 내과적 처치가 불가능하여 제왕절

개 수술을 실시해야 하는 경우는?

① 자궁무력증 또는 거대태아 등의 난산
② 태아가 많은 경우의 난산
③ 분만 경력이 많은 경우의 난산
④ 유방염이 존재하는 경우의 난산
⑤ 분만 전 초음파 검사를 하지 않은 경우

답 ①

51 다음 중 예방의학 대상이 아닌 것은?

① 개 회충   ② 심장사상충
③ 기관 협착   ④ 광견병
⑤ 치석

답 ③

52 옴(Scabies)에 대한 설명으로 틀린 것은?

① 극심한 소양감을 특징으로 한다.
② 사람에게 전염되지만 인체에서 증식되지는 못한다.
③ 충체의 생활사는 약 21일 정도이다.
④ 피부병 소견은 잘 나타나지 않는다.
⑤ 외부기생충 예방약으로 예방이 가능하다.

해설

옴(Scabies)

답 ④

53 귀 진드기(ear mite)에 대한 바른 설명은?

① 검이경으로 충체 확인할 수 있다.

② 귀지 분비가 극도하게 감소하는 특징을 보인다.

③ 일반적으로 소양감은 잘 나타나지 않는다.

④ 외부기생충 예방약에는 효과를 보이지 않아 치료가 중요하다.

⑤ 충체의 생활사는 7일로 비교적 빠르게 번식한다.

해설 귀 진드기의 수명은 약 20일 정도이다. 암컷 성충은 하루에 한 개 정도의 알을 낳는데 2~3주 정도 되는 수명 동안 10~15개의 알을 낳는다. Ear mite(귀 진드기)는 검이경으로 충체를 확인할 수 있다. 검은색 귀지가 과다하게 분비되는 경우가 많다. 외부기생충 예방약으로 예방할 수 있다. 심하면 피부병으로 진행되기도 한다.

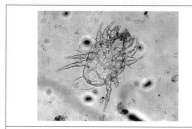

귀 진드기(cat ear mite)

답 ①

54 다음 설명에 해당되는 질환은?

식욕부진, 고열, 침울과 구토, 혈변과 탈수, 복통과 체중감소

① Hernia

② Kennel cough

③ Canine parvovirus

④ Demodicosis

⑤ Dermatophytosis

답 ③

55 다음 중 항문낭에 대한 설명 중 바른 것은?

가. 항문낭은 개의 비린내가 나는 원인이다.

나. 항문낭은 항문 속으로 분비되며 직장 내에 존재한다.

다. 항문낭을 관리하지 않은 경우 염증이 발생하기도 한다.

라. 항문낭 관리는 주기적으로 관장을 통해 세정한다.

① 가, 나   ② 가, 다

③ 나, 다   ④ 나, 라

⑤ 다, 라

해설 항문낭이란 항문 아래 양쪽에 위치하며 항문낭액을 분비하고 저장하는 작은 주머니다. 항문낭액은 동물이 서로를 식별할 수 있게 하는 고유한 냄새를 갖고 있기 때문에 영역 표시를 위해 분비된다. 또한 단단한 변을 부드럽게 배출하기 위한 윤활제 역할을 하기도 한다.

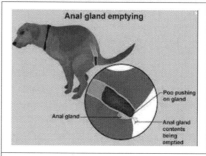

항문낭(anal sac) 또는 항문선(anal gland)

답 ②

56 '식도 내 이물, 위장염, 급성췌장염, 자궁축 농증, 신부전, 파보바이러스 감염증' 등에서 공통으로 발생할 수 있는 증상은?

① 구토   ② 후지 파행

③ 핍뇨　　　　　④ 두부 진전

⑤ 변비

답 ①

57 다음 설명에 부합되는 질환은?

> · 치사율이 매우 높은 질병이다.
>
> · 전염성이 강하며 집단감염이 잘 된다.
>
> · 호흡기, 소화기, 신경계의 증상이 동시 나타나기도 한다.

① 기생충 감염증

② 디스템퍼 감염증

③ 모낭충증

④ 톡소플라즈마 감염증

⑤ 전염성 기관지염

답 ②

58 다음 중 광견병에 감염되지 않는 동물은?

① 너구리　　　　② 이구아나

③ 햄스터　　　　④ 토끼

⑤ 고양이

[해설] 공수병(광견병)은 기본적으로 동물에게서 발생하는 병이다. 야생에서 생활하는 동물이 공수병(광견병) 바이러스를 가지고 있으며 체내에 바이러스가 존재한다. 원숭이에 물려서 바이러스에 감염되는 경우도 있다. 숙주의 범위는 매우 광범위하여 대부분 온혈동물에 감수성이 있으나 그 감수성 정도는 동물마다 다양하게 나타난다. 여우, 늑대, 코요테, 자칼, 솜털 쥐, 너구리, 고양이, 박쥐, 토끼, 소, 햄스터, 스컹크, 흰족제비 등에서는 높은 감수성을 보이며 개, 양, 말, 유인원은 보통의 감수성을 갖는다.

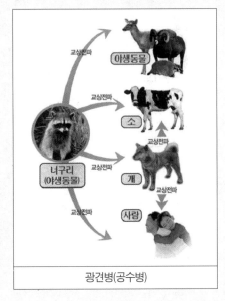

광견병(공수병)

답 ②

59 다음 중 신부전 환자의 간호와 관리에 대한 설명으로 가장 거리가 먼 것은?

① 신부전의 치료에는 수액요법을 실시하는 것이 많기 때문에 수액요법 실시 중에는 환자를 충분히 관찰하며 엄중한 관리를 한다.

② 신부전 환자의 경우 구토가 빈발할 수 있으므로 이를 주지한다.

③ 구토와 설사 등으로 인해 영양 손실이 많으므로 수의사의 지시에 따라 고단백, 고나트륨 식이를 공급한다.

④ 만성 신부전의 경우 다음·다뇨가 인정되는 경우가 많다.

⑤ 음수량과 오줌량을 필히 확인하도록 한다.

답 ③

60 다음 중 체온 저하의 원인이 아닌 것은?

① Shock　　　　② 경련

③ 전신마취 시　　④ 순환기 허탈

⑤ 분만 직전

답 ②

④ 사람이 쓰는 치약을 사용하면 안 된다.

⑤ 반려견 용 치약으로 양치를 한 후 씻어내
　지 않아도 상관이 없다.

답 ②

61 다음 중 빈맥(tachycardia)의 원인으로 추정되지 않는 것은?

① 마취　　　　　② 흥분

③ 통증　　　　　④ 발열

⑤ 공포

해설 일반적으로 심장 박동수의 정상 범위는 분당 60 (또는 50)회에서 100회까지로 정의한다. 부정맥으로 인해 심장 박동수가 분당 100회 이상으로 빨라지는 경우를 빈맥이라 한다.

답 ①

62 개의 암컷과 수컷의 중성화 수술을 통해서 얻을 수 있는 이득이 아닌 것은?

① 체중조절을 하기 쉽다.

② 생식기 질환을 예방할 수 있다.

③ 원치 않는 임신을 막을 수 있다.

④ 암컷에서는 자궁축농증을 예방할 수 있다.

⑤ 수컷에서는 전립선질환을 예방할 수 있다.

답 ①

63 반려견의 치아건강 관리에 대한 내용 중 틀린 것은?

① 유치가 남아있으면 치아와 잇몸에 문제를 일으키므로 발치해 줘야 한다.

② 치석이 끼면 치아에만 문제를 일으키고 잇몸에는 문제를 일으키지 않는다.

③ 주기적인 칫솔질로 치태를 제거해 주어야 한다.

64 다음 중 예방접종으로 예방 가능한 질환이 아닌 것은?

① 코로나바이러스성 장염

② 렙토스피라 감염증

③ 파보바이러스 감염증

④ 개 켄넬코프

⑤ 췌장염

답 ⑤

65 질병의 잠복 기간이란?

① 임상증상이 나타나기 이전까지 기간

② 임상증상을 보이기 이전부터 임상증상이 소실될 때까지의 기간

③ 회복되는 시기

④ 임상증상을 보이기 시작한 때

⑤ 질병의 최고조기간

답 ①

66 개 회충에 관한 설명으로 옳지 않은 것은?

① 개 회충은 태반 감염을 통해 자견에게 감염될 수 있다

② 조건이 좋은 곳에서 다량으로 배출된 개 회충 란은 일주일 이전에 전염력 있게 발육한다.

③ 어린 강아지는 약 7주가 지나면서 개 회충에 대한 면역이 생기기 시작한다.

④ 회충 란은 환경에서 2년까지는 생존하여

남아 있다.

⑤ 개 회충은 사람에게는 감염되지 않는다.

해설

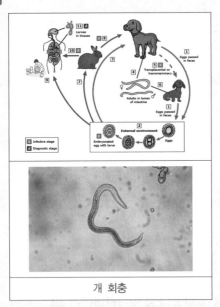

개 회충

답 ⑤

67 다음 중 2차적인 구토 원인은?

① 유문협착
② 자극성 물질 섭식
③ 이물
④ GDV
⑤ 요독증

해설 GDV=Gastric Dilatation Volvulus

답 ⑤

68 Cat flu의 원인체는?

① Coronavirus　　② Calicivirus
③ Rhabdovirus　　④ Parvovirus
⑤ Feline infectious peritonitis

해설 Cat Flu(고양이 플루)는 특이한 코 질환이다. 고

양이 눈병과　　상부호흡기질병이　　다발하여 'CAT-FLU'라 부르기도 한다. 원인의 80% 정도는 feline calicivirus와 feline herpes virus이다.

답 ②

69 동물은 생후 8~9주 령 이전에 예방접종을 실시하지 않는 이유는?

① 모체이행항체가 체내에 남아있어서
② 면역이 예방접종에 반응할 수 있을 만큼 성숙되지 못하므로
③ 예방접종 투여량이 체중에 비해 많아 임상증상을 유발하므로
④ 해당 기간 내에 전염병에 노출될 가능성이 적으므로
⑤ 모유를 통해 전염될 수 있으므로

답 ①

70 사독백신(killed vaccine)에 대한 올바른 설명은?

① 효과적 예방접종을 위해서는 일회 투여량이 필요하다.
② 생독백신(live vaccine)에 비해 지속기간이 짧다.
③ 접종 시 질병을 유발할 수 있다.
④ 모든 백신은 사독백신이다.
⑤ 허약한 환자에게도 비교적 안전하다.

답 ②

71 범백혈구감소증(panleukopenia)이란 무엇인가?

① 호중구의 비정상적인 증가
② 호중구의 비정상적인 감소
③ 정상 이하의 총백혈구수

④ 정상 이하의 혈소판수

⑤ 백혈구의 광범위한 크기감소

답 ③

72 개의 급성췌장염은 췌장 기능의 혼란을 가져온다. 다음 중 속발되는 증상은?

① 외분비췌장기능부전

② 당뇨병

③ 만성췌장염

④ 모두 맞다.

⑤ 모두 틀리다.

답 ④

73 개 파보바이러스는 자견에서 심근세포를 공격하고 성견에서 장상피세포를 파괴하는데, 원인은 무엇인가?

① 모체이행항체(MDA)가 자견의 장상피세포를 보호하므로

② 모견의 항체가 자견의 면역을 유도하므로

③ 어린 자견에서는 바이러스에 노출될 기회를 갖지 못해서

④ 자견에서는 심장 세포가 빠르게 성장하고 성견에서는 장상피세포가 빠르게 분열하므로

⑤ 자견에서는 심장 세포의 성장이 느리게 진행되어 바이러스 공격에 취약하므로

답 ④

74 고양이의 계절성 다발정(seasonally polyestrus)이 뜻하는 것은?

① 다수 난자가 각 발정기에 배란된다.

② 고양이는 발정기 동안 여러 번 발정이 반복된다.

③ 고양이는 일 년 동안 발정기가 여러 번 반복된다.

④ 고양이는 봄과 가을에 발정기를 맞는다.

⑤ 모두 해당된다.

답 ②

75 다음 설명에 해당되는 약제는?

> 가. 혈액의 삼투압과 같은 등장액이다.
>
> 나. 일반적인 수액으로 사용된다.
>
> 다. 정맥주사로 투여되나 피하주사로 투여되기도 한다.

① 생리식염수   ② 포도당액

③ 주사용 증류수   ④ 정제수

⑤ 하트만 액

답 ①

동물보건외과학

- 110문항 -

01 수술환자 간호로 적합한 것은?

> 가. 수술은 가능한 오전에 하는 것이 좋다.
> 나. 수술 뒤 마취가 회복될 때까지 환자 곁에서 지켜본다.
> 다. 응급환자가 아닌 경우는 마취 전 검사가 안전하다.
> 라. 수술 후 수술 부위를 핥지 않도록 주의해야 한다.

① 가, 나, 다   ② 가, 다
③ 나, 라   ④ 라
⑤ 가, 나, 다, 라

답 ⑤

02 다음 수술기구의 이름을 위에서 아래로 순서에 맞게 바르게 기술한 것은?

① retractor - scissor - needle holder - hemostats - forceps
② forceps - scissor - needle holder - hemostats - retractor
③ retractor - scissor - hemostats - needle holder - forceps
④ retractor - scissor - needle holder - forceps - hemostats

⑤ retractor - needle holder - scissor - hemostats - forceps

해설

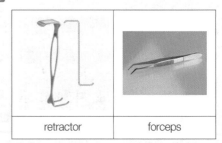

| retractor | forceps |

답 ①

03 마취 환자 간호 관리에 대한 설명으로 바른 것은?

> 가. 동물의 마취는 수술뿐 아니라 보정의 목적으로도 시술될 수 있다.
> 나. 마취된 동물은 의식과 통증이 소실된다.
> 다. 마취된 동물은 체온이 떨어질 수 있으므로 체온관리를 주의한다.
> 라. 마취된 동물은 스스로 호흡할 수 없다.

① 가, 나, 다   ② 가, 다
③ 나, 라   ④ 라
⑤ 가, 나, 다, 라

답 ①

04 다음 포대 순서를 바르게 나열한 것은?

가. 창상부위를 소독한다.

나. 창상부위 이물을 제거한다.

다. 창상표면에 보호용 거즈를 부착한다.

라. 창상보호와 삼출물 흡수를 위해 솜을 댄다.

마. 붕대를 이용하여 감고 모양을 만든다.

① 가, 나, 다, 라, 마
② 가, 다, 나, 라, 마
③ 가, 나, 라, 다, 마
④ 나, 가, 다, 라, 마
⑤ 나, 다, 라, 가, 마

답 ④

05 개방창의 처치 과정을 순서대로 옳게 나열한 것은?

가. 지혈대(tourniquet)

나. 세정(irrigation)

다. 소독(dressing)

라. 포대(bandage)

① 가, 나, 다, 라   ② 가, 다, 나, 라
③ 나, 가, 다, 라   ④ 나, 다, 라, 가
⑤ 나, 가, 다, 라

답 ①

06 다음 수술기구 중 기본외과수술기구(basic surgical pack)가 아닌 것은?

① Hemostats
② needle holders
③ mayo scissors
④ bandage scissors
⑤ tissue forceps

 해설

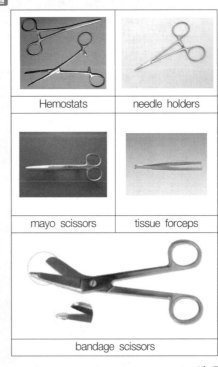

Hemostats	needle holders
mayo scissors	tissue forceps

bandage scissors

답 ④

07 다음 봉합사에 대한 설명 중 틀린 것은?

① nylon은 비흡수성 봉합사이다.
② 봉합사의 굵기 표시에서 3-0가 4-0보다 가늘다.
③ 일반적으로 각침은 피부봉합에 사용된다.
④ 일반적으로 비흡수성 봉합사는 피부봉합에 사용한다.

⑤ 일반적으로 동일한 종류의 봉합사는 4-0 보다 3-0가 강도가 낮다.

해설 봉합바늘은 각침(cutting needle), 환침(round needle) 또는 봉합침(suture needle) 등으로 부르며 혼용하여 부르기도 한다. 각침(cutting needle)은 바늘의 단면이 역삼각형 모양으로 각이 진 것이고, 환침(round needle)은 바늘의 단면이 둥글게 된 바늘이며, 각침은 각이 있어서 날카롭기 때문에 피부와 같이 두껍고 단단한 조직을 봉합할 때에 쓰고, 조직의 손상이 최소화 되어야 하거나 너무 부드럽고 약한 조직을 봉합할 때에는 환침을 쓰게 된다. 복강 내 내장 조직의 봉합이나 피부 내 피하 조직의 봉합에서는 round needle을 쓰는 경우가 많다. cutting needle이 너무 날카로워서 봉합하고자 하는 조직을 오히려 손상시킬 수도 있기 때문이다.

봉합사는 봉합하는 실을 말한다. 봉합사는 봉합 물질(suture materials)이라 해야 하는데 절제된 부위를 꿰맬 때 반드시 실만 이용하는 것이 아니기 때문이다. 철사와 같은 금속류나 테이프 등의 종이류 등도 봉합에 사용되며, 최근에는 '본드 풀'과 같은 것이 사용되기도 한다. 크게 두 종류로 나누자면 흡수사(absorbable suture material)와 비흡수사(non-absorbable suture material)로 나눌 수 있다. 흡수사란 말 그대로 녹아서 몸에 흡수가 되는 실이고, 비흡수사는 녹지 않는 실 종류이다. 흡수사의 종류는 캣걸(Catgut)과 크로믹 캣걸(Chromic Catgut)이 있다. '캣걸'은 소나 양의 장에서 추출한 물질로 실을 만든 것으로 cattle(소나 양 등의 가축) + gut(장)의 준말이다. 최근에는 잘 사용되지 않으며, 여기에 크롬염(chromium salt) 처리를 한 '크로믹 캣걸'이 최근에 많이 사용된다. '플레인 캣걸(Plane Catgut)' 이라고도 한다. 포장지에 숫자를 볼 수 있는데, 이는 실의 굵기를 나타낸다. 숫자가 클수록 가는 실을 의미하며, 1-0가 가장 두꺼우며, 2-0, 3-0 순으로 가늘어진다. 주로 '3-0'나 '4-0' 정도의 굵기를 사용한다.

size increase	USP designation	Collagen diameter (mm)	
	11-0		Sutures used in ophthalmology
	10-0	0.02	
	9-0	0.03	
	8-0	0.05	
	7-0	0.07	
	6-0	0.1	sutures used in general surgery
	5-0	0.15	
	4-0	0.2	
	3-0	0.3	
	2-0	0.35	
	0	0.4	
	1	0.5	
	2	0.6	
	3	0.7	sutures used in orthopaedics
	4	0.8	
	5		
	6		
	7		

봉합사의 굵기

답 ②

---

08 개복 수술 환자의 수술 후 간호에 해당되는 것은?

> 가. 수술 후 24시간 동안 금식
>
> 나. 수술 후 진통제 투여
>
> 다. 배변과 식욕 상태의 관찰
>
> 라. 수술 부위의 부종, 발적, 삼출물의 관찰

① 가, 나, 다   ② 가, 다
③ 나, 라   ④ 라
⑤ 가, 나, 다, 라

답 ⑤

---

09 다음 중 지혈 목적으로 적용하는 방법이 아닌 것은?

① 결찰(ligation)
② 압박법(pressure)

③ 지혈대(tourniquet)

④ 봉합법(suture)

⑤ 세척(lavage)

해설

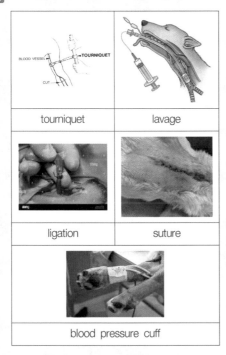

tourniquet	lavage
ligation	suture
blood pressure cuff	

답 ⑤

10 수술부위를 물어뜯는 환자의 관리로 권장되는 간호 방법은?

> 가. E-collar(neck-collar를 채워준다)
>
> 나. stockinette(옷이나 스타키닛을 입힌다)
>
> 다. foul-substance(쓴맛 나는 용액이나 연고를 바른다)
>
> 라. analgesia(진통제를 투여한다)

① 가, 나, 다　　　② 가, 나

③ 다, 라　　　　　④ 라

⑤ 가, 나, 다, 라

해설

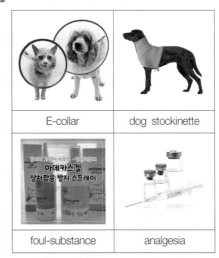

E-collar	dog stockinette
foul-substance	analgesia

답 ①

11 외과수술 준비를 위한 scrub 순서 맞게 기술한 것은?

> 가. 피부의 털을 깎는다.
>
> 나. 비누로 깨끗하게 닦는다.
>
> 다. 베타딘으로 소독한다.
>
> 라. 알콜로 소독한다.

① 가, 나, 다, 라　　② 가, 다, 나, 라

③ 나, 가, 다, 라　　④ 나, 다, 가, 라

⑤ 다, 라, 나, 가

해설 scrub란 외과수술 이전에 해당 부위를 피부의 털을 깍은 다음 북북 문질러 닦고 소독하며 준비하는 과정을 말한다.

답 ①

12 수술을 위한 수술보조자의 준비 원칙으로 맞지 않는 것은?

① 손톱은 짧게 자르고, 반지는 벗되 수술시간의 정확한 측정을 위해 시계는 반드시 착용하도록 한다.
② 수술복으로 갈아입고 모자와 마스크 및 덧신을 착용한다.
③ 손을 일정한 순서에 따라 씻고 소독한다.
④ 멸균된 수술용 장갑을 착용한다.
⑤ 멸균된 수술용 가운을 입는다.

해설 수술 당일 귀중품, 보석, 장신구 등은 모두 착용하지 말아야 한다.

답 ①

13 관절이 생리적 운동범위를 넘어서 강제로 지나친 관절운동을 시킨 결과 관절낭, 인대의 신장, 단열 등의 손상을 일으킨 다음 외력이 사라지고 난 후 관절을 구성하는 골이 정상 위치로 돌아간 상태를 말하는 관절 손상의 종류를 무엇이라 하는가?

① 탈구   ② 아탈구
③ 염좌   ④ 자상
⑤ 열상

해설 염좌(sprain, torn ligament, 삠)는 인대가 늘어나 관절에 부상을 입은 것을 의미한다. 좌상(strain)은 근육이 찢어진 것이다. 염좌는 Sprain이고 좌상은 Strain이다. 염좌는 주로 허리나 무릎 뒷부분의 오금 줄에서 잘 발생한다면 좌상은 무릎, 발목, 손목 등에서 잘 일어난다는 차이가 있다. 주요 증상은 매우 유사하다. 염좌이든 좌상이든 부위를 고정하고 임상적 처치를 해야 한다. 탈구(dislocation) 또는 탈골이란 관절을 형성하는 뼈들이 제자리를 이탈하는 현상을 말하며 인대나 근육에 과도한 압력이 가해졌을 때 발생하게 된다. 아탈구는 관절이 완전히 붕괴되지 않고 관절연골 사이의 접촉이 다소간 남아 있는 상태를 말한다. 자상은 찔린 상처이고 칼 등에 찔린 상처를 자상이라고 하며, 창상이라 하면 베인 상처를 말한다. 열상은 찢긴 상처이며 높은 곳에서

굴러 떨어지다가 바위나 나뭇가지에 찢기거나, 기구 등 날이 여러 개로 된 기구가 사고로 강하게 부딪히거나, 넘어지면서 강하게 쓸리거나 하는데 보통 열상이라는 것은 진피를 넘어 속살이나 뼈가 보일 정도로 심하게 찢어져서 넝마 수준인 상태를 말한다.

답 ③

14 다음은 봉합에 관한 일반적인 설명이다. 맞지 않는 것은?

① 근육의 봉합을 위해 흡수성 봉합사를 준비한다.
② 피부의 봉합을 위해 비흡수성 봉합사를 준비한다.
③ 근육의 봉합을 위해 환침을 준비한다.
④ 내장 절개부의 봉합을 위해 각침을 준비한다.
⑤ 피부의 봉합을 위해 각침을 준비한다.

답 ④

15 수술 중 거즈 스폰지 지혈법에 관한 설명으로 바르지 못한 것은?

① 반드시 멸균된 거즈를 이용한다.
② 마른 거즈보다는 생리식염수 등에 적신 습윤한 거즈가 조직에 대한 자극이 적다.
③ 출혈점에 적용하여 문지르는 것이 지혈에 효과적이다.
④ 복강 깊은 곳에 사용할 경우 봉합사 등을 거즈에 매달아 복강 내에서 소실되는 경우에 대비한다.
⑤ 사용된 거즈 개수는 출혈량 측정에도 지표로 활용될 수 있다.

답 ③

16 수술 후 의식이 없는 환자(개)의 머리를 한 쪽으로 돌려 눕히고 혀를 빼놓는 이유는?

① 마취에서 빨리 깨게 하기 위해
② 분비물(구토 물)의 배출을 용이하게 하기 위해
③ 기침을 하기 위함
④ 심호흡을 용이하게 하기 위함
⑤ 편안을 도모하기 위함

답 ②

17 다음 포대법(bandaging) 중 골절, 개방 염 좌 등에서 환축의 동요를 막아 동통을 감 소시키므로 치유 경과를 양호하게 하기 위 해 시행되는 포대법은?

① 롤(Roll) 포대법
② 복(Clothe) 포대법
③ 고정(Fixation) 포대법
④ 압박(Pressure) 포대법
⑤ 반창(Adhesive) 포대법

답 ③

18 수술준비 중 동물보건사의 역할이 아닌 것 은?

> 가. 동물 상태를 파악하여 수술 여부를 결정 한다.
> 나. 수술 후 드레싱의 판단 여부는 동물 보건사가 결정한다.
> 다. 마취 상태를 모니터링 한다.
> 라. 수술 도중 집도 수의사를 보조 한다.

① 가, 나, 다   ② 가, 나
③ 다, 라   ④ 라

⑤ 가, 나, 다, 라

답 ②

19 주사기에 달려있는 주사침의 두께를 나타 내는 단위는?

① inch   ② mm
③ gauge   ④ ml
⑤ unit

답 ③

20 개 눈과 관련된 질병으로 안구가 아파지면 서 동공이 열린 채로 있는 현상이 발생되 므로 밝은 곳에서는 닫혀야 하는 동공이 열린 채로 있기 때문에 눈의 색깔이 평상 시 보다 녹색 또는 붉은색으로 보이는 질 병은?

① 백내장   ② 녹내장
③ 포도막염   ④ 망막박리
⑤ 체리아이

답 ②

21 다음 그림은 소동물의 사지골 골절 질환에 적용되는 기구이다. 이름은 무엇인가?

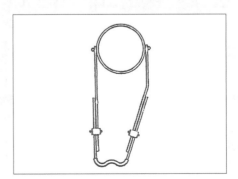

① Osteorrhaphy

② Fullpin splint

③ Thomas splint

④ External fixation

⑤ Internal fixation

> **해설**

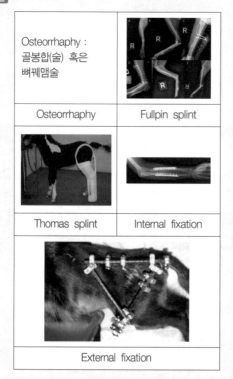

Osteorrhaphy : 골봉합(술) 혹은 뼈꿰맴술	
Osteorrhaphy	Fullpin splint
Thomas splint	Internal fixation
External fixation	

답 ③

22 흥분 상태 또는 사나운 개나 고양이를 다루는 동안 이들이 무는 것을 방지하기 위해서 목에 설치하며, 주로 자상을 방지할 목적으로 사용되는 장치는?

① 로프

② 체인

③ 입마개

④ Elizabethan collar

⑤ Rabies pole

> **해설**

로프	dog chain
입마개	Rabies pole
Elizabethan collar	

답 ④

23 다음 수술 기구 중 혈관을 집는데 사용하며, 집은 후 움직이지 못하게 잠그는 장치가 되어 있어 혈관을 집어 고정시킬 수 있는 것은?

① 붕대겸자　　② 조직겸자

③ 지혈겸자　　④ 헤모클립

⑤ 지침기

> **해설** 붕대감자는 bandage scissors이고, 지혈겸자는 hemostats이며, 조직겸자는 tissue forceps이고, 지침기는 needle holder이며 지혈용클립이 hemoclip이다.

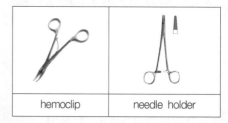

hemoclip	needle holder

답 ③

24 다음 개의 중성화 수술에 대한 장점이 아닌 것은?

① 암컷의 경우 난폭하고 공격적인 성향을 완화할 수 있다.

② 일종의 성적 행위인 사람 다리, 테이블 다리 등에 대고 문지르는 행동을 방지할 수 있다.

③ 각종 고환 및 전립선 질환을 예방하며, 성호르몬 분비 이상에 기인되는 여러 가지 질병도 사전에 예방할 수 있는 이점이 있다.

④ 발정에 따라 수컷들이 모여드는 것도 막을 수 있으며, 아울러 흔히 발생하는 각종 난소 및 자궁질환, 성호르몬 분비 이상에서 기인되는 각종 피부병 및 대사성 질병 발생을 사전에 방지할 수 있다.

⑤ 암컷의 경우 원치 않는 임신을 막고, 발정 시 나타나는 외음부 분비물 분비를 방지하는 효과가 있다.

답 ①

25 큰 개에서 많이 발생되는 고관절 형성부전은 어느 뼈들이 잘 맞물리지 않아 보행이상 등의 증상이 발생되는 질병인가?

① 견갑골과 상완골

② 상완골과 요골

③ 경골과 비골

④ 골반과 대퇴골

⑤ 대퇴골과 슬개골

해설

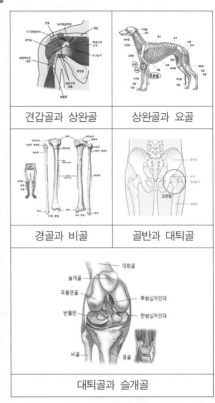

견갑골과 상완골	상완골과 요골
경골과 비골	골반과 대퇴골
대퇴골과 슬개골	

답 ④

26 창상의 치료 단계를 순서대로 바르게 나열한 것은?

① 염증기 - 이물 - 제거기 - 성숙기 - 복구기

② 염증기 - 복구기 - 이물 - 제거기 - 성숙기

③ 염증기 - 이물 - 제거기 - 복구기 - 성숙기

④ 이물 - 제거기 - 염증기 - 복구기 - 성숙기

⑤ 염증기 - 성숙기 - 복구기 - 이물 - 제거기

답 ③

27 수술용 배액관의 관리 중 맞지 않는 것은?

① 상행성 감염을 막기 위하여 가능한 멸균

붕대를 감아준다. 바깥쪽 붕대면이 배액
에 젖지 않도록 갈아주어야 한다.

② 환자가 배액관을 건드리는 것을 방지한다.
자해 예방장치는 필요하지 않다.

③ 배액이 종료될 때까지 가능한 오랫동안
움직이지 않게 한다. 배액관을 설치한 환
자는 입원을 원칙으로 한다.

④ 전형적으로 배액관은 3~5일 정도 유지하
지만 상황에 따라서 달라질 수 있다.

⑤ 수술용 배액관은 수술부위, 체강, 상처부
위로부터 액체를 제거하는 장치를 말한
다.

답 ②

28 다음 중 상처를 가진 환자를 간호할 때 일
반적인 관리원칙을 수립하기 위한 상처간
호의 목표는?

> 가. 상처감염 예방
>
> 나. 배액촉진
>
> 다. 조직치유 증진
>
> 라. 혈관수축

① 가, 나, 다   ② 가, 다
③ 나, 라   ④ 라
⑤ 가, 나, 다, 라

답 ⑤

29 다음 중 치과 기구가 아닌 것은?

① Guillotine   ② Curette
③ Scaler   ④ Prophy angle
⑤ Dental forceps

해설 Guillotine은 단두대를 말함

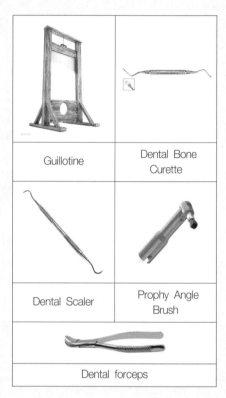

Guillotine	Dental Bone Curette
Dental Scaler	Prophy Angle Brush
Dental forceps	

답 ①

30 개의 유선종양에 대한 설명으로 잘못된 것
은?

① 유선종양은 개 종양의 25%를 차지하고,
암캐에서 발생하는 종양의 약 절반을 차
지한다.

② 난소절제술을 초기에 실시하면 유선종양
의 발생을 줄일 수 있다.

③ 난소자궁 적출 술을 2~3세 이후에 실시했
다면 유선종양을 줄이지 못하며, 유방절
제술과 난소자궁절제술을 같이 실시한 경
우도 생존기간을 늘리지 못한다.

④ 노령 견에서 주로 발생하나, 10세 이상견
에는 특이하게 발생하지 않는다.

⑤ 예후는 단순 양성종양은 좋으나 작고(5cm

보다 작다)주위 조직에 침습했거나 전이
된 악성종양은 예후가 나쁘다.

해설 반려동물의 유선에 발생하는 유선종양은 종양 중
에서도 발생빈도가 높고 악성인 경우도 많다. 주
로 중성화 수술을 하지 않은 노령 암컷 개에게
발생한다. 평균적으로 10세 정도에 나타나지만
그보다 어린 암컷 개에게도 발견된다. 유선종양
이 무서운 이유는 발생했을 때 악성종양인 경우
가 개의 경우 50%, 고양이는 80%가 넘는다. 때
문에 유선종양은 미리미리 체크하고 예방해 줘
야 한다.

답 ④

31 다음 골절 치료 방법 중 수술하지 않는 방
법을 모두 고르시오.

> 가. 골수강 내 핀 고정법
> 나. 석고 붕대법
> 다. 부목 고정법
> 라. 골나사 고정법

① 가, 나, 다　　② 가, 다
③ 나, 다　　④ 라
⑤ 가, 나, 다, 라

해설

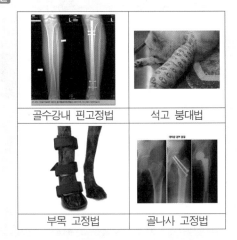

| 골수강내 핀고정법 | 석고 붕대법 |
| 부목 고정법 | 골나사 고정법 |

답 ③

32 안과 검사로 서로 맞는 것 끼리 짝지어진
것을 고르시오.

① 각막형광염색 - 각막의 궤양을 확인하기
위한 검사법이다.

② 우각 검사 - 홍채의 상태를 확인하기 위한
검사 방법이다.

③ 안압 검사 - 안저의 상태를 확인하는 검사
이다

④ 망막전도계 검사 - 결막의 상태를 확인하
는 검사이다

⑤ 간접검안경 검사 - 백내장과 녹내장을 검
사할 수 있는 유일한 검사법이다.

해설 각막형광염색(fluorescein test)은 각막의 궤양을
체크하는 검사이다. 눈의 각막은 투명한 부분이
기 때문에 각막의 궤양이 있어도 육안으로 확인
하기 힘든 경우가 많다. 따라서 Fluorescein 이
라는 형광염색약을 이용하여 각막의 궤양을 체
크해 볼 수 있다. 정상적인 각막은 형광염색되는
부위가 전혀 없어야 하는데 궤양이 존재하면 그
곳에 염색이 되어 확인된다.

'홍채진단법'은 타고난 체질이 어떠한지와 과거
병력뿐 아니라 현재의 건강상태, 심지어 미래에
발병하기 쉬운 질병까지도 눈동자의 홍채에 나
타 있다는 주장이다.

우각경 검사는 각막의 내면과 홍채가 만나는 눈
의 안쪽 모서리를 나타내는 우각을 검사해서 우
각의 형태를 검사한다. 우각경 검사를 통해 급성
녹내장의 위험성을 예측할 수 있다.

안저 검사는 망막이나 망막의 혈관 상태, 시신경
유두 모양 등을 관찰하는 검사이다. 시력 저하
등이 나타나지 않더라도 당뇨병 진단을 받으면
반드시 검사해야 한다.

안압 검사는 안구 내부의 압력을 측정한다. 눈
내부에는 방수라는 액체가 있어 끊임없이 눈의
안과 밖을 움직이면서 눈 조직에 영양을 공급하
고 일정한 압력을 유지한다. 안압의 증가는 녹내
장의 주요 유발 위험인자이다.

망막전위도 검사는 빛 자극을 받은 후 나타나는 각막과 망막의 뒷부분인 후극부 사이의 전위 차이를 기록하는 검사인데 이 검사는 안저 검사를 통해 직접 육안으로 확인하기 어려운 경우에 시행하며, 망막에 위치한 빛을 받아들이는 세포들의 전기생리학적 반응과 기능에 대해 평가할 수 있어 망막 기능을 객관적으로 측정한다.

검안경 검사(Ophthalmoscopy)는 동공을 통해 안구의 내 측면에 해당하는 안저부를 관찰하여 유리체, 시신경유두, 망막, 맥락막 등에 발생한 이상을 확인한다.

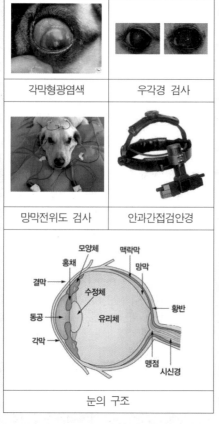

각막형광염색	우각경 검사
망막전위도 검사	안과간접검안경

눈의 구조

답 ①

① 1도   ② 2도
③ 3도   ④ 4도
⑤ 4도 이상

해설 1도 화상은 표피가 살짝 익은 것으로 미세한 물집이 생기거나 피부가 벗겨지는 증상이 나타나고 흉터는 안 생김. 고열의 물체에 아주 잠깐 살짝 닿아서 생기는 경우나 햇빛에 의한 경우가 많음. 2도 화상은 표피 층 뿐만 아니라 진피 층까지 익어서 손상을 입은 것으로 매우 큰 물집은 동반하고 흉터가 질 가능성이 높음. 신경이 살아있어서 매우 큰 작열감과 고통을 느낌.

피부가 올바르게 재생하기 힘들 정도로 손상되어 무조건 흉터를 남김. 심한 작열감과 고통을 느낌. 3도 화상은 피부 전 층이 익어버린 경우로 피부 재생의 가능성이 제로임. 피부 이식 수술만 가능. 신경까지 손상받기 때문에 고통을 느끼기 힘듦. 감각자체가 사라짐. 근육까지 손상받기도 함. 4도 화상은 피부뿐 아니라 근육, 뼈까지 손상 받은 화상이다. 절단 외에는 방법이 없음.

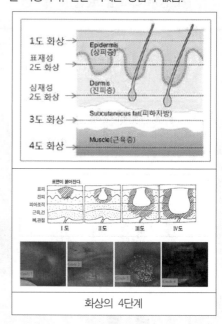

화상의 4단계

답 ②

33 화상의 증상은 일반적으로 4단계로 분류한다. 피부가 빨갛게 부어올라 수포가 생긴 상태는 몇 도 화상에 속하는가?

34 관절을 구성하고 있는 뼈와 뼈가 서로 비정상적으로 분리되는 상태를 무엇이라 하

는가?

① 골절   ② 탈구

③ 괴사   ④ 파행

⑤ 변형

해설 탈구(dislocation) 또는 탈골이란 관절을 형성하는 뼈들이 제자리를 이탈하는 현상을 말하며 인대나 근육에 과도한 압력이 가해졌을 때 발생하게 된다. 아탈구는 관절이 완전히 붕괴되지 않고 관절연골 사이의 접촉이 다소간 남아 있는 상태를 말한다. 파행(claudication)이란 안정 시에는 사지에 통증 또는 불쾌감이 없으나 보행을 시작한 후에 통증, 긴장 등이 나타나며 보행이 불가능하게 되는 상태를 말한다.

답 ②

35 다음 중 포대 교환에 대해 잘못 설명한 것은?

① 포대가 풀어져 효력이 없을 경우 교환

② 창액, 농, 흙 등의 이물이 오염되어 있을 경우 교환

③ 과도한 압박으로 환부에 동통이 발생하였을 경우 교환

④ 혈행 장애가 발생하였을 경우 교환

⑤ 포대를 감은 후 이상이 없을 때는 일반적으로 2주 후에 포대 교환

답 ⑤

36 대부분의 수술 기구와 물건들은 고압 증기 멸균을 실시한다. 고압 증기 멸균의 압력, 온도, 시간 조건은?

① 5kg 압력, 60도, 10분

② 6kg 압력, 70도, 15분

③ 7kg 압력, 80도, 20분

④ 8kg 압력, 100도, 25분

⑤ 9kg 압력, 121도, 30분

해설 고압증기멸균법(autoclave)은 수증기로 인해 내부 압력이 높아지면서 121℃까지 올라가는 시간이 필요하며 121℃가 딱 되는 순간부터 15~20분 동안 멸균이 진행된다. 고압멸균의 압력은 15lb psi의 압력으로 9kg 압력이 된다.

답 ⑤

37 다음 중 비흡수성 봉합사가 아닌 것은?

① 장사(catgut)   ② 금속사(wire)

③ 면사(cotton)   ④ 견사(silk)

⑤ 나일론사(nylon)

해설 봉합사는 봉합하는 실을 말한다. 크게 두 종류로 나누자면 흡수사와 비흡수사로 나눌 수 있다. 흡수성 봉합사(Absorbable sutures)에는 Catgut, PDS(polydioxanone suture), Dexon, Vicryl, Maxon 등이 있다. Catgut에는 plain catgut과 chromic catgut이 있다. plain catgut은 대체적으로 5~10일 내에 장력이 떨어지고 평균 10일간 흡수된다. 작은 혈관을 결찰하고 피하조직의 지방을 봉합하는데 사용된다. chromic catgut보다 염증반응이 크다. chromic catgut은 약 14일 정도 상처를 지지하고 21일까지 장력이 있으며 평균 20일에 완전히 흡수된다. 비흡수사(nonabsorbable suture material)에는 Silk, Nylon, Prolene, Dacron, Wire 등이 있다. Silk에는 Mersilk, Sofsilk, Black silk가 있는데 비흡수성 봉합사로 분류되지만 1년이 지나면 장력은 없어지고 2년 이상 지나면 완전히 없어진다. Wire는 stainless steel로 만들어진 봉합사이다. 면사(cotton)는 봉합사로 쓰지 않는다.

답 ①

38 다음 설명 중 바르지 않은 것은?

① 정맥 주사 후 주사 부위를 문질러 지혈 시킨다.

② 근육 주사를 할 때 약물을 주입 전 주사기

plunger를 후퇴시켜 본다.

③ 피하 주사 후 주사 부위를 문질러 준다.

④ 복강 주사 시 개와 고양이의 복강은 상당히 많은 양의 액상 물질을 주입할 수 있다.

⑤ 피내 반응 검사를 위한 피내 주사 시 검사 부위를 비누나 소독제를 사용하여 소독한다.

해설

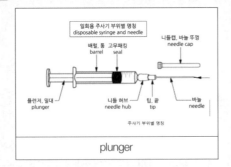

plunger

답 ①

39 개의 발톱 미용술(발톱 절단)시 사용할 수 있는 지혈제나 지혈 방법은?

가. 질산은	나. 전기 소작
다. 헤파린	라. 아황산제이철

① 가, 나　　　　② 가, 다
③ 가, 라　　　　④ 나, 라
⑤ 다, 라

해설 지혈제란 혈액응고계를 촉진하거나 섬유소용해제를 억제해서 출혈을 저지하는 약물이다. 전신적으로 투여되는 지혈제로는 혈액응고인자제제, 혈관강화제, 비타민 K 등이 있다. 국소적으로 작용하는 것에는 혈관수축제, 물리적응고 촉진제, 혈액응고인자제제 가운데 트롬빈, 섬유소 등이 있다.
질산은(silver nitrate)은 $AgNO_3$이다. 단백질 응고

작용이 있어 피부 등을 부식시킨다. 극약으로 치사량 10g이다.
황산제이철(ferric sulfite, Ferrisulfit)은 $Fe_2(SO_3)_3$이다. 황산제1철은 철분이 모든 생명체에 필요한 요소이기 때문에 많은 생물학적 기능에 필수적이다.
황산제1철은 혈액 결핍의 치료에 보충제 역할을 하고, 주로 빈혈 치료에 사용된다. 또한 출혈이나 항응고제, 특히 외과 수술 중에 사용된다.
헤파린(Heparin)은 혈액응고를 막는 성질이 강한 물질이다. 1922년에 발견된 물질로, 간이나 폐 등에 있다. 혈액의 응고를 방지하거나 혈전을 방지하는 데 사용된다.

답 ③

40 개와 고양이에서 일회에 채혈할 수 있는 최대 채혈량은 몸 전체의 순환 혈액량의 몇 %인가?

① 5%　　　　　② 10%
③ 25%　　　　　④ 50%
⑤ 75%

답 ③

41 다음 중 개의 근육 주사 부위로 적당한 부위를 모두 고르시오?

가. 전지의 삼두완근
나. 요부의 요배근
다. 후지의 슬건 부위의 근육
라. 후지의 대퇴사두근 앞쪽

① 가, 나, 다　　　② 가, 다, 라
③ 가, 나, 라　　　④ 나, 다, 라
⑤ 가, 나, 다, 라

해설 전지의 삼두완근은 앞다리의 상완세갈래근이며,

요부의 요배근은 등쪽의 등최장근이고, 후지의 슬건 부위의 근육은 뒷다리의 대퇴두갈래근 즉, 슬와건이며, 후지의 대퇴사두근은 뒷다리의 대퇴 네갈래근이다.

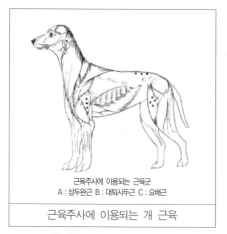

근육주사에 이용되는 근육군
A : 삼두완근 B : 대퇴사두근 C : 요배근

근육주사에 이용되는 개 근육

답 ③

42 개에서 채혈을 하는데 주로 이용되는 혈관이 아닌 것은?

① 경정맥
② 요측피 정맥
③ 이정맥
④ 외측복재정맥
⑤ 대퇴정맥

해설 동물에 있어서 정맥주사(Intravenous Injection, IV)는 많은 용량의 약제를 주입할 필요나 자극성이 심한 약제를 주사할 필요가 있을 때 사용되는 방법으로 세균 감염이 되지 않도록 조심해야 한다. 대부분의 약제는 피하주사, 근육주사, 정맥 주사 방법에 의한 약효에 큰 차이는 없으며 다만 흡수 시간에 5~20분 정도의 차이가 있을 뿐이다. 따라서 숙달되지 않은 상태에서 정맥주사는 위험성을 감안하여 사용하지 않는 것이 현명하다. 환축의 비만도, 탈수정도, 투여용량 및 예측되는 투여 회수 등을 참고하여 경정맥 (jugular vein), 요측피정맥(cephalical vein), 외측 복재정맥(lateral saphenous vein), 대퇴정맥 (femoral vein) 중 시술자가 가장 용이하다고 생각되는 주사부위를 결정한다. 경정맥을 노장시키기 위하여 정맥을 압박하는 부위는 시술자의 편

리에 따라 지정할 수 있으나 경정맥의 노장은 흉골과 상완골두 사이에서 두측, 대퇴정맥은 대퇴골의 상위 1/3 지점을 시술자 혹은 보조자가 손으로 압박하여 혈관을 노장 시키는 것이 좋다. 또한 요측피정맥은 완관절의 직상부, 상완골의 원위부, 외측복재정맥은 슬관절의 직상부, 대퇴골의 원위부에 보조자가 손으로 압박하여 정맥을 노장 시킨다(그림참조). 보조자가 없는 경우에는 정맥을 노장시키는 수단으로 고무나 끈을 이용할 수 있다. 고무나 끈을 이용할 경우에는 정맥천자 후 쉽게 제거할 수 있도록 매듭을 형성하거나 겸자로 고정한다. 또한 필요하다면 제모를 하도록 한다.

한편, 미정맥은 마우스(mouse)와 랫드(rat)와 같은 실험동물 채혈에서 이용된다. 일반적으로 마우스나 래트의 부분 채혈 시 미단 절단에 따른 미동정맥 채혈법과 안와정맥총 천자법이 이용된다. 하지만 실험동물이라도 중동물에서는 정맥천자 채혈법이 일반적으로 행해진다. 생리적 동요를 미치지 않는 최대 채혈량은 전혈량의 10%이다.

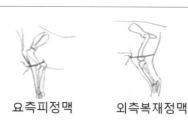

요측피정맥   외측복재정맥

개 채혈할 때 이용되는 혈관

꼬리정맥 (tail vein) 채혈

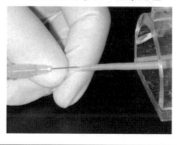

마우스(mouse)와 랫드(rat) 같은 실험동물 채혈할 때 이용되는 혈관인 이정맥(tail vein)

답 ③

43 알코올을 사용하여 소독제를 제조하려 한다. 소독력이 가장 우수하여 주로 사용되는 알코올 소독제는 몇 %인가?

① 10% ② 20%
③ 30% ④ 70%
⑤ 99%

답 ④

44 수의 임상에서 국소 마취제로 주로 사용되는 것은?

① 케타민 ② 리도카인
③ 헤파린 ④ Povidone-Iodine
⑤ Ivermectin

해설 케타민(ketamine)은 마취제의 한 종류로 전신 마취제로 분류되며 의학적 용도로는 수술을 위한 마취 유도, 통증의 경감에 이용된다. 환각과 혼란으로 인해 마약으로 악용될 우려가 존재한다. 포비돈 아이오딘(Povidone-Iodine)은 아이오딘의 산화력으로 소독효과를 발휘하며 광범위한 효과와 강력한 살균력으로 실질적으로는 머큐로크롬이 사용중지가 되기 시작한 이후 소독약계의 만병통치약으로 군림하고 있다.
리도카인(lidocaine)은 국소 마취제이자 항부정맥제이다.
이버멕틴(Ivermectin)은 심장사상충 예방과 특정 내부 및 외부 기생충 치료용으로 승인된 항 기생충 제제이다.

답 ②

45 안검이 안쪽으로 말려 들어가는 선천적 질환은?

① 안검내반(entropion)
② 안검외반(ectropion)
③ 첩모중생(districhiasis)
④ 첩모난생(trichiasis)
⑤ 이소첩모(ectopic cilia)

해설 안검내반(entropion)은 눈꺼풀이 안으로 말려서 (내반) 눈썹이 안구를 마찰하는 증상이고, 안검외반(ectopion)은 눈꺼풀이 밖으로 뒤집어져서 (외반) 눈꺼풀 가장자리가 안구에 닿지 않는 증상이며, 첩모중생(distichiasis)은 개구부에서 비정상적으로 눈썹이 난 경우이고, 이소성속눈썹(ectopic cilia)은 눈꺼풀의 안쪽 결막을 통해서 눈썹이 빠져나온 경우이며, 첩모난생(trichiasis)는 정상적으로 나야하는 위치에서 눈썹이 나긴 했는데 그 방향이 잘못된 경우이다.

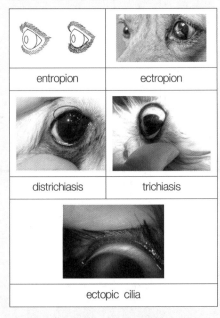

entropion	ectropion
districhiasis	trichiasis
ectopic cilia	

답 ①

46 점막의 색은 동물의 전신 건강 상태를 알수 있는 좋은 항목이다. 다음 연결 중 잘못된 것은?

① 정상 - 핑크색
② 창백 - 빈혈
③ 청색 - 쇼크
④ 황색 - 간담관의 이상
⑤ 점상출혈 - 혈소판 이상

해설 점막 색으로 동물의 건강 상태를 알 수 있는데, 점막이 창백하거나 흰색을 띄고 있다면 빈혈 혹은 쇼크 상태인 경우이고, 점막이 푸른색일 경우 산소가 결핍된 상황이거나 호흡곤란이 일어난 경우이며, 점막 색이 평소와 같이 선홍빛이 아니라면 간단한 확인 후 병원으로 빨리 데려가야 한다. 점막의 색깔이 황갈색이면 간이나 담관의 이상을 의심할 수 있고, 점막에 점상출혈이 있다면 당연히 혈소판 이상이라고 생각할 수 있다.

답 ③

47 모세혈관 재 충만 시간(capillary refill time; CRT)은 잇몸 등 색소침착이 없는 점막을 잠시 눌렀다 떼어, 그 부위의 색깔이 회복되는 데 걸리는 시간을 측정하는 것이다. 정상치는 얼마인가?

① 1~2초
② 3~4초
③ 5~6초
④ 7~8초
⑤ 9~10초

해설

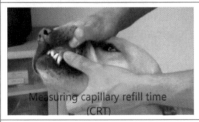

capillary refill time; CRT

답 ①

48 다음은 수술 중 발생할 수 있는 문제와 그 해결을 설명한 것이다. 잘못된 것은?

① 모든 증례에 있어 수술과 마취로 인해 잘못된 결과를 초래할 수 있다.
② 호흡마비나 심장마비는 마취와 연관이 있을 수 있다.
③ 조직의 오염은 이미 감염된 조직을 절개하는 경우 생기며, 고장성 용액으로 세척하는 것이 좋다.
④ 수술시 혈액 손실은 불가피하다. 해부학적 지식과 신중한 조작으로 손실 량을 최소화할 수 있다.
⑤ 마취된 동물은 대사율의 감소, 항상성 기능의 상실로 체온이 떨어질 수 있으므로, 수술 중 따뜻한 수액을 사용한다.

답 ③

49 다음 각막궤양과 관련된 사항 중 올바른 것은?

> 가. 형광염색검사는 궤양의 진단 및 치유상황을 관찰하는 데 중요하다.
> 나. 항생제와 스테로이드가 들어 있는 안약이나 연고를 사용한다.
> 다. 궤양은 주로 바이러스에 의해서 생긴다.
> 라. 궤양의 상태에 따라 수술이 필요할 수 있다.
> 마. 건성각결막염이 걸리지 않게 예방해야 한다.

① 가, 나, 다
② 가, 다, 라
③ 가, 라, 마
④ 나, 다, 라
⑤ 나, 라, 마

해설 각막 궤양은 각막 즉, 홍채와 동공 앞쪽의 투명층의 개방성 궤양을 야기하는 눈 감염으로 부상, 장애, 약물, 영양 결핍이 유발할 수 있으며, 통증, 이물감, 충혈, 찢어짐, 빛 과민성이 흔한 증상이다. 세균이나 바이러스, 진균 감염에 의해 염증이 발생한다.

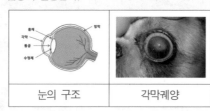

| 눈의 구조 | 각막궤양 |

답 ③

50 다음은 거세술에 대한 적응증(지시)이다. 잘못된 것은?

① 성적행동 및 우세행동 방지
② 항문주위 선암의 치료 및 예방
③ 전립선 질환의 치료 및 예방
④ 잠복고환
⑤ 배꼽 허니아

답 ⑤

51 다음은 제왕절개술로 분만한 신생아를 간호하는 절차이다. 올바르지 않은 것은?

① 호흡을 자극하기 위해 신생아를 강하게 문질러 주고 젖은 태아를 말린다.
② 바이탈 사인(vital sign)을 체크한다.
③ 호흡이 없거나 약한 신생아는 호흡촉진제를 혀밑에 몇 방울 뿌려준다.
④ 기도가 확보되어 있는지 확인하고 오염물질이 있으면 제거한다.
⑤ 과도한 점액은 폐로 들어갈 수 있으므로 머리를 위로 향하게 한다.

답 ⑤

52 다음 치과질환 중에서 증상과 치료법이 잘못된 것은?

① 치은염은 잇몸의 염증이며, 주로 치아주위에 생기는 가장 많은 치아관련 질환으로, 치아에 치석이 축적되고 감염된다.
② 치은치주염은 치은염의 진행 단계로, 잇몸선에 진행되어 치아주위에 주머니를 형성한다.
③ 우식은 치아 성분에서 세균에 의해 광물성분이 제거되고 치아가 파괴되는 것이다.
④ 치관골절은 외상으로 인해 송곳니에서 호발 한다.
⑤ 남아 있는 젖니는 송곳니가 가장 많은데, 영구치가 나오면서 자연적으로 발치되므로 12개월 령까지는 그대로 둔다.

해설

| 유치 |

젖니(milk tooth)는 젖먹이 때 나서 아직 영구치가 나지 않은 이를 말하며 유치 또는 탈락치라고도 하고, 뒤에 나는 치아를 영구치라 한다. 젖먹이 시절에 난다하여 젖니라고 한다. 강아지들은 보통 28개의 유치를 가지게 된다. 강아지의 유치는 보통 생후 3~6주에 앞니부터 나기 시작하며 생후 12~16주가 되면 빠지기 시작하고 약 30주 령이 되면 모든 유치가 영구치로 대체된다.

답 ⑤

53 골절 시 cast의 적용을 바르게 설명한 것은?

가. 부분적인 골절에서 지지를 위해 사용한다.

나. 사지의 cast를 적용할 때 가운데 발가락 2개만 노출시켜 체중지지를 하도록 한다.

다. 발등에서 cast를 마치는 것은 말초순환에 장애를 주기 때문에 위험하다.

라. 일반적으로 cast는 적어도 골절부위의 근위 쪽에 있는 한 관절과 원위 쪽의 한 관절을 안정적이게 해야 한다.

① 가   ② 가, 나

③ 가, 나, 다   ④ 가, 다, 라

⑤ 가, 나, 다, 라

해설

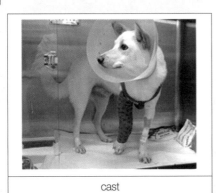

cast

답 ⑤

54 개에서 채혈을 하는 데 주로 이용되는 혈관이 아닌 것은?

① 목정맥   ② 요골쪽피부정맥

③ 귀정맥   ④ 외측복재정맥

⑤ 대퇴정맥

해설 동물에 있어서 정맥주사(Intravenous Injection, IV)는 경정맥(jugular vein), 요측피정맥(cephalical vein), 외측복재정맥(lateral saphenous vein), 대퇴정맥(femoral vein) 중 시술자가 가장 용이하다고 생각되는 주사부위를 결정한다.

답 ③

55 다음 중 개의 근육주사 부위로 적당한 부위를 모두 고른 것은?

가. 앞다리의 상완세갈래근(삼두완근)

나. 등쪽의 등최장근(요배근)

다. 뒷다리의 대퇴두갈래근(슬와건)

라. 뒷다리의 대퇴네갈래근
(대퇴사두근)

① 가, 나, 다   ② 가, 다, 라

③ 가, 나, 라   ④ 나, 다, 라

⑤ 가, 나, 다, 라

해설

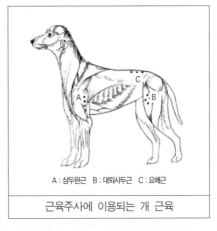

A : 삼두완근   B : 대퇴사두근   C : 요배근

근육주사에 이용되는 개 근육

답 ③

56 수술 전 환자의 준비로서 잘못된 것은?

① 일반적으로 수술 전 12시간 절식시킨다.

② 수술 전에 배뇨, 배변을 시켜야 한다.

③ 피부에 오염물을 제거하기 위해 수술부위를 씻어주고 말려 준다.

④ 제모는 수술실에서 하고, 마취 위험이 높은 환자는 마취 유도 전에 제모할 수 있다.

⑤ 수술보정 시 피부오염이 발생하므로 수술 직전에 수술실에서 이차적인 세척을 해야 한다.

해설 전통적으로 시행해온 면도기를 이용한 제모는 수술부위에 미세한 상처를 발생시켜 창상 감염의 위험을 높이게 되므로 제모가 필요한 경우에는 면도기가 아닌 clipper(전자가위)나 제모크림을 사용하여야 한다. 마취 위험이 높은 환자는 제모에 주의한다.

답 ④

57 단두종의 개(시추, 페키니즈, 퍼그 종)에서 주로 문제되는 것이 아닌 것은?

① 비공협착

② 연구개노장

③ 코 주름이 심하게 형성된다.

④ 코골이와 호흡곤란

⑤ 구순열

해설 시추, 치와와, 불독 등 단두종 반려견과 페르시안, 브리티쉬 숏헤어 등 단두종 반려묘에 대한 비행기 탑승이 금지되는 경우가 있다. '반려동물 규정'을 변경해 단두종 반려동물의 수하물 위탁 운송을 제한하기도 한다.

단두종 반려동물이란 머리의 앞뒤가 납작하게 눌린 모양새의 반려견과 반려묘를 뜻한다. 단두종에 속하는 대표적인 반려견 견종으로는 시추, 치와와, 불독, 차우차우, 페키니즈, 퍼그 등이 있다. 또 단두종에 속하는 대표적인 반려묘 묘종으로는 페르시안, 히말라얀, 엑조틱, 버미스 등이 있다.

호흡기가 상대적으로 취약한 단두종 반려동물의 운송 중 발생할 수 있는 사고를 미연에 방지하기 위해 운송규정을 강화하고 있다.

답 ⑤

58 자궁축농증에 대한 설명으로 잘못된 것은?

① 자궁 내에 화농성 물질이 축적되는 질병이다.

② 발정 후에 호발한다.

③ 자궁축농증은 개방형과 폐쇄형으로 구분된다.

④ 자궁축농증을 보이는 개에서 저혈당증, 신기능부전, 간기능부전, 빈혈, 심부정맥, 응고장애 소견을 보인다.

⑤ 자궁축농증의 확진은 혈구검사만으로 가능하므로 영상진단은 필요하지 않다.

해설 자궁축농증의 진단은 임상 증상, 신체검사, 임상병리, 방사선 검사(X-RAY), 초음파 검사 등으로 한다. 자궁축농증 치료는 내과 치료 또는 난소 자궁적출술을 실시한다.

답 ⑤

59 골절수술 후의 보호자 교육에 대한 설명으로 잘못된 것은?

① 수술 후 4~6주면 유합이 되지만 개체에 따라서 늦어질 수도 있다.

② 수술 후 운동을 제한시켜야 한다.

③ 부목이 틈새에 끼지 않도록 주의한다.

④ 필요에 따라 수술에 사용된 핀이나 플레이트를 제거해야 한다.

⑤ 골절부의 완전유합 후에도 그 부위가 약하므로 외부 고정은 계속해 두어야 한다.

답 ⑤

60 교통사고로 외상을 입은 환자가 병원에 입원했을 때 동물보건사가 체온, 호흡수, 맥박, 혈압 등의 활력징후를 측정하는 중요

한 이유는?

① 현재의 기분상태를 알 수 있다.
② 외상의 깊이를 확인할 수 있다.
③ 통증의 강도를 확인할 수 있다.
④ 심장과 폐의 상태를 알 수 있다.
⑤ 척추의 손상여부를 확인할 수 있다.

답 ④

61 다음 중 수술 중 합병증으로 맞는 것은?

가. 세균감염	나. 순환장애
다. 저체온증	라. 호흡장애

① 가, 나, 다   ② 나, 라
③ 가, 나, 다   ④ 나, 다, 라
⑤ 가, 나, 다, 라

답 ⑤

62 동물의 마취 전 수술자가 점검해야 할 사항이 아닌 것은?

가. 수술 전 환자평가로 전신적인 건강 상태를 확인한다.
나. 수술 전 24시간 동안 사료를 급여하여 마취에 대한 체력 보강을 확인한다.
다. 알러지나 약제에 대한 과민반응을 조사한다.
라. 동물의 번식상태(임신, 발정 유무)를 확인한다.

① 가, 나, 다   ② 가, 다
③ 나, 라   ④ 나
⑤ 나, 다, 라

답 ④

63 외상에 의한 손상 조직의 회복 시 육아조직이 형성되는데, 상태에 따라서 건강육아와 병적육아로 구분할 수 있다. 다음 중 병적육아로 구분되는 것은 어느 것인가?

가. 분비물이 적다.
나. 표면과립상이 선홍색을 띤다.
다. 혈관이 풍부하고 출혈하기 쉽다.
라. 표면이 고르지 않다.
마. 육아부위가 부종성이며 긴장성이 적고 고열 시 건조성을 나타낸다.

① 가   ② 가, 나
③ 가, 라   ④ 다, 라, 마
⑤ 라, 마

답 ⑤

64 다음 중 수술환자의 간호력에 포함되어야 할 내용으로 조합된 것은?

가. 과거 수술경험
나. 환자의 나이와 현재 건상상태
다. 환자가 일상적으로 사용하던 약물
라. 보호자의 동의

① 가, 나   ② 가, 나, 라
③ 가, 다, 라   ④ 나, 다, 라
⑤ 가, 나, 다, 라

답 ⑤

65 수술직후 발생할 수 있는 문제를 예방하기 위한 간호중재로 바른 것은?

> 가. 분비물과 구토물의 흡인을 방지하기 위하여 환자의 머리를 옆으로 돌린다.
> 나. 활력징후를 15분마다 측정하여 순환장애를 확인한다.
> 다. 환기를 증진시키기 위해 산소를 투여한다.
> 라. 수술 부위의 출혈을 관찰한다.

① 가, 나, 다 ② 가, 나
③ 나, 라 ④ 라
⑤ 가, 나, 다, 라

답 ⑤

66 다음 중 수술실 전문인력 중 동물보건사의 역할을 모두 선택한 것은?

> 가. Suction기, electrosurgical unit, 발판 등이 제 위치에 있는지 확인하고 기능의 작동 여부도 시험해 본다.
> 나. 수술 과정을 명확히 알고 있어야 한다.
> 다. 무영등 및 각종 보조 등을 시험해 보며 필요한 부위에 초점을 맞추어 준다.
> 라. 수술 체위의 유지를 도와주며 각 수술에 필요한 수술 체위와 침대 및 부속물의 사용법을 알아야 한다.

① 가, 나, 다 ② 가, 다, 라
③ 가, 나, 라 ④ 나, 다, 라
⑤ 가, 나, 다, 라

답 ⑤

67 3세의 요크셔테리어가 골반골절의 진단을 받고 수술을 받았다. 수술 후 첫날 새벽 동물보건사가 관찰할 때 환자가 허리를 구부리고 신음소리를 내며 고통스러워하고 있었다. 이는 어떤 상태를 의미하는가?

① 감염 ② 불안
③ 통증 ④ 저체온
⑤ 체액과다

답 ③

68 수술부위를 봉합할 때 사용되는 수술 바늘은 크게 각침(cutting needle)과 환침(round needle)의 2가지로 구분하는데, 다음 중 각침에 대한 설명을 모두 고른 것은?

> 가. 피부봉합에 주로 사용된다.
> 나. 내장 장기나 근육봉합에 주로 사용된다.
> 다. 바늘 끝에 각이 져 있어 단단한 조직에 사용한다.
> 라. 바늘 끝이 둥글면서 예리하고 부드러워 손상받기 쉬운 장기의 봉합에 사용한다.

① 가, 나 ② 가, 다
③ 나, 다 ④ 나, 라
⑤ 가, 다, 라

답 ②

69 다음 중 멸균 상태가 유지되고 있는 것은?

가. 멸균된 수술 가운을 입고 멸균 수술
　　포를 편다.

나. 멸균된 수술포를 멸균 장갑을 가지
　　고 편다.

다. 멸균 장갑을 끼고 있는 손으로 멸균
　　된 수술도구를 집는다.

라. 멸균 마스크를 쓰고 있는 얼굴을 멸
　　균 장갑으로 만진다.

① 가, 나　　　　　② 나, 다
③ 가, 나, 다　　　④ 가, 다, 라
⑤ 나, 다, 라

답 ③

70 염증의 국소 4대 증상은 무엇인가?

① 발적, 부종, 유열, 고열
② 발적, 발열, 동통, 기능장애
③ 열감. 부종. 발적, 동통
④ 발적, 기능장애, 삼출물, 동통
⑤ 발적, 삼출물, 부종, 괴사

답 ②

71 다음 중 개에서 난소자궁절제술
(ovariohysterectomy)의 적용 목적으로 맞
지 않는 것은?

① 원하지 않는 임신 예방
② 발정기에 발생하는 출혈 예방
③ 성성숙기 이전에 실시하여 유방암 예방
　　효과
④ 자궁 관련 질환 예방
⑤ 비만 방지 효과

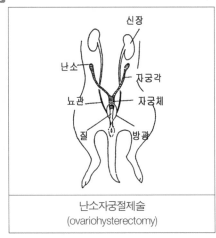

해설

난소자궁절제술
(ovariohysterectomy)

답 ⑤

72 수술 후 퇴원하는 보호자에게 해당되는 교
육 내용에 속하는 것은?

가. 수술 환자가 구토를 반복할 경우 즉
　　시 병원에 연락해야 한다.

나. 마취 회복 후 심하게 불안정한 상태
　　를 보이면 즉각 병원에 연락해야 한
　　다.

다. 출혈이나 분비물이 계속 되면 즉시
　　병원에 연락해야 한다.

라. 식욕이 24시간 이내에 돌아오지 않
　　으면 병원에 연락해야 한다.

마. 수술부위가 벌어지면 즉시 내원해
　　야 한다.

① 가, 나, 다　　　② 가, 라, 마
③ 가, 나, 마　　　④ 가, 나, 다, 라
⑤ 가, 나, 다, 라, 마

답 ⑤

73 다음 그림은 어떤 용도의 수술 도구인가?

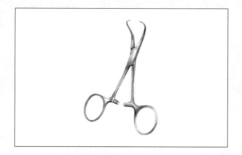

① 수술포를 고정한다.
② 출혈점을 지혈한다.
③ 연부조직을 집는다.
④ 경부조직을 집는다.
⑤ 괴사조직에 구멍을 낸다.

답 ①

74 다음 중 창상치유 과정을 방해하는 요인들은?

> 가. 혈액공급(blood supply)의 감소
> 나. 사강(dead space)
> 다. 이물(foreign material)
> 라. 출혈(bleeding)
> 마. 감염(infection)
> 바. 괴사조직(necrotic tissue)

① 가, 나, 다, 라, 마, 바
② 가, 나, 다, 라
③ 나, 다, 라, 마
④ 나, 다, 마, 바
⑤ 다, 라, 마, 바

답 ①

75 다음 중 지혈 목적으로 적용하는 방법이 아닌 것은?

① 결찰(ligation)
② 압박법(pressure)
③ 지혈대(tourniquet)
④ 봉합법(suture)
⑤ 세척(lavage)

답 ⑤

76 다음 중 쇼크(shock)가 발생했을 때 공통적으로 나타나는 증상으로 틀린 것은?

① 느린 맥박
② 차고 창백한 점막
③ 건조하고 위축된 혀
④ 호흡수의 증가 혹은 호흡 촉박
⑤ 체온의 저하와 체표면 온도의 하락

해설 쇼크(shock)가 발생했을 때 맥박은 빨라진다.

답 ①

77 다음 중 마취 상태 악화로 인한 응급상황 발생 시에 준비할 수 있는 약물로 틀린 것은?

① 에피네프린 ② 아트로핀
③ 케타민   ④ 도파민
⑤ 독사프람

해설 · 에피네프린(epinephrine)은 심정지 환자에게 투여하는 1차 치료제로, 혈관을 수축시켜 혈압 저하를 막고 기관지 확장 작용으로 호흡곤란을 완화시킨다. 교감신경의 자극에 의해 부신 수질(adrenal medulla)에서 분비되는 호르몬이다. 아드레날린(adrenaline)으로도 불린다.
· 아트로핀(atropine)은 부교감신경 차단제 계열의 약제로 수술 전 점막에서 침과 같은 점액 분비를 감소시키기 위해 투여된다. 또한 수술

도중에는 심장의 박동을 정상적으로 유지시키기 위해 사용한다.
- 케타민(ketamine)은 마취제의 한 종류이다. 전신 마취제로 분류되며 의학적 용도로는 수술을 위한 마취 유도, 통증의 경감에 이용된다. 환각과 혼란으로 인해 마약으로 악용될 우려가 존재한다.
- 도파민(dopamine)은 시상 하부에서 분비되는 신경호르몬이다. 도파민은 심장 박동수와 혈압을 증가시키는 효과를 나타내어 교감신경계에 작용하는 정맥주사 약물로서 사용할 수 있다.
- 독사프람(doxapram)은 경동맥동의 화학 수용체를 자극하고 뇌간의 호흡 중추를 흥분시키는 호흡 촉진 약물이다. 마취 후 약물 유발성 호흡 억제나 무호흡 상태에 있는 환자의 호흡을 촉진하기 위하여 사용한다.

답 ③

78 다음 비타민 중에서 혈액응고를 형성하므로 창상을 치유하는 데 사용되는 것은?

① 비타민 A
② 비타민 B
③ 비타민 C
④ 비타민 E
⑤ 비타민 K

답 ⑤

79 다음 치과질환 중에서 증상과 치료법이 잘못된 것은?

① 치은염은 잇몸의 염증이며, 주로 치아주위에 생기는 가장 많은 치아관련 질환으로, 치아에 치석이 축적되고 감염된다.
② 치은치주염은 치은염의 진행단계로, 잇몸선에 진행되어 치아주위 주머니를 형성한다.
③ 유치 잔존은 어금니가 가장 많은데, 6개월령까지 빠지지 않으면 발치해야 한다.
④ 우식은 치아 성분에서 세균에 의해 광물

성분이 제거되고 치아가 파괴되는 것이다.
⑤ 치관 골절은 외상으로 인해 송곳니에서 호발한다.

해설 강아지들은 보통 28개의 유치를 가지게 된다. 강아지의 유치는 보통 생후 3~6주에 앞니부터 나기 시작하며 생후 12~16주가 되면 빠지기 시작하고 약 30주 령이 되면 모든 유치가 영구치로 대체된다.

답 ③

80 다음 중 쇼크(shock)가 발생했을 때 공통적으로 나타나는 증상으로 틀린 것은?

① 빠른 맥박
② 차고 창백한 점막
③ 건조하고 위축된 혀
④ 호흡수 저하
⑤ 체온의 저하와 체표면 온도의 하락

해설 쇼크(shock)가 발생했을 때 호흡수는 증가한다.

답 ④

81 흥분 상태 또는 사나운 개나 고양이를 다루는 동안 이들이 무는 것을 방지하기 위해서 목에 설치하며, 주로 자상을 방지할 목적으로 사용되는 장치는?

① 로프
② 체인
③ 입마개
④ Rabies pole
⑤ Elizabethan collar

답 ⑤

82 다음은 수술 중 발생할 수 있는 문제와 그 해결을 설명한 것이다. 잘못된 것은?

① 모든 증례에 있어 수술과 마취로 인해 잘 못된 결과를 초래할 수 있다.

② 호흡마비나 심장마비는 마취와 연관이 있 을 수 있다.

③ 조직의 오염은 이미 감염된 조직을 절개 하는 경우 생기며, 고장성 용액으로 세척 하는 것이 좋다.

④ 수술시 혈액 손실은 불가피하다. 해부학 적 지식과 신중한 조작으로 손실량을 최 소화할 수 있다.

⑤ 마취된 동물은 대사율의 감소, 항상성 기 능의 상실로 체온이 떨어질 수 있으므로, 수술 중 따뜻한 수액을 사용한다.

답 ③

83 백내장(cataract)은 눈의 어느 부분에 문제 가 있는 것인가?

① 안방수　　　　② 각막
③ 수정체　　　　④ 망막
⑤ 초자체

해설

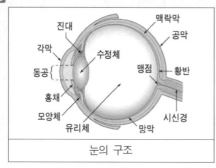

눈의 구조

답 ③

84 배액관(drain)을 사용하는 상황은?

① 2차 유합으로 치유하려는 얕은 상처

② 방광절개술

③ 조직에 있는 사강(죽은공간)을 제거하려 는 깊은 상처

④ 1차 유합으로 치유하려는 작은 수술상처

⑤ 통증이 심한 상처

해설

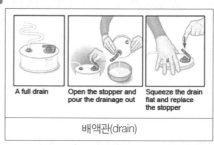

배액관(drain)

답 ③

85 나이든 수캐에서 항문선종(anal adenoma)을 제거하기 위해 실시해야 할 기타 방법은?

① 식이 교육

② 거세술

③ 항문선 제거

④ 전립선절제술

⑤ 항문낭절제술

해설 항문주위 선종은 수컷에서만 나타나며 나이든 수 캐에서 주로 발생하는 종양이다. 항문선(anal gland)과 항문낭(anal sac)은 같은 기관의 다른 명칭이다. 항문주위 선종은 암이 아닌 양성종양 이다. 항문 근처에 발생하는 종양은 중성화 수술 (거세)로 발생율을 낮출 수 있다. 양성이라고 해 도 커져서 출혈이 발생하는 경우도 있기 때문에, 수술로 제거하는 것이 일반적이다.

답 ②

86 다음 구강질환 중 선천성인 것은?

① 치은종(gum epulides)

② 구개열(cleft palate)

③ 잇몸염(gingivitis)

④ 침샘염(sialadenitis)

⑤ 연구개노장(enlongated soft palate)

해설

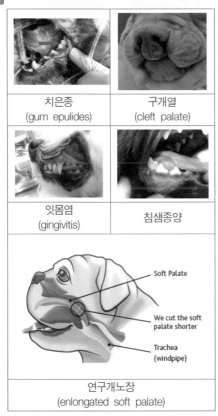

치은종 (gum epulides)	구개열 (cleft palate)
잇몸염 (gingivitis)	침샘종양
연구개노장 (enlongated soft palate)	

답 ②

87 다음 중 단두종기도폐쇄증후군(brachycephalic airway obstruction syndrome)과 관련이 없는 것은?

① 콧구멍 좁아짐

② 연구개 노장

③ 기도 좁아짐

④ 코골기

⑤ 기관지형성부전

답 ⑤

88 탈구된 대퇴관절을 폐쇄법으로 복구하려 할 때 사용하는 붕대법은?

① Thomas sling

② Ehmer sling

③ Velpeau sling

④ Kirschner sling

⑤ K-wire sling

해설

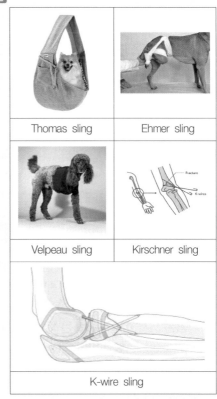

Thomas sling	Ehmer sling
Velpeau sling	Kirschner sling
K-wire sling	

답 ②

89 치아를 싸고 있는 막으로, 세균, 음식찌꺼기 및 침으로 구성된 것을 무엇이라 하는

가?

① 치석(dental calculus)

② 잇몸염(치은염)

③ 세균막(플라크)

④ 치주질환

⑤ 에나멜질

답 ③

90 치석제거를 다른 큰 수술과 동시에 하지 말아야 하는 이유는?

① 두 가지 다른 절차에 다른 항생제가 필요하므로

② 치석제거는 전신마취 시간을 연장시켜 결국 마취 위험성을 증가시키므로

③ 치석제거는 며칠 동안 입안을 불편하게 만들어 환자가 먹기를 꺼려하여 수술 회복 시간을 연장시키므로

④ 치석제거는 구강으로부터 혈류로 세균을 퍼뜨려 창상감염 위험성을 증가시키므로

⑤ 마취와 같은 절차들이 중복됨으로 인해 따로따로 하는 것보다 진료비를 덜 받으므로

답 ④

91 다음 주의사항 중 수술하는 동안 저체온증(hypothermia)을 예방하는 데 있어서 가장 적게 사용하는 방법은?

① 피하로 따뜻한 수액을 투여한다.

② 수술하는 동안 동물을 보온패드에 있게 한다.

③ 주의 깊게 환자를 준비하고 너무 젖지 않게 한다.

④ 수술실 환경온도를 비교적 높게 설정한다.

⑤ 따뜻한 수액을 정맥을 통해 투여한다.

답 ①

92 염증과 관련된 통증은 어디에서 기인하는가?

① 신경종말에 가해지는 압력

② 스트레스에 의한 정신적 압박

③ 혈관에 가해지는 압력

④ 뼈끝에 가해지는 압력

⑤ 근섬유에 가해지는 압력

답 ①

93 선택적 자궁적출술은 언제 실시해야 하는가?

① 발정 동안

② 아무 때나 원할 때

③ 발정 시작 4주 후

④ 발정이 시작이 예상되기 4주 전

⑤ 발정이 끝난 후 8주

답 ⑤

94 전신마취를 할 때 동물을 굶겨야 하는 이유는?

① 보호자가 수술 당일 걱정하는 것을 줄이기 위해

② 가스마취는 위가 비어있을 때 더 잘 흡수되므로

③ 수술하는 동안 구토 위험을 줄이기 위해

④ 위가 비어 있으면 수술절차가 더 쉬우므로

⑤ 모두 맞다.

답 ③

95 다음 중 기구를 멸균한 후 보관에 필요한 상태가 아닌 것은?

① 먼지가 없는 상태
② 건조한 상태
③ 암실 상태
④ 환기가 잘 되는 상태
⑤ 깨끗한 상태

답 ③

96 다음 중 수술하는 동안 멸균되어야 하는 것이 아닌 것은?

① 마스크   ② 장갑
③ 수술포   ④ 수술복
⑤ 수술기구

답 ①

97 합병증이 없을 경우, 피부봉합사는 수술 후 언제 제거하는가?

① 2~3일   ② 4~5일
③ 7~10일   ④ 15~17일
⑤ 21~24일

답 ③

98 수술복은 멸균하기 전에 접어야 하는데, 꾸러미를 열었을 때 가운의 어느 부분이 제일 위에 있어야 하는가?

① 가운 소매 윗부분
② 어깨 봉재선 안쪽
③ 어깨 봉재선 바깥쪽
④ 허리 봉재선 안쪽
⑤ 허리 봉재선 바깥쪽

답 ②

99 다음 수술 칼날(surgical needle) 중 4호 칼 자루(scalpel handle)에 맞는 것은?

① 10호   ② 11호
③ 12호   ④ 15호
⑤ 20호

해설

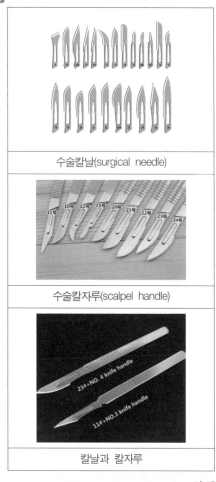

수술칼날(surgical needle)

수술칼자루(scalpel handle)

칼날과 칼자루

답 ⑤

100 장갑 분말(glove powder)의 원료는?

① 항생제 분말
② 옥수수 전분
③ 중탄산나트륨
④ 활석 분말
⑤ 베이킹 파우더

답 ②

101 마취 환자의 생체지수(vital sign)를 관찰할 때, 다음 중 반드시 기록하여야 할 것은?

① 점막색 및 모세혈관재충만시간(CRT)
② 심박수
③ 호흡수 및 호흡깊이
④ 턱 및 눈반사
⑤ 모두 맞다.

답 ⑤

102 동물이 마취되면 처음으로 반사(reflex)를 잃게 되는 것은?

① 발바닥반사   ② 항문반사
③ 삼킴반사   ④ 눈꺼풀반사
⑤ 피부추벽반사

답 ③

103 다음 중 동물의 흡입마취에 주로 사용되는 마취약은 어떤 것인가?

① Rumpun   ② Ketamine
③ Isoflurane   ④ Atropine
⑤ Pentobarbital

해설 · 럼푼 주사액(Rompun Injection)은 소, 말, 개, 고양이의 대, 소외과적 수술 및 처치 시 진정, 진통, 마취, 근육이완 효과가 있다. 근육 내 주사한다.

· 케타민(ketamine)은 전신 마취제로 수술을 위한 마취 유도, 통증의 경감에 이용된다.
· 이소플루레인(Isoflurane)은 흡입성 마취제의 일종이다.
· 아트로핀(atropine)은 수술 전 점막에서 침과 같은 점액 분비를 감소시키기 위해 투여하고, 수술 도중에는 심장의 박동을 정상적으로 유지시키기 위해 사용하며, 안과용 산동제, 홍채염 등의 치료에도 사용한다.
· 펜토바르비탈(Pentobarbital)은 유리산 형태나 나트륨이나 칼슘같은 염의 형태의 약제로 안락사에 사용된다.

답 ③

104 적혈구의 용혈을 막고 수혈을 용이하게 하기 위해 사용되는 수액은 무엇인가?

① 5% 포도당 용액
② 10% 포도당 용액
③ 0.9% 생리식염수 용액
④ 0.45% 생리시기염수 용액
⑤ 멸균된 증류수

해설 정확히는 0.85% saline(생리식염수)이다.

답 ③

105 교통사고로 늑골이 골절되고 출혈이 있는 환자의 응급처치 순서는?

가. 기도확보

나. 지혈

다. 심전도 및 모니터링

라. 수액 또는 수혈

① 가, 나, 다, 라
② 가, 나, 라, 다
③ 가, 다, 나, 라

④ 나, 다, 라, 가
⑤ 라, 가, 나, 다

답 ①

106 다음 중 수술의 위험성에 영향을 미치는 요소가 아닌 것은?

① 성별과 품종
② 연령과 영양상태
③ 체액과 전해질 상태
④ 전신 건강 상태
⑤ 수술의 유형과 사용약물의 종류

답 ①

107 일반적으로 마취 상태에 영향을 미치지 않는 인자로 간주되는 것은?

① 환자의 나이
② 중성화 수술 여부
③ 환자의 건강 상태
④ 전 마취제 처치 여부
⑤ 이미 존재하고 있는 질병

답 ②

108 다음 외과적 처치를 필요로 하는 질환 중 개복술을 실시하지 않는 질환은 어느 것인가?

① 방광결석
② 위내 이물
③ 자궁축농증
④ 횡격막 허니아
⑤ 기관허탈

답 ⑤

109 다음 중 파행을 나타내는 질환이 아닌 것은?

① 고괄절 이형성
② 슬개골 탈구
③ 관절염
④ 직장탈
⑤ 허혈성 대퇴골두 괴사증

답 ④

110 수술을 위한 피부소독약을 모두 고른 것은?

가. 포비돈	나. 클로르헥시딘
다. 알코올	라. 과산화수소수
마. 크레졸	

① 가 　　　　　 ② 가, 나
③ 가, 나, 다 　　 ④ 가, 나, 다, 라
⑤ 가, 나, 다, 라, 마

답 ③

동물보건임상병리학

- 57문항 -

01 다음 중 알러지 상태나 기생충 감염시 증가하는 백혈구는?

① 호중구 ② 호산구
③ 호염구 ④ 단핵구
⑤ 혈소판

해설 ·백혈구(leukocyte, white cell)의 종류와 기능
·백혈구는 면역시스템을 조절하는 세포들이다. 체내에 존재하지 않던 물질이 체내에 침투하게 되면 백혈구가 반응하여 면역작용을 일으킨다. 백혈구는 적혈구와 마찬가지로 골수에서 형성되며 hematopoietic stem cell에서 분화된다. 특히 림프구에 많이 존재한다.
·백혈구는 크게 과립세포, 무과립세포로 나누어진다.
·과립세포(granulocytes)에는 호중구, 호염구, 호산구 등이 있고, 무과립세포(agranulocytes)에는 림프구, 단핵구, 대식세포 등이 있다.
·호중구(neutrophil) : 백혈구의 62% 차지하고, 면역 시 세균과 곰팡이를 공격하며, 미성숙한 호중구는 band cell이라고 한다. 혈액 내 미성숙한 호중구의 비율이 증가하면, 감염에 대한 반응이 잘 이뤄지고 있다는 뜻이며, 이들이 세균과 곰팡이와 싸워 죽은 세포 덩어리가 바로 농(pus)이다. 싸우는 장소는 혈액이 아닌 조직이다.
·호산구(eosinophil) : 백혈구의 2.3% 차지하고, 빨간색으로 염색이 된다. 알레르기 반응에 관여하거나 큰 parasite에 반응한다.
·호염구(basophil) : 백혈구의 0.4% 차지하고, 파란색으로 염색이 된다. 알레르기 반응에 가장 큰 역할을 하고, 면역 반응에 필요한 히스타민을 분비하며 혈관을 확장한다.

·림프구(lymphocyte) : 백혈구의 30%를 차지하며, 림프구는 또 다시 분화하여 B cell, T cell, NK cell 등이 된다. 항체를 생성하지만 식세포 작용을 하지는 않는다.
·단핵구(monoocytes) : 백혈구의 5.3% 차지하고, 혈류에 존재하고 있다가 면역 반응 시 조직으로 이동하고, 분화한다.

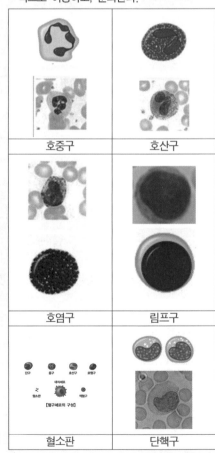

호중구	호산구

호염구	림프구

혈소판	단핵구

답 ②

02 다음 혈액생화학검사 항목 중 신장기능과 가장 관련이 깊은 것은?

① ALT   ② AST

③ BUN   ④ P

⑤ ALP

해설 · 간은 우리 몸의 가장 큰 장기 중의 하나로 탄수화물, 단백질, 지방, 비타민, 무기질, 호르몬, 약물 대사에 관여하며 담즙 생성 및 배출을 담당하는 인체의 중요한 기관이다.

· 간 기능 검사의 항목으로는 ALT(알라닌아미노전이효소), ALP(알칼리인산분해효소), AST(아스파테이트아미노전이효소), 빌리루빈, 알부민, 총 단백질, GGT(감마글루타밀전이효소), 젖산탈수효소(LDH), 프로트롬빈시간(PT)이 있다.

· ALT(알라닌아미노전이효소) : 간 손상 시 혈중으로 유출되어 혈중 수치가 증가한다. 급성 간염에서 ALT 수치는 급격하게 증가될 수 있으며 만성 간염이나 간경화, 간암의 경우 소량 증가하거나 정상에 가까울 수 있다.

· ALP(알칼리인산분해효소) : 간세포 내의 담 관에 존재하는 효소로 담즙 배설 장애가 있을 때 증가한다. 간암, 골 질환에서도 증가한다.

· AST(아스파테이트아미노전이효소) : 손상 시 혈중으로 유출되어 혈중 수치가 증가한다. 급성 간염에서 ALT 수치는 급격하게 증가될 수 있으며 만성 간염이나 간 경변, 간암의 경우 소량 증가하거나 정상에 가깝다. 알콜에 의한 간 손상 시 AST가 ALT보다 더 증가한다. AST는 간세포 이외에도 심장, 골격근육, 신장, 뇌 등에도 분포한다.

· Bilirubin(빌리루빈) : 간질환, 폐쇄성 황달, 용혈성 빈혈 등에서 증가한다.

   - 알부민 : 간 기능 저하로 알부민 생성이 저하되어 수치가 감소할 수 있다.

   - 총 단백질 : 간질환에서 대개 정상이거나 낮다.

· GGT(감마글루타밀전이효소) : ALP 수치 증가를 알기 위해 측정한다. GGT 증가는 음주, 비만, 울혈성 심부전 등에서도 나타난다.

· LDH(젖산탈수소효소) : 간질환 이외 다른 질환에도 비정상적으로 증가한다.

· 프로트롬빈 시간(PT) : 비타민 K 결핍, 간염,

간경변, 간장애, 항응고제 복용, 파종성혈관내응고, 응고인자 결핍 시 프로트롬빈 시간이 증가한다.

· BUN(Blood Urea Nitrogen) : 음식물로 섭취한 단백질은 흡수되고, 간에서 암모니아와 이산화탄소로 대사 되어 요소 질소로 변하게 된다.

답 ③

03 다음 혈액검사 항목 중 빈혈의 판정과 가장 관계 깊은 것은?

① 헤마토크릿(hematocrit, Ht, Hct)

② 백혈구 수(white blood count, WBC Count)

③ 크레아티닌(Creatine)

④ 전혈응고 시간(Blood coagulation time)

⑤ 백혈구 모양

답 ①

04 다음 중 생리식염수에 대한 설명으로 틀린 것은?

① 혈액과 삼투압이 같은 식염수를 말한다.

② 일반적으로 0.9% NaCl 용액을 말한다.

③ 정맥 내 주사로 투여가 가능하다.

④ 세균의 번식이 어려워 개봉 후에도 장기간 보관이 가능하다.

⑤ 소독약의 농도 희석에 사용할 경우 침전이 생길 수 있으므로 주의한다.

해설 0.9% NaCl 용액도 맞지만 더 정확히는 0.85% NaCl 용액이다. 생리식염수는 세균의 번식이 가능하므로 개봉 후에는 장기간 보관이 불가능하다.

답 ④

05 다음 중 혈액 샘플을 만들기 위한 일반적

인 원칙에 어긋나는 것은?

① 채혈하기 전에 정확하게 채혈 준비 도구를 준비한다.
② 정맥으로 안전하게 접근하기 위해 환자를 적절하게 보정한다.
③ 선택한 정맥 부위를 필요에 따라서는 삭모 하고 70% 알코올로 소독하여 감염을 방지한다.
④ 채취한 혈액은 주사기에서 주사바늘을 제거한 후 채혈 병에 채운다.
⑤ 혈액이 혈액응고방지제와 잘 혼합되도록 채혈 병을 아래위 방향으로 일정시간 강하게 흔든다.

답 ⑤

06 다음 그림의 혈액검사에 대한 설명으로 바른 것은?

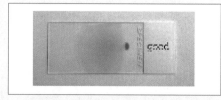

① 혈청검사 방법으로 아래 슬라이드처럼 곱게 펴야 된다.
② 슬라이드 검사를 통해 혈액의 점도를 비교하는 것이다.
③ 적혈구의 용적을 계산하기 위한 방법이다.
④ 혈구의 형태와 백혈구의 비율을 계산하기 위한 검사이다.
⑤ 혈색소를 측정하는 간단한 방법이다.

답 ④

07 동물병원 임상병리검사(laboratory test)

가 필요한 이유는 무엇인가?

> 가. 결과에 근거한 평가로서 보호자(client)의 의사결정을 위한 객관적 자료
> 나. 감별진단과 확진 위한 객관적 자료
> 다. 일반건강검진은 물론 질병의 경중, 시기, 예후판단, 치료방침결정을 위해
> 라. 의료행위의 법적 뒷받침을 위해

① 가, 나, 다   ② 가, 다
③ 나, 라   ④ 라
⑤ 가, 나, 다, 라

답 ⑤

08 환축이 내원했을 때 먼저 바이탈 사인(vital sign)을 측정한다. 검사항목을 고르시오.

> 가. 체온
> 나. 호흡수
> 다. 심박
> 라. 신체지수(BCS)
> 마. 모세혈관 재 충만 시간(CRT)

① 가, 나, 다   ② 가, 나, 마
③ 나, 다, 라   ④ 다, 라
⑤ 마, 라

해설 · 신체 충실 지수(BCS : Body condition score) : 얼마나 뚱뚱한지, 혹은 말랐는지 알 수 있는 지수이다.
· 모세혈관 재 충만 시간(Capillary Refill time, CRT) : 측정은 간단하고, 신뢰할만하며, 수 초 이내에 측정할 수 있다. 모세혈관 재 충만 시간은 손톱 밑바닥을 가볍게 누름으로서 가장

잘 측정되어진다. 강아지는 잇몸을 가볍게 손가락으로 누름으로서 측정되어진다. 창백하게 된 누른 부위가 정상 색깔로 되돌아오는 데 걸리는 시간을 측정한다. 정상적인 모세혈관 재충만 시간은 대개 2.0초 미만으로 생각된다. 2.0~3.0초를 넘게 지연되는 것은 말초 관류의 혈액 순환이 부적절하다는 증거이다.

답 ①

09 다음 중 성숙한 개와 고양이에서 체온 측정 결과로 건강시의 정상 체온 범위로 짝지어진 것은?

① 개 : 33.5~35.0℃, 고양이 : 36.0~37.2℃
② 개 : 35.0~36.5℃, 고양이 : 38.0~39.2℃
③ 개 : 37.5~39.0℃, 고양이 : 38.0~39.2℃
④ 개 : 39.0~40.5℃, 고양이 : 39.0~40.5℃
⑤ 개 : 39.5~41.0℃, 고양이 : 39.0~40.5℃

답 ③

10 뇨 침사를 검사하는 방법에 대한 설명 중 틀린 것은?

① 뇨 검사에 적합한 채뇨 량은 5㎖ 가량이다.
② 보통 원심분리는 1,500rpm에서 3~5분이며, 너무 세면 형태가 변형되거나 깨지게 된다.
③ 원심분리 후 상층부는 버리고 0.3㎖가량을 남긴 후 검경한다.
④ 검경 시 일반적으로 염색 없이 가능하지만 필요에 따라 0.5% new methylene blue를 이용한다.
⑤ 뇨 침사에 대한 현미경 검사는 빛의 세기를 밝게 하고 substage condenser를 높게 하여 관찰한다.

해설

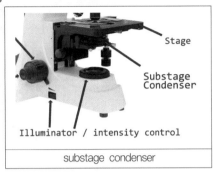

substage condenser

답 ⑤

11 백혈구 중 호중구의 핵의 변화가 질병의 예후를 판단하는데 도움을 주는데 어떤 것이 지표가 되는가?

① 우방이동   ② 좌방이동
③ 하방이동   ④ 상방이동
⑤ 거대 핵 변화

해설 호중구의 핵 좌방이동이란 세포 계수기에 성숙 호중구는 우측에, 미성숙 호중구는 좌측에 기록되므로, 미성숙 호중구 세포가 증가된 것을 말한다. 즉, 호중구 좌방이동(shift to left)이란 질병이 심하거나, 질병이 오래되면 늦은 골수세포와 초기 전구세포 또한 나타나게 된다. 현저한 좌방이동은 감염, 면역매개성질병, 조직 손상, 괴사, 종양 등이 있음을 나타낸다.

답 ②

12 신체검사에서 맥박을 측정하는 방법으로 가장 적합한 것은?

① 대퇴동맥의 박동을 15초간 3회 측정하여 얻은 평균값을 1분 단위로 환산한다.
② 대퇴동맥의 박동을 30초간 2회 측정하여 합한 값을 1분 단위로 환산한다.
③ 대퇴동맥의 박동을 60초간 1회 측정하여

얻은 값은 1분 단위로 환산한다.

④ 대퇴동맥의 박동을 120초간 측정하여 얻은 값의 50%를 취해 1분 단위로 환산한다.

⑤ 대퇴동맥의 박동을 3분간 측정하여 얻은 값의 1/3을 1분 단위로 환산한다.

답 ①

13 다음 그림에 대한 설명으로 바른 것은?

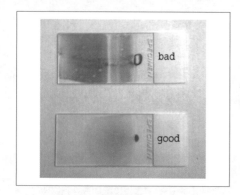

① 혈청검사 방법으로 아래 슬라이드처럼 곱게 펴야 된다.

② 슬라이드 검사를 통해 혈액의 점도를 비교하는 것이다.

③ 적혈구의 용적을 계산하기 위한 방법이다.

④ 혈구의 형태와 백혈구의 비율을 계산하기 위한 검사이다.

⑤ 혈색소를 측정하는 간단한 방법이다.

답 ④

14 다음 중 분변검사를 통해 알고자 하는 것과 가장 거리가 먼 것은?

① 분변 내 이물의 존재 유무

② 기생충 존재 유무

③ 분변 내 혈액 성분 혼합 유무

④ 분변의 비중

⑤ 분변의 경도, 색조 및 냄새 등의 일반성상

답 ④

15 임상병리검사 순서가 바르게 연결된 것은?

① 검사선택 → 검체채취, 보관 → 검체처리 후 검사시행 → 결과 신뢰도 확인 → 결과판독

② 검체채취, 보관 → 검사선택 → 검체처리 후 검사시행 → 결과판독 → 결과 신뢰도 확인

③ 검체채취, 보관 → 검사선택 → 검체처리 후 검사시행 → 결과 신뢰도 확인 → 결과판독

④ 검체채취, 보관 → 검사선택 → 결과 신뢰도 확인 → 검체처리 후 검사시행 → 결과판독

⑤ 검사선택 → 검체채취, 보관 → 검체처리 후 검사시행 → 결과판독 → 결과 신뢰도 확인

답 ①

16 'Schirmer tear test(STT)'에 대한 설명으로 가장 거리가 먼 것은?

① 양쪽 눈에서 눈물의 분비량을 측정하는 방법이다.

② 부작용으로 각막의 손상과 각막 및 결막의 감염 등이 발생할 수 있으므로 적용에 주의한다.

③ 눈물분비량의 감소는 측정할 수 없는 단점이 있다.

④ 주로 2~3회 반복 실시하여 평균값을 측정

값으로 한다.

⑤ 1회 측정에는 1분의 시간이 소요되며, 측정기간 동안 동물이 눈 부위를 앞발로 비비는 것에 대비해 보정을 실시해야 한다.

해설

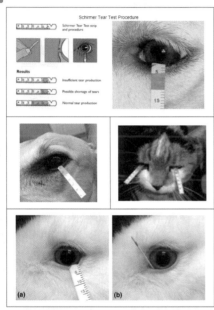

답 ③

17 항생제 감수성 검사에 고려될 사항은?

가. 세균접종량

나. 항생물질의 안정도

다. 배지의 종류

라. 배양시간

① 가, 나, 다　　② 가, 다

③ 나, 라　　　　④ 라

⑤ 가, 나, 다, 라

답 ⑤

18 혈액을 원심 분리하여 침전시켰을 때 나누어지는 층의 순서는?

① 적혈구 - 혈소판 - 백혈구 - 혈장 - 지방

② 적혈구 - 백혈구 - 혈장 - 지방 - 혈소판

③ 적혈구 - 백혈구 - 지방 - 혈소판 - 혈장

④ 백혈구 - 적혈구 - 혈소판 - 지방 - 혈장

⑤ 적혈구 - 백혈구 - 혈소판 - 혈장 - 지방

해설

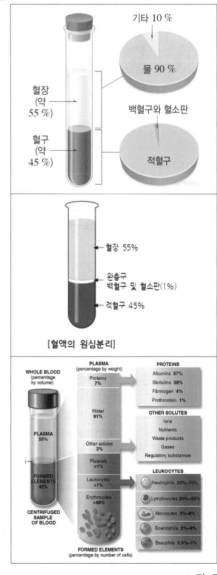

답 ⑤

19 소변에서 일반적인 뇨 검사를 할 경우 가장 이상적인 검체는?

① 무작위 채취뇨
② 요관 삽입 후 채취뇨
③ 신선한 중간뇨
④ 신선한 초기뇨
⑤ 아무 검체나

해설

답 ③

20 혈액생화학검사(blood chemistry)로 진단이 가능한 항목이 아닌 것은?

① 간 기능검사
② 신장 기능검사
③ 췌장 기능검사
④ 빈혈
⑤ 담관계 검사

해설 일반화학 검사실은 혈액 및 뇨 검체를 이용하여 체내에 있는 전해질, 단백질, 효소, 지질, 탄수화물 등의 검사결과를 실시하며 전해질 평형이나 신진대사의 상태 또는 우리 몸에 있는 장기들 즉, 간, 신장, 췌장 등의 기능을 간접적으로 살펴볼 수 있게 해준다.
이 문제는 혈액검사 용어에 대한 이해가 필요한 문제인데 혈액검사는 크게 일반 혈액검사와 일반화학검사와 혈액 응고검사로 나눌 수 있고, 이 문제에서 혈액생화학검사(blood chemistry)란 이렇게 세 가지로 나누었을 때를 말하고 있다. 결국 빈혈은 일반 혈액검사로 볼 수가 있다.

답 ④

21 다음 중 암컷의 발정 시 교배시키기 위해서 배란시기를 진단하는 일반적인 방법은?

① 질 도말염색검사
② 전혈검사
③ 갑상선호르몬검사
④ 분변부유검사
⑤ 소변생화학검사

해설 배란시기 검사는 생리가 완전히 끝난 후 배란되기 전에 실시한다. 난소에서 자라는 난포의 크기를 초음파로 측정하여 배란 시기를 알아보는 검사로, 소변이나 혈중 호르몬 검사를 병행함으로써 정확한 배란의 시기를 예측할 수 있다. 배란 진단시약은 배란일 가까이 급격히 증가하는 황체형성호르몬을 검사하는 것으로 정확한 가임시기를 알 수 있다. 그러나 동물 암컷에 대한 배란시기의 일반적인 방법은 질 상피세포의 변화상을 살펴보는 것이다. 질 상피세포 검사를 이용하여 발정주기를 확인하고, 교배 적기와 배란시기를 추정한다. 개, 소, 곰 등에서 배란시기 진단하는 것은 혈흔 및 질 상피세포의 도말 검사를 통하여 이루어진다.

답 ①

22 개와 고양이의 장내 기생하는 원충으로 설사를 일으키는 종류를 선택하세요.

가. 지알디아	나. 콕시듐
다. 크립토스포리듐	라. 개선충

① 가, 나, 다   ② 가, 다
③ 나, 라   ④ 라
⑤ 가, 나, 다, 라

해설 개선충(Scabies)은 '옴 벌레'라고도 하며, 반려견의 모낭에서 기생하는 옴 진드기로 외부 기생충이다. 개선충은 반려견의 피부 밑에 굴을 파고들면서 침이나 배설물 등을 분비함으로써 강한 가려움증을 유발한다. 주로 개에서 흔히 발병하는 질병으로, 강아지들이 여러 마리씩 집단 사육되는 곳에서 감염이 되기 쉽다. 개선충은 직접적인 접촉에 의해서만 감염이 되는 특징이 있는데, 사람에게도 감염될 수 있다.

답 ①

23 혈액검사를 위한 채혈에 필요한 기구 또는 재료가 아닌 것은?

① EDTA tube
② 멸균주사기
③ 수액세트
④ 알코올 솜
⑤ 압박대(tourniquet)

해설

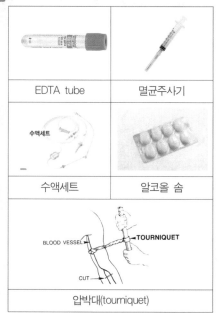

EDTA tube	멸균주사기
수액세트	알코올 솜
압박대(tourniquet)	

답 ③

24 다음 생리식염수에 관한 설명으로 틀린 것은?

① 혈액의 삼투압과 같은 등장액이다.
② 일반적으로 0.9% NaCl 용액을 말한다.

③ 정맥주사로 투여할 수 있다.
④ 세균번식이 어려워 개봉 후에도 장시간 사용할 수 있다.
⑤ 침전물 있는 경우 사용할 수 없다.

답 ④

25 다음 혈액검사 항목 중 빈혈 판정과 관련이 깊은 것은?

① 총백혈구의 수
② 백혈구의 모양
③ 혈소판의 수
④ 헤마토크리트치(PCV)
⑤ 응고시간

해설 헤마토크리트치(hematocrit, Ht, Hct)은 혈액에서 적혈구가 차지하고 있는 용적의 비중을 백분율로 표시한 것이며, 적혈구 용적 백분율(Packed cell volume, PCV)이라고도 한다. 적혈구 증가증 및 빈혈의 정도를 파악하는 척도가 된다.

답 ④

26 다음 중 70% 알코올을 만드는 적합한 방법은?

① 100% 알코올용액과 증류수를 7 : 3 비율로 혼합한다.
② 100% 알코올용액과 생리식염수를 7 : 3 비율로 혼합한다.
③ 100% 알코올용액과 증류수를 3 : 7 비율로 혼합한다.
④ 100% 알코올용액과 생리식염수를 3 : 7 비율로 혼합한다.
⑤ 70% 알코올용액과 0.9% 식염수를 3 : 7 비율로 혼합한다.

답 ①

27 다음 중 혈액 샘플을 얻기 위한 일반적인 원칙이 아닌 것은?

① 채혈하기 전에 채혈 도구를 미리 준비한다.

② 정맥을 안전하게 확보할 수 있도록 환자를 적절히 보정한다.

③ 선택한 정맥부위를 삭모하고 70% 알코올로 소독한다.

④ 채혈한 뒤 주사기 바늘을 제거하고 채혈 튜브에 조심스럽게 채운다.

⑤ 혈액이 항응고제와 잘 반응하도록 가능한 빠른 속도로 강하게 채혈 튜브를 흔들어 섞는다.

답 ⑤

28 검사물의 관리방법으로 바른 것은?

① 혈청은 실온에 보관해야 한다.

② 전혈은 냉동 보관해야 한다.

③ 오줌은 냉동 보관해야 한다.

④ 포르말린에 침지한 조직은 실온 보관한다.

⑤ 혈장은 실온 보관한다.

답 ④

29 혈액검사의 주의사항으로 틀린 것은?

① 혈액샘플 채취 전 환자 이름, 병록번호, 채취일자 등을 채혈튜브에 먼저 기록한다.

② 혈액검사 상의 에러를 고려하여 충분한 양의 혈액을 채혈해야 한다.

③ 채혈할 때 용혈에 주의해야 한다.

④ 검사항목에 적합한 항응고제를 선택해야 한다.

⑤ 채혈 후 즉시 검사할 수 없을 때는 혈청은

분리하고 혈액은 생리식염수로 희석해야 한다.

답 ⑤

30 다음 그림의 설명에 해당되는 것은?

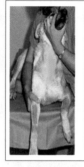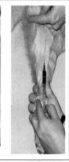

① 근육주사를 위한 보정방법이다.

② 피하주사를 위한 보정방법이다.

③ 경정맥에서 채혈하는 과정이다.

④ 동일한 보정방법으로 혈관 카테터를 장착할 수 있다.

⑤ 동일한 보정방법으로 슬관절의 탈구를 정복할 수 있다.

답 ④

31 개와 고양이의 CBC 검사 시 보존력이 좋고 가격이 싸서 가장 일반적으로 사용하는 항응고제는?

① Sodiun citrate

② EDTA

③ Heparin

④ Potassiun oxalate

⑤ Sodium oxalate

해설 · 구연산나트륨(Sodiun citrate)은 청량음료수 등에 구연산의 산미를 완화할 목적으로 사용하고, pH 조정제, 유제품의 산패방지제로도 쓰인다.

- EDTA(ethylene-diamine-tetraacetic acid)는 DNA, RNA의 분해를 막는 목적으로 사용되는 항응고제이다.
- 헤파린(Heparin)은 1922년에 발견된 혈액응고를 막는 물질로, 간이나 폐 등에 있으며 혈액의 응고를 방지하거나 혈전을 방지하는 데 사용된다.

답 ②

32 다음 사진의 혈구세포는 무엇인가?

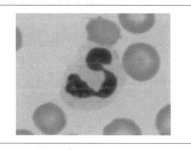

① 호산구(eosiniphil)
② 호염구(basophil)
③ 림프구(lymphocyte)
④ 호중구(neutrophil)
⑤ 단핵구(monocyte)

답 ④

33 다음 사진의 혈구세포는 무엇인가?

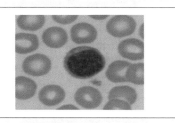

① 호산구(eosiniphil)
② 호염구(basophil)
③ 림프구(lymphocyte)

④ 호중구(neutrophil)
⑤ 단핵구(monocyte)

답 ③

34 다음 중 혈액학 검사의 검사 영역에 포함되지 않는 요소는?

① 적혈구 수
② 콜레스테롤 수치
③ 백혈구 수
④ 혈소판 수
⑤ PCV 수치

해설 콜레스테롤은 세포를 둘러싸는 세포막의 구성성분이고, 소화액인 담즙을 만드는데 사용되며, 각종 스테로이드 호르몬과 뼈를 튼튼하게 하는 비타민 D를 만드는 재료가 되므로 콜레스테롤은 우리 몸에 꼭 필요한 물질이다. 콜레스테롤 수치도 혈액검사를 통해 알 수 있지만 일반적인 혈액검사는 아니라고 볼 수 있다. 즉, 정밀 검사의 하나이다.

답 ②

35 혈액도말염색을 할 때 틀린 사항은?

① 혈액을 얇게 펴서 마르기 전에 염색한다.
② 슬라이드 글라스를 이용하여 도말한다.
③ 혈액도말염색은 Diff-quick이란 염색약의 사용이 가능하다.
④ 혈액은 가능한 채취한 지 얼마 되지 않은 신선한 재료를 사용한다.
⑤ 혈액도말염색을 한 후 현미경으로 관찰한다.

해설 Diff QuickTM Stain set.는 진단에 사용되는 염색 키트로서 빠르게 혈구를 염색할 수 있는 시약세트이다.

답 ①

36 어떤 동물의 혈액에서 헤마토크리트치

(hematocrit ratio)가 40%이었다. 이것이 뜻하는 것은?

① 혈액의 40%가 혈청이다.
② 혈액의 40%가 혈장이다.
③ 혈액의 40%가 적혈구이다.
④ 헤모글로빈의 40%는 적혈구이다.
⑤ 혈액 중 고형성분의 40%는 적혈구이다.

답 ③

37 다음 중 용혈(hemolysis)을 일으키지 않는 것은?

① 혈관으로부터 혈액을 빠른 속도로 채혈할 때
② 전혈 샘플을 얼릴 때
③ 샘플을 채취한 후 너무 강하게 혼합했을 때
④ 주사기 바늘을 통해 혈액 샘플을 강하게 밀어 냈을 때
⑤ 주사기에서 바늘을 제거한 후 채혈병에 혈액을 담을 때

답 ⑤

38 며칠 동안 생화학검사를 시행하지 못할 경우 혈액 샘플 보관방법은?

① 원심분리하여 혈청을 분리하고 냉동한다.
② 혈액 샘플을 냉장고에 보관한다.
③ 샘플을 얼린뒤 원심분리한다.
④ 샘플을 원심 분리하여 혈청을 냉장보관한다.
⑤ 혈액 샘플을 냉동 보관한다.

답 ①

39 Diff-Quick 염색의 용도는?

① 피부검사를 위한 도말 염색
② 세균검사를 위한 도말 염색
③ 소변검사를 위한 도말 염색
④ 분변검사를 위한 도말 염색
⑤ 혈액검사를 위한 도말 염색

해설 Diff QuickTM Stain set.는 진단에 사용되는 염색 키트로서 빠르게 혈구를 염색할 수 있는 시약세트이다.

답 ⑤

40 다음 그림의 기생충 이름은 무엇인가?

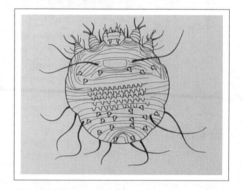

① Demodex
② Ctenocephalides felis
③ Sarcoptes
④ Salmonella
⑤ Shigella

해설 · 옴(scabies)은 옴 진드기(학명 : Sarcoptes scabiei var. hominis)의 기생에 의한 피부 감염이다. 개선충이라고도 한다.
· Ctenocephalides felis는 고양이 진드기(cat flea)이다.
· Demodex는 털 진드기목에 속하는 모낭 진드기 속 기생충의 총칭이다.

답 ③

41 다음 그림의 혈액검사에 대한 설명으로 바른 것은?

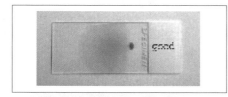

① 얇고 곱게 도말하여 혈액을 형태를 확인하는 검사이다.

② 슬라이드 도말상태를 통해 혈액의 점성을 판단하는 것이다.

③ 전체 혈액내 적혈구의 용적을 측정하는 검사이다.

④ 백혈구의 크기와 적혈구의 비율을 계산하기 위한 검사이다.

⑤ 혈색소를 측정하는 간단한 방법이다.

답 ④

42 다음 그림의 기생충 충란은 무엇인가?

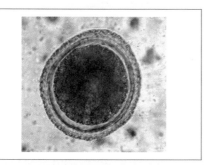

① 개편충(Trichuris vulpis)

② 견회충(Toxocara canis)

③ 사자회충(Toxocaris leonina)

④ 조충류(Taenia spp.)

⑤ 개조충(Dipylidium caninum)

답 ②

43 다음 혈액검사 항목 중 빈혈 판정과 관련이 깊은 것은?

① 총백혈구수 　　② 백혈구 모양

③ 혈소판수 　　④ 총적혈구용적

⑤ 응고시간

답 ④

44 분변 검사 시 주의사항에 속하지 않는 것은?

> 가. 분변의 시료는 가능한 신선한 것을 사용해야 한다.
>
> 나. 분변을 채취할 때 발견되는 이상 소견(혈액, 점액, 노책 등)을 함께 보고해야 한다.
>
> 다. 모든 시료에는 환자 이름, 병록번호, 채취부위, 채취 일자 등의 기록을 정확히 남긴다.
>
> 라. 사용하고 남은 시료 또는 검사 의뢰할 시료는 오염되지 않도록 철저하게 포장한다.

① 가, 나 　　② 나, 다

③ 나, 라 　　④ 다, 라

⑤ 가, 나, 다, 라

답 ⑤

45 CBC(Complete Blood Count)에 대한 설명이 아닌 것은?

① 모든 환축 및 마취 전 검사, 모든 노령 동물 검사에 이용된다.

② 빈혈과 감염 같은 질환을 감별 진단하는데 필요하다.

③ 적혈구, 백혈구, 혈소판 등 혈액중의 이상을 심사한다.

④ 혈액 내 전해질검사도 포함된다.

⑤ 검사결과 이상 발견 시 재검사를 실시하며 혈액 화학적 검사가 추천된다.

답 ④

46 혈액검사는 동물보건사의 일상적인 업무이다. 주의사항에 속하는 것은?

> 가. 혈액 샘플 채취 전 환자 이름, 병록번호, 채취부위, 채취 일자 등을 확인하고 기록한다.
>
> 나. 혈액은 검사상의 에러(error)를 고려하여 충분한 양을 채혈해야 한다.
>
> 다. 채혈할 때 용혈을 주의하며 조심스럽게 혈액시료를 다뤄야 한다.
>
> 라. EDTA, Heprarin, Plane tube 등 검사항목에 적합한 채혈병을 확인해야 한다.
>
> 마. 채혈 후 즉시 검사할 수 없을 때는 혈청은 분리하고, 혈액은 냉장 보관한다.

① 가, 다, 라 ② 나, 다, 라
③ 가, 나, 다, 라 ④ 가, 다, 라, 마
⑤ 가, 나, 다, 라, 마

답 ⑤

47 간 관련 혈청 화학치의 검사 항목이 아닌 것은?

① ALT ② GGT
③ Bilirubin ④ albumin
⑤ creatinine

답 ⑤

48 다음 그림의 설명에 해당되지 않는 것은?

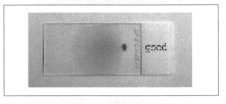

① 혈액도말 검사 사진이다.
② 적혈구와 백혈구의 형태를 알 수 있다.
③ 백혈구의 비율을 계산할 수 있다.
④ 혈액내 기생충을 확인할 수 있다.
⑤ 총백혈구 수를 계산할 수 있다.

답 ⑤

49 신장기능 검사 시 사구체에서 모두 여과되며 세뇨관에서 전혀 재흡수 되지 않아 사구체 여과율을 판단하는 지표가 되는 것은?

① BUN ② Creatinine
③ GOT ④ GPT
⑤ cholesterol

답 ②

50 근육관련 혈청화학 검사로 골격근, 심근, 뇌에 분포하며 세포질 내에 존재하는 것은?

① LDH ② GOT
③ CK ④ AST
⑤ TP

해설 GOT=glutamic oxaloacetic transaminase, AST=aminotransferase,

LDH=lactate dehydrogenas,
CK=Creatine Kinase,
TP=Totl Protein

답 ③

51 다음은 urine sediment 의 현미경 사진이다. 본 검사 결과로 확인할 수 있는 사항이 아닌 것은?

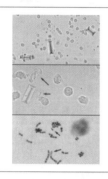

> 가. 뇨중 WBC를 확인할 수 있다.
>
> 나. 뇨중 crystal을 확인할 수 있다.
>
> 다. 뇨중 bacterial infection을 확인할 수 있다.
>
> 라. 뇨비중(urine specific gravity)을 확인할 수 있다.
>
> 마. 혈색소뇨(hemoglobinuria)를 확인할 수 있다.

① 가, 마   ② 나, 다
③ 라, 마   ④ 다, 라, 마
⑤ 나, 다, 라, 마

해설 요침사(urine sediment)에는 유기성분인 적혈구, 백혈구, 상피세포, 그리고 세균, 효모, 진균 등과 무기성분인 각종 염류의 결정들이 존재한다. 혈색소뇨(hemoglobinuria)는 유세포분석기(flowcytometry)로 검사한다.

답 ③

52 Microalbuminuria를 검사하는 방법은?

① ERD kit   ② CHW kit
③ FeLV kit   ④ CPV kit
⑤ TLI kit

해설 ・미세알부민뇨(Microalbuminuria) 검사 진행은 24시간 동안 소변을 모아 검사하는 것으로 알부민의 배설률을 측정한다.
・CHW Ag Rapid Kit는 개 심장사상충 신속 항원 검사 키트이다.
・FeLV kit는 고양이 백혈병바이러스(FeLV) 항원 검사키트이다.
・CPV kit는 개 파보바이러스 진단 키트이다.
・TLI kit는 Trypsin-like immunoreactivity (TLI) 즉, 췌장에서 분비되는 trypsin의 혈액 내 농도를 radioimmunoassay를 이용하여 측정하는 것이다.
・하루 30~300mg의 알부민이 소변으로 배출되는 것을 미세알부민뇨증이라고 한다. 신장 기능이 떨어질 경우 신장에서 소변의 단백질을 거르는 능력을 잃게 되어 알부민이 소변을 통해 배설되게 된다. 알부민은 분자가 작기 때문에 신장 손상 시 최초로 소변에서 검출된다.

답 ①

53 디스크 확산 법을 통한 항생제 감수성 검사 시에 필요한 재료 및 기구로 볼 수 없는 것은?

① 혈액배지   ② 인큐베이터
③ 멸균된 면봉   ④ 알콜 램프
⑤ 증류수

답 ⑤

54 혈액검사 시 빈혈유무를 판단하기 위한 검사와 관련 없는 것은?

① 적혈구용적(PCV)

② 헤모글로빈농도

③ 적혈구 수

④ 평균적혈구용적(MCV)

⑤ 총 단백질

답 ⑤

55 다음 중 호중구(neutrophile)를 고르시오.

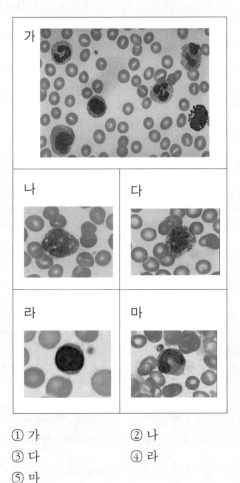

① 가   ② 나

③ 다   ④ 라

⑤ 마

답 ⑤

56 진단에서 예민도(sensitivity)란 무엇을 의미하는가?

① 정확성

② 정밀성

③ 재현성

④ 질병상태에 대한 양성율

⑤ 질병상태에 대한 음성율

답 ④

57 안구검사에 해당하는 것은?

① 우드 등 검사

② 뇨 검사

③ CBC 검사

④ 피부긴장도 검사

⑤ 플루오레세인 염색

해설 플루오레세인(fluorescein) 염색은 각막 형광 염색으로 사람에서는 콘택트렌즈 착용 과정에서 흔한 합병증이 되기도 한다. 동물에서도 중증의 각막 상피 염색은 각막 병원체 감염, 각막 궤양, 천공 등과 같은 일련의 심각한 결과를 초래할 수 있다. 각막 경련이 있는 경우, 플루오레세인을 사용하여 안구를 부드럽게 누르면 각막 표면이 황록색 플루오레세인으로 덮여 있고 누공에는 맑은 봄처럼 흘러나오는 액체가 있음을 볼 수 있다. 우드 등(Wood's lamp)은 주로 백반 증을 진단하는 데 사용하는 검사법이다. 우드 등에는 320~400nm(360nm)의 광선만이 통과된다. 암실에서 우드 등으로 머리 백선 증의 부위를 비추면 황 녹색 형광을 나타내며, 어루러기에서는 피부 부위가 황금색의 형광을 나타낸다. CBC는 일반 혈액 검사(Complete Blood Count)이다.

답 ⑤

동물보건사

4

동물 보건 · 윤리 및
복지관련 법규
(20문제 대비)

🐾 수의사법 · 동물보호법

🐾 동물복지와 동물권

수의사법 · 동물보호법

- 64문항 -

01 동물보건사가 되려는 사람에 해당하는 경우는?

① 보건복지부장관의 자격인정을 받아야 한다.
② 행정안전부장관의 자격인정을 받아야 한다.
③ 농림축산식품부장관의 자격인정을 받아야 한다.
④ 보건복지인력개발원장의 자격인정을 받아야 한다.
⑤ 질병관리본부장의 자격인정을 받아야 한다.

답 ③

02 동물보건사와 관련하여 주무 장관의 평가인증을 받는 경우가 아닌 것은?

① 「고등교육법」 제2조제4호에 따른 경우
② 「초 · 중등교육법」 제2조에 따른 경우
③ 「평생교육법」 제2조제2호에 따른 경우
④ 「수의사법」 제16조제2호에 따른 경우
⑤ 「동물보호법」 제2조제2호에 따른 경우

답 ⑤

03 동물보건사 관련하여 주무 장관의 평가인

증을 받는 경우가 아닌 것은?

① 전문대학 또는 이와 같은 수준 이상의 학교의 동물 간호 관련 학과를 졸업한 사람
② 고등학교 졸업자 또는 초 · 중등교육법령에 따라 같은 수준의 학력이 있다고 인정되는 사람
③ 평생교육기관의 고등학교 교과 과정에 상응하는 동물 간호에 관한 교육과정을 이수한 후 농림축산식품부령으로 정하는 동물 간호 관련 업무에 1년 이상 종사한 사람
④ 농림축산식품부장관이 인정하는 외국의 동물 간호 관련 면허나 자격을 가진 사람
⑤ 행정안전부장관이 인정하는 외국의 동물 간호 관련 면허나 자격을 가진 사람

답 ⑤

04 동물보건사의 자격시험에 해당하는 것은?

① 국가 면허증   ② 국가 자격증
③ 민간 면허증   ④ 민간 자격증
⑤ 지방자치단체 면허증

답 ②

05 동물보건사의 자격시험의 시행 주기에 해당하는 것은?

① 매주　　　　② 매달
③ 매분기　　　④ 매년
⑤ 격년

답 ④

06 동물보건사의 자격시험의 관리는 무엇에 의해 시험 관리 능력이 있다고 인정되는 관계 전문기관에 위탁할 수 있는가?

① 행정안전부령
② 대통령령
③ 농림축산식품부령
④ 보건복지부령
⑤ 환경부령

답 ②

07 동물보건사 양성과정을 운영하려는 학교 또는 교육기관이 평가인증을 받는 방법은?

① 농림축산식품부령으로 정하는 기준과 절차에 따라 농림축산식품부장관의 평가인증을 받을 수 있다.
② 교육부령으로 정하는 기준과 절차에 따라 교육부장관의 평가인증을 받을 수 있다.
③ 보건복지부령으로 정하는 기준과 절차에 따라 보건복지부장관의 평가인증을 받을 수 있다.
④ 행정안전부령으로 정하는 기준과 절차에 따라 행정안전부장관의 평가인증을 받을 수 있다.
⑤ 국무총리령으로 정하는 기준과 절차에 따

라 교육부총리의 평가인증을 받을 수 있다.

답 ①

08 동물보건사 국가자격증과 관련된 시험 과목이 아닌 것은?

① 기초 동물 보건학
② 예방 동물 보건학
③ 임상 동물 보건학
④ 동물보건 법규 및 동물 윤리와 복지
⑤ 교양 동물 보건학

답 ⑤

09 모든 동물을 수의사가 진료할 수는 있지만, 수의사법에서 명시적으로 언급되어 있는 "동물"이 아닌 것이 포함 된 것은?

① 소, 말, 돼지
② 양, 개, 토끼
③ 고양이, 조류, 꿀벌
④ 수생동물, 햄스터
⑤ 그 밖에 대통령령으로 정하는 동물

해설 [수의사법에서 명시적으로 언급된 동물] :
· "동물"이란 소, 말, 돼지, 양, 개, 토끼, 고양이, 조류, 꿀벌, 수생동물, 그 밖에 대통령령으로 정하는 동물을 말한다.

[수의사법 시행령에서 명시적으로 언급된 동물] :
· "대통령령으로 정하는 동물"이란 다음 각 호의 동물을 말한다.
　1. 노새·당나귀
　2. 친칠라·밍크·사슴·메추리·꿩·비둘기
　3. 시험용 동물
　4. 그 밖에 규정하지 아니한 동물로서 포유류 ·조류·파충류 및 양서류

[동물보호법에서 명시적으로 언급된 동물] :

- "동물"이란 고통을 느낄 수 있는 신경체계가 발달한 척추동물
  가. 포유류
  나. 조류
  다. 파충류·양서류·어류 중 농림축산식품부장관이 관계 중앙행정기관의 장과의 협의를 거쳐 대통령령으로 정하는 동물
- "반려동물"이란 반려 목적으로 기르는 개, 고양이 등 농림축산식품부령으로 정하는 동물을 말한다.
- "등록대상동물"이란 동물의 보호, 유실·유기 방지, 질병의 관리, 공중위생상의 위해 방지 등을 위하여 등록이 필요하다고 인정하여 대통령령으로 정하는 동물을 말한다.
- "맹견"이란 도사견, 핏불테리어, 로트와일러 등 사람의 생명이나 신체에 위해를 가할 우려가 있는 개로서 농림축산식품부령으로 정하는 개를 말한다.

[동물보호법 시행령에서 명시적으로 언급된 동물] :
- 파충류·양서류·어류 중 농림축산식품부장관이 관계 중앙행정기관의 장과의 협의를 거쳐 "대통령령으로 정하는 동물"이란 파충류, 양서류 및 어류를 말한다. 다만, 식용을 목적으로 하는 것은 제외한다.
- "반려동물"이란 반려 목적으로 기르는 개, 고양이 등 농림축산식품부령으로 정하는 동물을 말하는데 "개, 고양이 등 농림축산식품부령으로 정하는 동물"이란 개, 고양이, 토끼, 페럿, 기니피그 및 햄스터를 말한다.
- "등록대상동물"이란 동물의 보호, 유실·유기 방지, 질병의 관리, 공중위생상의 위해 방지 등을 위하여 등록이 필요하다고 인정하여 대통령령으로 정하는 동물을 말하는데 등록대상동물의 범위에서 "대통령령으로 정하는 동물"이란 다음 각 호의 어느 하나에 해당하는 월령 2개월 이상인 개를 말한다.
  1. 「주택법」에 따른 주택·준주택에서 기르는 개
  2. 「주택법」에 따른 주택·준주택 외의 장소에서 반려 목적으로 기르는 개
- "맹견"이란 도사견, 핏불테리어, 로트와일러 등 사람의 생명이나 신체에 위해를 가할 우려가 있는 개로서 농림축산식품부령으로 정하는 개

를 말하는데 맹견의 범위에 따른 맹견은 다음 각 호와 같다.
1. 도사견과 그 잡종의 개
2. 아메리칸핏불테리어와 그 잡종의 개
3. 아메리칸스태퍼드셔테리어와 그 잡종의 개
4. 스태퍼드셔불테리어와 그 잡종의 개
5. 로트와일러와 그 잡종의 개

[실험동물에 관한 법률 즉, 실험동물법에서 명시적으로 언급된 동물] :
- "실험동물"이란 동물실험을 목적으로 사용 또는 사육되는 척추동물을 말한다.

[가축전염병예방법에서 명시적으로 언급된 동물] :
- "가축"이란 소, 말, 당나귀, 노새, 면양·염소[(유산양 : 젖을 생산하기 위해 사육하는 염소)을 포함한다], 사슴, 돼지, 닭, 오리, 칠면조, 거위, 개, 토끼, 꿀벌 및 그 밖에 대통령령으로 정하는 동물을 말한다.

[가축전염병 예방법 시행령에서 명시적으로 언급된 동물] :
- "대통령령으로 정하는 동물"이란 다음 각 호의 동물을 말한다.
  1. 고양이
  2. 타조
  3. 메추리
  4. 꿩
  5. 기러기
  6. 그 밖의 사육하는 동물중 가축전염병이 발생하거나 퍼지는 것을 막기 위하여 필요하다고 인정하여 농림축산식품부장관이 정하여 고시하는 동물

답 ④

10. 동물보호법의 목적으로 가장 타당하게 기술한 것은?

① 동물의 적절한 사육 및 관리로 국민의 재산권을 보호하기 위함
② 동물이 질병에 걸리거나 부상당한 경우 신속한 치료를 하기 위함

③ 공공장소에서 나돌아 다니거나 내버려진 동물을 보호 · 관리하기 위함

④ 동물을 적절하게 도살하고 실험 등에 활용할 수 있도록 관리하기 위함

⑤ 동물의 생명과 그 안전을 보호 하도록 하여 생명의 존중 등 국민의 정서함양에 이바지함

답 ⑤

11 동물보호법에서 규정하고 있는 동물학대로 볼 수 없는 경우는?

> 가. 소유자의 명령에 불복하여 해당 동물을 굶기거나 좁은 철장에 가두어 두는 경우
>
> 나. 동물의 모피를 공업용 등의 목적에 사용하기 위해 도살한 경우
>
> 다. 호기심 강한 사람들의 궁금증 해소를 위해 사람들 앞에서 개를 잡거나 구타하는 경우
>
> 라. 동물로 인한 사람의 생명에 대한 피해를 방지하기 위해 필요한 조치를 취한 경우

① 가, 나, 다   ② 가, 다
③ 나, 라   ④ 라
⑤ 가, 나, 다, 라

답 ③

12 동물보호법에서 말하는 동물의 보호로 가장 적절한 것은?

① 생물학적으로 최적의 환경에서 살 수 있도록 포획하여 인위적인 환경에서 사육·관리

② 가급적 본래의 습성을 유지하면서 정상적으로 살 수 있도록 사육·관리

③ 가장 청결한 상태에서 정상적으로 살 수 있도록 사육·관리

④ 영양적으로 결핍되지 않고 정상적으로 살 수 있도록 사육·관리

⑤ 인간과 친밀하게 정서순환이 될 수 있도록 공공단체나 민간단체에서 사육·관리

답 ②

13 다음 가운데 동물보건사에 해당하는 것은?

① 수의 업무를 담당하는 사람으로서 농림축산식품부장관의 면허를 받은 사람을 말한다.

② 동물을 진료하거나 동물의 질병을 예방하는 업을 말한다.

③ 동물 병원 내에서 수의사의 지도 아래 동물의 간호 또는 진료 보조 업무에 종사하는 사람으로서 농림축산식품부장관의 자격인정을 받은 사람을 말한다.

④ 동물 진료 업을 하는 장소로서 신고를 한 진료기관을 말한다.

⑤ 동물의 진료 및 보건과 축산물의 위생 검사에 종사하는 것을 그 직무로 한다.

답 ③

14 다음 각 호는 수의사가 될 수 없는 경우들이다. 해당 없는 것은?

① 「정신건강증진 및 정신질환자 복지서비스 지원에 관한 법률」에 따른 정신질환자

② 「의료법」, 「약사법」을 위반하여 금고 이상의 실형을 선고받고 그 집행이 끝나지

아니하거나 면제되지 아니한 사람

③ 「가축전염병예방법」, 「축산물위생관리법」
을 위반하여 금고 이상의 실형을 선고받
고 그 집행이 끝나지 아니하거나 면제되
지 아니한 사람

④ 「감염병 예방 및 관리에 관한 법률」을 위
반하여 금고 이상의 실형을 선고받고 그
집행이 끝나지 아니하거나 면제되지 아니
한 사람

⑤ 「동물보호법」을 위반하여 금고 이상의 실
형을 선고받고 그 집행이 끝나지 아니하
거나 면제되지 아니한 사람

답 ④

15 다음 각 호는 수의사가 될 수 없는 경우들
이다. 해당 없는 것은?

① 피성년후견인
② 피한정후견인
③ 마약, 대마 중독자
④ 향정신성의약품 중독자
⑤ 알콜 중독자

답 ⑤

16 다음 중 동물병원을 개설할 수 없는 경우
는?

① 수의사
② 국가 또는 지방자치단체
③ 동물 진료업을 목적으로 설립된 회사
④ 수의학과가 설치된 대학
⑤ 「민법」이나 특별법에 따라 설립된 비영리
법인

답 ③

17 동물병원을 개설하려 할 때 신고하여야 할
대상이 아닌 것은?

① 특별자치도지사
② 특별자치시장
③ 시장·군수
④ 자치구의 구청장
⑤ 국가

답 ⑤

18 동물보호의 기본원칙이 아닌 것은?

① 동물이 본래의 습성과 신체의 원형을 유
지하지 못하더라도 정상적으로 살 수는
있도록 할 것
② 동물이 갈증 및 굶주림을 겪거나 영양이
결핍되지 아니하도록 할 것
③ 동물이 정상적인 행동을 표현할 수 있고
불편함을 겪지 아니하도록 할 것
④ 동물이 고통·상해 및 질병으로부터 자유
롭도록 할 것
⑤ 동물이 공포와 스트레스를 받지 아니하도
록 할 것

답 ①

19 국가는 동물의 적정한 보호·관리를 위하
여 동물복지종합계획을 수립·시행하여
야 하고, 지방자치단체는 해당 계획에 적
극 협조하여야 하는데 몇 년마다 해당 계
획을 수립하고 시행하여야 하는지?

① 매년   ② 2년
③ 3년   ④ 4년
⑤ 5년

답 ⑤

20 맹견의 소유자가 맹견이 출입하지 아니하도록 하여야 하는 곳이 아닌 것은?

① 「영유아보육법」에 따른 어린이집
② 「유아교육법」에 따른 유치원
③ 「초 · 중등교육법」에 따른 초등학교
④ 「초 · 중등교육법」에 따른 특수학교
⑤ 「고등교육법」에 따른 대학교

답 ⑤

21 반려동물과 관련하여 법이 정하고 있는 법정 영업의 종류가 아닌 것은?

① 동물장묘업
② 동물판매업
③ 동물수입업
④ 동물생산업
⑤ 동물보호업

답 ⑤

22 반려동물과 관련하여 법이 정하고 있는 법정 영업의 종류가 아닌 것은?

① 동물전시업
② 동물수출업
③ 동물미용업
④ 동물운송업
⑤ 동물위탁관리업

답 ②

23 반려동물 관련 영업시설의 전부를 인수한 자가 그 영업자의 지위를 승계할 수 있는 경우가 아닌 것은?

① 「민사집행법」에 따른 경매

② 「채무자 회생 및 파산에 관한 법률」에 따른 환가
③ 「관세법」에 따른 압류재산의 매각
④ 「형사법」에 따른 압류재산의 매각
⑤ 「국세징수법」에 따른 압류재산의 매각

답 ④

24 3년 이하의 징역 또는 3천만 원 이하의 벌금에 처하는 경우는?

① 동물을 죽음에 이르게 하는 학대행위를 한 자
② 맹견을 유기한 소유자
③ 목줄 등 안전조치 의무를 위반하여 사람의 신체를 상해에 이르게 한 자
④ 사람의 신체를 상해에 이르게 한 자
⑤ 거짓이나 그 밖의 부정한 방법으로 동물복지축산농장 인증을 받은 자

답 ①

25 2년 이하의 징역 또는 2천만 원 이하의 벌금에 처하는 경우가 아닌 것은?

① 동물을 학대한 자
② 맹견을 유기한 소유자
③ 목줄 등 안전조치 의무를 위반하여 사람의 신체를 상해에 이르게 한 자
④ 인증을 받지 아니한 농장을 동물복지축산농장으로 표시한 자
⑤ 도박을 목적으로 동물을 이용한 자

답 ⑤

26 500만 원 이하의 벌금에 처하는 경우가 아닌 경우는?

① 비밀을 누설하거나 도용한 윤리위원회의
위원
② 등록 또는 신고를 하지 아니하거나 허가
를 받지 아니하고 영업을 한 자
③ 거짓이나 그 밖의 부정한 방법으로 등록
또는 신고를 하거나 허가를 받은 자
④ 동물을 유기한 소유자
⑤ 영업정지기간에 영업을 한 영업자

답 ④

27 300만 원 이하의 벌금에 처하는 경우가 아
닌 것은?

① 동물을 유기한 소유자
② 도박을 목적으로 동물을 이용한 자 또는
동물을 이용하는 도박을 행할 목적으로
광고·선전한 자
③ 도박·시합·복권·오락·유흥·광고 등
의 상이나 경품으로 동물을 제공한 자
④ 영리를 목적으로 동물을 대여한 자
⑤ 동물실험을 한 모든 자

답 ⑤

28 300만 원 이하의 과태료를 부과하는 경우
가 아닌 것은?

① 법을 위반하여 동물을 판매한 자
② 법을 위반하여 소유자 등 없이 맹견을 기
르는 곳에서 벗어나게 한 소유자
③ 법을 위반하여 월령이 5개월 이상인 맹견
을 동반하고 외출할 때 안전장치 및 이동
장치를 하지 아니한 소유자
④ 법을 위반하여 사람에게 신체적 피해를
주지 아니하도록 관리하지 아니한 소유자
⑤ 법을 위반하여 맹견의 안전한 사육 및 관

리에 관한 교육을 받지 아니한 소유자

답 ③

29 300만 원 이하의 과태료를 부과하는 경우
가 아닌 것은?

① 법을 위반하여 보험에 가입한 소유자
② 법을 위반하여 맹견을 출입하게 한 소유자
③ 법을 위반하여 윤리위원회를 설치·운영
하지 아니한 동물실험시행기관의 장
④ 법을 위반하여 윤리위원회의 심의를 거치
지 아니하고 동물실험을 한 동물실험시행
기관의 장
⑤ 법을 위반하여 개선명령을 이행하지 아니
한 동물실험시행기관의 장

답 ①

30 100만 원 이하의 과태료를 부과하는 경우
가 아닌 것은?

① 법을 위반하여 동물을 운송한 자
② 법을 위반하여 등록대상동물을 등록하지
아니한 소유자
③ 법을 위반하여 미성년자에게 동물 해부실
습을 하게 한 자
④ 법을 위반하여 동물복지축산농장 인증을
받은 자의 지위를 승계하고 그 사실을 신
고하지 아니한 자
⑤ 법을 위반하여 안전조치를 하지 아니하거
나 배설물을 수거하지 아니한 소유자

답 ⑤

31 50만 원 이하의 과태료를 부과하는 경우
인 것은?

① 법을 위반하여 영업자의 지위를 승계하고 그 사실을 신고하지 아니한 자

② 법을 위반하여 교육을 받지 아니하고 영업을 한 영업자

③ 법에 따른 자료제출 요구에 응하지 아니하거나 거짓 자료를 제출한 동물의 소유자

④ 법에 따른 출입 · 검사를 거부 · 방해 또는 기피한 동물의 소유자

⑤ 법을 위반하여 인식표를 부착하지 아니한 소유자등

답 ⑤

32 50만 원 이하의 과태료를 부과하는 경우가 아닌 것은?

① 법에 따른 시정명령을 이행하지 아니한 동물의 소유자

② 법을 위반하여 정해진 기간 내에 신고를 하지 아니한 소유자

③ 법을 위반하여 변경신고를 하지 아니한 소유권을 이전받은 자

④ 법을 위반하여 인식표를 부착하지 아니한 소유자

⑤ 법을 위반하여 안전조치를 하지 아니하거나 배설물을 수거하지 아니한 소유자

답 ①

33 다음 동물보호와 동물 등록에 대한 설명 가운데 옳은 것은?

① 우리나라에서 동물보호법이 처음 제정된 것은 2004년이다.

② 우리나라에서 동물 등록제는 2012년에 시작되었다.

③ 동물의 학대방지 등에 대해 동물을 보호하기 위해 동물보호법을, 반려동물에 대해 관리하기 위해 반려동물 등록제를 제정하였다.

④ 우리나라 동물보건사 제도는 2013년 시작되었다.

⑤ 우리나라 동물 관련 모든 법에서 동물의 개념은 모두 같다.

해설 우리나라에서 동물보호법이 처음 제정된 시기는 1991년이고, 반려견에 대한 동물등록제를 처음 시행한 것은 2008년이며, 동물보건사제도 국가고시를 시작한 시기는 2022년이다. 동물등록제는 2014년 1월 1일부터 전국 의무 시행중이다. 우리나라 반려견에 대한 동물등록제는 2008년 처음 시행한 이후 2014년 1월1일 전국적으로 의무화했다.

동물등록은 내장형 마이크로 칩 삽입뿐 아니라 외장형 무선식별장치나 인식표를 통해 할 수 있다.

우리나라 동물 관련법에는 수의사법, 동물보호법, 가축전염병예방법, 실험동물법 등이 있는데 이들 각각의 법률에서 동물 또는 가축의 개념은 모두 다르다.

답 ③

34 동물보호법에서의 동물에 대한 내용 중 틀린 것은?

① 동물학대란 정당한 사유 없이 불필요하거나 피할 수 있는 신체적 고통과 스트레스를 주는 행위 및 굶주림 질병에 방치하는 행위

② 반려동물이란 고통을 느낄 수 있는 동물

③ 소유자란 일시적 또는 영구적으로 동물을 사육, 관리, 보호하는 사람

④ 맹견이란 사람의 생명이나 신체에 위해를 가할 우려가 있는 개로서 농림축산식품부령으로 정하는 개

35 동물보호법에서 적용되는 "동물"의 개념이 아닌 것은?

① 고통을 느낄 수 있는 신경체계가 발달한 척추동물
② 반려 목적으로 기르는 개, 고양이
③ 등록대상동물
④ 맹견
⑤ 모든 살아있는 동물

해설 [동물보호법에서 명시적으로 언급된 동물] :
· "동물"이란 고통을 느낄 수 있는 신경체계가 발달한 척추동물
　가. 포유류
　나. 조류
　다. 파충류 · 양서류 · 어류 중 농림축산식품부장관이 관계 중앙행정기관의 장과의 협의를 거쳐 대통령령으로 정하는 동물
· "반려동물"이란 반려 목적으로 기르는 개, 고양이 등 농림축산식품부령으로 정하는 동물을 말한다.
· "등록대상동물"이란 동물의 보호, 유실 · 유기 방지, 질병의 관리, 공중위생상의 위해 방지 등을 위하여 등록이 필요하다고 인정하여 대통령령으로 정하는 동물을 말한다.
· "맹견"이란 도사견, 핏불테리어, 로트와일러 등 사람의 생명이나 신체에 위해를 가할 우려가 있는 개로서 농림축산식품부령으로 정하는 개를 말한다.

답 ⑤

36 동물보호법시행령에서 적용되는 "반려동물"에 해당되지 않는 것은?

① 개
② 고양이
③ 토끼
④ 기니피그
⑤ 미니피그

답 ⑤

37 동물보호법시행령에서 적용되는 "맹견"의 종류가 아닌 것은?

① 블독과 그 잡종의 개
② 아메리칸핏불테리어와 그 잡종의 개
③ 아메리칸스태퍼드셔테리어와 그 잡종의 개
④ 스태퍼드셔불테리어와 그 잡종의 개
⑤ 로트와일러와 그 잡종의 개

해설 [동물보호법 시행령에서 명시적으로 언급된 동물] :
· 파충류 · 양서류 · 어류 중 농림축산식품부장관이 관계 중앙행정기관의 장과의 협의를 거쳐 "대통령령으로 정하는 동물"이란 파충류, 양서류 및 어류를 말한다. 다만, 식용을 목적으로 하는 것은 제외한다.
· "반려동물"이란 반려 목적으로 기르는 개, 고양이 등 농림축산식품부령으로 정하는 동물을 말하는데 "개, 고양이 등 농림축산식품부령으로 정하는 동물"이란 개, 고양이, 토끼, 페럿, 기니피그 및 햄스터를 말한다.
· "등록대상동물"이란 동물의 보호, 유실 · 유기 방지, 질병의 관리, 공중위생상의 위해 방지 등을 위하여 등록이 필요하다고 인정하여 대통령령으로 정하는 동물을 말하는데 등록대상동물의 범위에서 "대통령령으로 정하는 동물"이란 다음 각 호의 어느 하나에 해당하는 월령 2개월 이상인 개를 말한다.
　1. 「주택법」에 따른 주택 · 준 주택에서 기르는 개
　2. 「주택법」에 따른 주택 · 준 주택 외의 장소에서 반려 목적으로 기르는 개
· "맹견"이란 도사견, 핏불테리어, 로트와일러 등 사람의 생명이나 신체에 위해를 가할 우려가 있는 개로서 농림축산식품부령으로 정하는 개를 말하는데 맹견의 범위에 따른 맹견은 다음 각 호와 같다.
　1. 도사견과 그 잡종의 개
　2. 아메리칸핏불테리어와 그 잡종의 개
　3. 아메리칸스태퍼드셔테리어와 그 잡종의 개

  4. 스태퍼드셔불테리어와 그 잡종의 개
  5. 로트와일러와 그 잡종의 개

맹견과 맹견 입마개

답 ①

38 가축전염병 예방법에서 적용되는 "가축"에 해당되지 않는 것은?

① 말   ② 당나귀
③ 노새   ④ 낙타
⑤ 꿀벌

해설 [가축전염병예방법에서 명시적으로 언급된 동물] : "가축"이란 소, 말, 당나귀, 노새, 면양 · 염소[(유산양 : 젖을 생산하기 위해 사육하는 염소)을 포함한다], 사슴, 돼지, 닭, 오리, 칠면조, 거위, 개, 토끼, 꿀벌 및 그 밖에 대통령령으로 정하는 동물을 말한다.

답 ④

39 동물보호법시행령에서 적용되는 "등록대상동물"에 해당되는 것은?

① 월령 1개월 이상인 개
② 월령 2개월 이상인 개

③ 월령 6개월 이상인 개
④ 년령 1년 이상인 개
⑤ 년령 2년 이상인 개

해설

내장형 전자칩 장착

외장형 전자태그 장착	인식표 부착
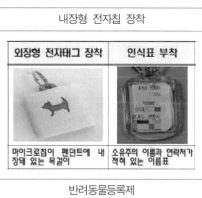	
마이크로칩이 펜던트에 내장돼 있는 목걸이	소유주의 이름과 연락처가 적혀 있는 이름표
반려동물등록제	

답 ②

40 가축전염병 예방법 시행령에서 적용되는 "가축"에 해당되지 않는 것은?

① 기러기   ② 타조
③ 메추리   ④ 꿩
⑤ 꿀벌

해설 [가축전염병 예방법 시행령에서 명시적으로 언급된 동물] : "대통령령으로 정하는 동물"이란 다음 각 호의 동물을 말한다.
  1. 고양이
  2. 타조
  3. 메추리
  4. 꿩
  5. 기러기
  6. 그 밖의 사육하는 동물중 가축전염병이 발

생하거나 퍼지는 것을 막기 위하여 필요하다고 인정하여 농림축산식품부장관이 정하여 고시하는 동물

답 ⑤

41 가축전염병 예방법 시행령에서 적용되는 "가축"에 해당되는 것은?

① 돼지　　② 말
③ 소　　　④ 개
⑤ 고양이

답 ⑤

42 동물보호법에 의하면 동물을 판매할 수 있는 나이는?

① 탄생부터　　② 1개월부터
③ 2개월부터　　④ 1살부터
⑤ 2살부터

답 ③

43 우리나라 동물보호법에서 보호대상이 되는 동물은?

① 인간을 제외한 살아있는 모든 생명
② 모든 척추동물로서 대통령이 정하는 동물
③ 곤충을 포함하는 모든 동물
④ 모든 척추동물
⑤ 모든 척추동물과 양서류, 파충류

답 ②

44 동물보호법령상 동물의 체장으로 옳은 것은?

① 코부터 꼬리까지의 길이를 말한다.

② 머리부터 꼬리까지의 길이를 말한다.
③ 귀부터 꼬리까지의 길이를 말한다.
④ 눈부터 꼬리까지의 길이를 말한다.

해설 동물보호법령상 동물의 체장은 코부터 꼬리까지의 길이를 말한다.

답 ①

45 서울특별시 송파구에서 동물판매업을 하고자 할 때 업무처리절차로 옳은 것은?

① 농림축산식품부에 등록해야 한다.
② 송파구청장에게 등록하여야 한다.
③ 농림수산식품부에 신고해야 한다.
④ 송파구청장에게 신고하여야 한다.
⑤ 서울특별시장에게 등록해야 한다.

해설 동물판매업을 하고자 하는 자는 시장, 군수, 구청장에게 등록하여야 한다. 특별시장이나 광역시장은 도지사급이므로 시장 군수 구청장과 동급이 아니다.

답 ②

46 등록대상동물의 소유자는 농림축산식품부령으로 정해진 사항이 변경된 경우에 변경사유 발생일로부터 며칠 이내에 신고하여야 하나요?

① 변경 사유 발생 일부터 7일 이내
② 변경 사유 발생 일부터 15일 이내
③ 변경 사유 발생 일부터 30일 이내
④ 변경 사유 발생 일부터 60일 이내
⑤ 변경 사유 발생 일부터 90일 이내

해설 등록대상동물의 소유자는 농림축산식품부령으로 정해진 사항이 변경된 후에는 변경사유 발생일로부터 30일 이내에 시장, 군수, 구청장, 특별자치시장에 신고하여야 한다.

답 ③

47 등록대상동물의 소유권을 이전받은 자는 소유권을 이전받은 날부터 며칠 이내에 신고하여야 하는가?

① 7일 이내 ② 10일 이내
③ 15일 이내 ④ 30일 이내
⑤ 60일 이내

답 ④

48 실험동물공급자의 명칭이 변경된 경우 언제까지 관련서류를 제출하여야 하는가?

① 변경된 날부터 7일 이내
② 변경된 날부터 15일 이내
③ 변경된 날부터 30일 이내
④ 변경된 날부터 60일 이내
⑤ 변경된 날부터 90일 이내

답 ③

49 동물보호법령상 동물복지위원회에 대한 내용으로 옳지 않은 것은?

① 위원장이 부득이한 사유로 직무를 수행할 수 없을 때에는 위원장이 미리 지명한 위원의 순으로 그 직무를 대행하며 위원의 임기는 3년으로 한다.
② 복지위원회의 회의는 농림축산식품부의 장관 또는 위원 3분의 1 이상의 요구가 있을 때 위원장이 소집한다.
③ 복지위원회의 회의는 재적위원 과반수의 출석으로 개의하고, 출석위원 과반수의 찬성으로 의결한다.
④ 복지위원회는 심의사항과 관련하여 필요하다고 인정할 때에는 관계인을 출석시켜 의견을 들을 수 있다.

답 ①

50 동물 장묘업의 시설 등의 기준에 관한 설명으로 옳지 않은 것은?

① 사람 장례식장과 달리 동물 장묘업의 경우 분향실을 설치하면 안 된다.
② 납골시설은 유골을 안전하게 보관할 수 있어야 한다.
③ 유골을 개별적으로 확인할 수 있도록 표지판이 붙어 있어야 한다.
④ 화장로는 다른 시설과 격리되어야 한다.

답 ①

51 가축전염병 발생국 등을 여행하는 자가 유의해야 하는 사항으로 틀린 것은?

① 구제역 · 조류인플루엔자 발생 국가를 여행할 경우에는 축산농가, 가축시장 등의 방문을 금지하여야 한다.
② 해외여행에서 귀국한 후에는 15일간 가축 사육시설 출입을 삼가 하여야 한다.
③ 해외여행 중에 입었던 옷 등은 바로 세탁하고, 샤워 등 개인위생 관리에도 철저를 기하여야 한다.
④ 여행지에서 판매하는 육류, 햄, 소시지 등 축산물을 가져오지 말고, 부득이 가져온 경우에는 도착 공항 및 항구에 주재하는 농림수산검역 검사 본부에 신고하여야 한다.

답 ②

52 다음 중 동물생산업에 대한 설명으로 옳은 것은?

① 동물을 번식시켜 동물판매업자에게만 판
매하는 영업을 말한다.

② 동물을 번식시켜 동물수입업자에게만 판
매하는 영업을 말한다.

③ 동물을 번식시켜 소비자에게 판매하는 영
업을 말한다.

④ 동물을 번식시켜 영업자에게 판매하는 영
업을 말한다.

답 ④

53 동물보호법령상 동물의 적정한 사육이나
관리 등에 관한 설명으로 틀린 것은?

① 소유자 등은 동물에게 적합한 사료와 물
을 공급하고, 운동·휴식 및 수면이 보장
되도록 노력하여야 한다.

② 소유자 등은 동물을 관리하거나 다른 장
소로 옮긴 경우에는 그 동물이 새로운 환
경에 적응하는 데에 필요한 조치를 하도
록 노력하여야 한다.

③ 소유자 등은 동물이 질병에 걸리거나 부
상당한 경우에는 신속하게 치료하거나 그
밖에 필요한 조치를 하도록 노력하여야
한다.

④ 동물보호법에서 규정한 사항 외에 동물의
적절한 사육·관리 방법 등에 관한 사항
은 대통령령으로 정한다.

답 ④

54 등록대상동물을 동반하고 외출할 때의 안
전조치로 옳지 않은 내용은?

① 소유자 등은 등록대상동물을 동반하고 외
출할 때에는 농림수산식품부령으로 정하
는 바에 따라 목줄 등 안전조치를 하여야

한다.

② 목줄은 다른 사람에게 위해나 혐오감을
주지 아니하는 범위의 길이를 유지하여야
한다.

③ 소유자 등이 맹견을 동반하고 외출할 때
에는 목줄 외에 입마개를 하여야 한다.

④ 월령이 6개월 미만인 맹견은 입마개를 하
지 아니하고 외출할 수 있다.

답 ④

55 동물보호법상 동물실험의 원칙에 관한 내
용으로 잘못된 것은?

① 동물실험을 한 자는 그 실험이 끝난 후 지
체 없이 해당 동물을 검사하여야 하며, 검
사 결과 해당 동물이 회복될 수 없거나
지속적으로 고통을 받으며 살아야 할 것
으로 인정되는 경우에는 자연사할 수 있
도록 처리하여야 한다.

② 동물실험은 인류의 복지 증진과 동물 생
명의 존엄성을 고려하여 실시하여야 하며,
동물실험을 하려는 경우에는 이를 대체할
수 있는 방법을 우선적으로 고려하여야
한다.

③ 실험동물의 고통이 수반되는 실험은 감각
능력이 낮은 동물을 사용하고 진통·진정
·마취제의 사용 등 수의학적 방법에 따
라 고통을 덜어주기 위한 적절한 조치를
하여야 한다.

④ 동물보호법에서 규정한 사항 외에 동물실
험의 원칙에 관하여 필요한 사항은 농림
수산식품부장관이 정하여 고시한다.

답 ①

56 다음 중 동물보호법령상 동물보호센터의 시설기준으로 옳지 않은 것은?

① 진료실과 격리실은 각각 구분하여 설치하여야 하며, 사육실과 사료보관실은 공동으로 사용할 수 있다.

② 시 · 도지사 또는 위탁보호센터 운영자가 동물에 대한 진료를 동물병원에 위탁하는 경우에는 진료실을 설치하지 아니할 수 있다.

③ 동물의 탈출 및 도난방지, 방역 등을 위해 방범시설 및 외부인의 출입을 통제할 수 있는 장치가 있어야 한다.

④ 시설의 청결유지와 위생관리에 필요한 급수시설 및 배수시설을 갖추어야 하며, 바닥은 청소와 소독이 용이한 재질이어야 한다.

답 ①

57 동물보건사가 해야 할 일의 범위에서 벗어난 것은?

① 동물병원 위생 관리를 한다.

② 진료 시 고양이를 보정한다.

③ 수의사에게 들은 주의사항을 보호자에게 다시 전달한다.

④ 입원 강아지에게 근육주사를 투여한다.

⑤ 고양이 혈액생화학검사를 한다.

답 ④

58 수의사법이 지정하는 진료부의 보존 기간은 언제까지인가?

① 10년 ② 1년
③ 3년 ④ 5년
⑤ 8년

답 ②

59 동물보호법에 명시되지 않는 동물 관련 영업은?

① 동물훈련업 ② 동물장묘업
③ 동물전시업 ④ 동물생산업
⑤ 동물위탁관리업

답 ①

60 동물보호법 시행규칙에 명시된 맹견이 아닌 것은?

① 시바견과 그 잡종의 개

② 도사견과 그 잡종의 개

③ 아메리칸 핏불 테리어와 그 잡종의 개

④ 아메리칸 스태퍼드셔 테리어와 그 잡종의 개

⑤ 로트와일러와 그 잡종의 개

답 ①

61 동물보호법 위반 시 벌칙의 정도가 다른 하나는?

① 동물을 죽음에 이르게 하는 학대행위를 한 자

② 유실 · 유기동물을 포획하여 판매하거나, 알선 · 구매하는 자

③ 맹견을 유기한 소유자

④ 목줄 등 안전조치 의무를 위반하여 사람의 신체를 상해에 이르게 한 자

⑤ 소유자 등 없이 맹견을 기르는 곳에서 벗어나게 하여 사람의 신체를 상해에 이르게 한 자

답 ①

62 반려동물과 관련된 영업을 하려는 자가 농림축산식품부령으로 정하는 사항을 지키지 않아도 되는 것은 무엇인가?

① 동물의 사육 · 관리에 관한 사항
② 동물의 생산등록, 동물의 반입 · 반출 기록의 작성 · 보관에 관한 사항
③ 동물의 판매가격 사전고시에 관한 사항
④ 동물 사체의 적정한 처리에 관한 사항
⑤ 영업시설 운영기준에 관한 사항

답 ③

63 맹견 사고가 끊이지 않자 맹견 소유자의 배상책임보험에 의무적으로 가입하도록 한 법률은?

① 수의사법
② 가축전염병예방법
③ 동물보호법
④ 민법
⑤ 형법

답 ③

64 맹견 소유자가 배상책임보험에 의무적으로 가입하지 않으면 받는 처벌은?

① 100만원이하 과태료
② 300만원이하 과태료
③ 100만원이하 벌금
④ 300만원이하 벌금
⑤ 1년이하의 징역

답 ②

동물복지와 동물권

- 16문항 -

01 다음중 동물의 5가지 자유가 아닌 것은?

① 배고픔과 목마름으로부터의 자유
② 육체적 불편함과 고통으로부터의 자유
③ 상처와 질병으로부터의 자유
④ 필수적인 행동을 행할 수 있는 자유
⑤ 자연적인 환경에서 사육될 수 있는 자유

해설 동물의 5대 자유란 배고픔과 갈증, 영양불량으로부터의 자유, 불안과 스트레스로부터의 자유, 정상적 행동을 표현할 자유, 통증 · 상해 · 질병으로부터의 자유, 불편함으로부터의 자유 등이다.

답 ⑤

02 다음 중 3R에 대한 설명으로 맞지 않는 것은?

① 대체(replacement), 감소(reduction), 휴식(rest)이다.
② 실험동물의 윤리적 연구를 위한 구체적 기준이다.
③ 감소(reduction)이란 실험동물의 숫자를 통계학적 근거에 의해 결정하는 방법이 이에 속한다.
④ 대체(replacement)란 하위동물을 사용하는 방법이다.
⑤ 대체(replacement)란 동물실험대신에 컴퓨터 프로그램이나 물리학적 기법을 이용하는 방법이다.

해설 실험동물의 3R 원칙이란 동물실험의 숫자를 줄이고(Reduction), 비동물실험으로 대체(Replacement)하며, 고통을 최소화(Refinement)하는 것이다. 동물보호법은 동물실험에 대한 일반적 원칙인 3R 원칙을 명시하고 있다(동물보호법 제 23조). 즉, 동물실험의 대체(Replacement), 사용 동물 수 감소(Reduction), 실험방법 개선(Refinement)의 첫 글자를 딴 것이다.

답 ①

03 동물복지 관점에서 길고양이에 대한 대책으로서 적절하지 않은 것은?

① 길고양이를 적절하게 포획하여 안락사 시키도록 한다.
② 개체수의 증감은 먹이 공급과 관련이 있다.
③ 모든 포획된 고양이는 중성화 수술을 시행한다.
④ 중성화 수술을 시행한 고양이는 다시 방사한다.
⑤ 효율적인 음식물쓰레기 관리도 중요하다.

답 ①

04 다음 중 우리나라에서 실험이 금지되거나 제한 된 동물실험은?

① 유기견, 맹도견, 안내견 등 인간을 위하여

사역한 동물을 대상으로 하는 실험
② 화장품 실험 등 사치품을 위한 실험
③ 침팬지와 같은 유인원을 이용한 실험
④ 무기실험과 같은 실험
⑤ 동물에게 악성종양 등을 발생시켜 이용하는 실험

답 ①

05 인간과 동물의 유대관계(HAB, human animal bond)에 관한 기본 사항 중 틀린 것은?

① HAB를 형성하는 동물은 반려동물이며, 경제동물과는 다르다.
② 반려동물은 인간과 거주공간을 공유한다.
③ 반려동물은 개별적인 이름을 가지고 있다.
④ 반려동물도 필요시 식용으로 이용할 수 있다.
⑤ 인간과 동물의 관계는 일방적이지 않고 상호적인 효과가 있다.

답 ④

06 다음 중 유기동물이 증가하는 이유가 아닌 것은?

① 책임의식 부재
② 무분별한 번식
③ 반려동물 관련법과 제도의 시행
④ 공동생활 위협
⑤ 동물 질병 발생

답 ③

07 반려동물 소유자 및 동물을 국가에 등록하게 하는 동물등록제를 실시하는 목적이 아

닌 것은?

① 동물 사육 두수의 증가
② 유기동물 발생 억제
③ 예방접종 관리
④ 소유자 책임의식 고취
⑤ 잃어버린 동물을 쉽게 찾음

답 ①

08 다음 중 동물복지에 관한 사항으로서 틀린 것은?

① 동물복지와 동물간호는 전혀 다른 분야이다.
② 동물복지를 위해서는 수의학적 관리가 필요하다.
③ 동물복지와 관련된 문제들은 기본적인 건강과 생존에 결부된 것이다.
④ 동물은 학대를 통해 통증, 불안, 공포, 좌절, 절망 등의 상태에 처하게 된다.
⑤ 동물복지에서 상해와 질병에 대한 관리와 처치가 필수적인 요소이다.

답 ①

09 산업동물에 대한 설명 중 옳지 않은 것은?

① 산업동물(industrial animal)이란 농장동물(farm animal), 식품동물(food animal)과 같은 뜻이다.
② 개, 고양이 등 집에서 기르는 동물도 이에 포함된다.
③ 산업동물의 복지는 식품안전, 인간의 건강과 관계가 있다.
④ 산업동물복지의 중요한 점은 "인위적 환경하에 고통 없이 적응하도록 하는 것, 이유 없는 학대금지"로 요약된다.

⑤ 광우병은 산업동물의 복지가 무시된 결과로 볼 수 있다.

답 ②

10 다음 중 우리나라 반려동물의 현황에 대한 기술 중 맞지 않는 것은?

① 사육환경은 '강아지 공장"이라 불릴 정도로 열악하다.
② 애완동물을 구입 직후 질병발생 또는 폐사로 피해를 입은 소비자들이 많다.
③ 동물을 소유개념으로 생각하는 보호자들 중에는 동물에게 가혹행위를 함으로써 자신의 우월적 지위를 확인하기도 한다.
④ 생후 3~12개월 사이가 '사회화 시기'이며, 사회화 시기란 동물이 다른 동물과 잘 어울리도록 교육시키는 것을 말한다.
⑤ 중성화 수술은 여러 가지 이상, 이를테면 방황, 과도한 성욕, 공격성, 영역표시 등에 대하여 교정효과가 있다.

해설 강아지를 훈련시키는 가장 좋은 적기는 생후 3~4개월부터이며 대소변 가리기나 함부로 물어뜯는 버릇 교정 등 이른바 '유아기'의 예의범절 교육을 시켜야 하는데, 결국, 강아지의 성격이 형성되는 8개월 이전에 미리 교육하는 것이 좋다. 하지만 기본적인 사회화 훈련은 생후 3주~15주가 적당하다.

답 ④

11 반려동물과 관련된 다음 설명 중 옳지 않는 것은?

① 우리나라에서 유기동물이 증가하는 이유 중의 하나는 임산부가 출산을 대비한 고민 때문에 일어나기도 한다.
② 유기동물은 질병 또는 전염병을 감염시키거나 매개체의 역할을 할 가능성이 높다.
③ 본래의 동물 습성을 유기하기 어려운 '보호'가 아닌 '수용' 상태인 경우도 많다.
④ 여성이나 아동을 학대하는 가정이 동물을 학대하는 가정인 가능성이 매우 높다.
⑤ 유통업자들이 반려동물 소유자를 교육할 책임이 전혀 없다.

답 ⑤

12 Pet loss에 의해 나타나는 특징적인 증상이 아닌 것은?

① 무력감　② 자책감
③ 억울감　④ 비탄
⑤ 식욕증가

답 ⑤

13 동물복지축산농장의 가축의 입식 및 관리에 관한 설명으로 옳지 않은 것은?

① 다른 농장에서 동물을 입식하려는 경우 해당 동물은 동물복지 인증 축산농장에서 사육된 동물이어야 한다.
② 동물용의약품을 사용한 동물은 해당 약품 유약기간의 3배가 지나야 해당 축산물에 동물복지축산농장 표시를 할 수 있다.
③ 농장 내 동물이 전체적으로 활기가 있고 털에 윤기가 나며, 걸음걸이가 활발하며, 사료와 물의 섭취 행동에 활력이 있어야 한다.
④ 수의사의 처방에 따른 질병 치료 목적을 제외하고, 사료 및 음수에 동물용의약품을 첨가하여서는 안 된다.

답 ②

14 동물복지에 대한 설명 중 틀린 것은?

① 우선 동물보호와 동물복지는 근본적으로 인간의 동물 이용을 허용한다는 점에서 큰 차이점은 없다.

② '동물보호'는 동물을 재산과 마찬가지로 보호와 관리의 대상이라는 관점에서 본다.

③ '동물복지'는 동물보호에서 한 발 나아가 동물이 '기본적인 욕구가 충족되고 고통이 최소화되는 행복한 상태'를 누릴 수 있도록 적극적으로 복리를 제공하는 것이다.

④ 동물복지는 고통을 느낄 수 있는 특정 동물만을 대상으로 하지 않으며, 인간의 이용을 합리화한다.

⑤ 동물을 생명체 자체로서 존중하고 생명 없는 물건과 구별하는 동물권 논자들의 비판을 받는다.

해설 동물복지는 고통을 느낄 수 있는 산업동물이나 실험동물 등의 특정 동물만을 대상으로 하며, 인간의 이용을 합리화한다.

답 ④

15 동물권리에 대한 설명 중 틀린 것은?

① 동물복지는 동물을 위해 더 안락하고 넓은 우리를 제공하는 것이라면 동물권 옹호의 주장은 철장을 열고 동물을 자유롭게 본성대로 살아갈 수 있도록 해주는 것이다.

② 모든 동물은 생명체이며 삶의 주체로서 그 자체로 존중받을 권리가 있다고 보는 것이 동물권 옹호론이다.

③ 동물권 옹호론자들은 식용, 연구, 실험, 사냥 등의 목적으로 동물을 이용하는 것을 중지해야 한다고 주장한다.

④ 인간과 매우 유사한 침팬지와 보노보 등

은 아예 법적 인격성(Legal Personhood)을 가질 수 있고, 법정에서 대리될 수 있다고 주장하면서, 실제로 침팬지와 코끼리를 대리하여 소송을 진행하고 있다.

⑤ 미국은 1990년 민법에서 "동물은 물건이 아니다. 동물은 별도의 법률에 의해 보호된다."고 각각 규정하였다.

해설 동물권 옹호론자들은 동물에게 최소한 기본적인 권리는 존재함을 인정한다. 하지만, 이러한 동물의 권리를 '법적'으로 명시한 국가는 아직 없다. 하지만, 선진국에서는 최소한 법적으로 동물을 생명 없는 물건과는 구분하려고 하고 있다. 독일은 1990년 민법에서 "동물은 물건이 아니다. 동물은 별도의 법률에 의해 보호된다."고 규정하였고, 2002년에는 연방헌법에 "국가는 자연적 생활기반과 동물을 보호한다."고 명시, 헌법적 차원에서 동물을 '생명체를 가진 동료'로서 존중하고 있다. 스위스는 1992년에 헌법을 개정하면서 법적으로 동물을 사물 아닌 '생명'으로 인정하였으며, 2002년에는 독일과 유사한 내용으로 민법도 개정하였다. 뉴질랜드는 1999년에 '유인원'에게 인간의 권리를 확장하면서 유인원을 실험에 사용할 때에는 정부 승인을 받도록 규정하였고, 에콰도르는 2008년 국민투표를 통해 헌법에 '동물을 포함한 자연'을 권리의 주체로 격상시켰다. 우리나라의 경우 헌법에는 동물에 관련한 언급이 별도로 없고, 민법 제98조에는 동물을 생명 없는 물건 즉, 유체물과 동일하게 취급하고 있다.

답 ⑤

16 민법에서 '동물은 물건이 아니다. 동물은 별도의 법률에 의해 보호된다'고 1990년에 규정한 동물권 옹호국가는?

① 미국   ② 독일

③ 프랑스   ④ 스위스

⑤ 뉴질랜드

답 ②

MEMO

동물보건사

5

동물보건사 관련
법규요약

동물보건사 제도의 근거는 수의사법이다.

 동물보건사의 자격

- 동물보건사 국가자격시험에 합격한 후 농림축산식품부령으로 정하는 바에 따라 농림축산식품부장관의 자격인정을 받아야 한다.
    1. 농림축산식품부장관의 평가인증을 받은 「고등교육법」에 따른 전문대학 또는 이와 같은 수준 이상의 학교의 동물 간호 관련 학과를 졸업한 사람
        - 동물보건사 자격시험 응시일부터 6개월 이내에 졸업이 예정된 사람을 포함한다.
    2. 「초·중등교육법」에 따른 고등학교 졸업자 또는 초·중등교육법령에 따라 같은 수준의 학력이 있다고 인정되는 사람
        - 고등학교 졸업학력 인정 자
        - 농림축산식품부장관의 평가인증을 받은 「평생교육법」에 따른 평생교육기관의 고등학교 교과 과정에 상응하는 동물 간호에 관한 교육과정을 이수한 후 농림축산식품부령으로 정하는 동물 간호 관련 업무에 1년 이상 종사한 사람
    3. 농림축산식품부장관이 인정하는 외국의 동물 간호 관련 면허나 자격을 가진 사람

 동물보건사의 자격시험

- 동물보건사 자격시험은 매년 농림축산식품부장관이 시행한다.
- 농림축산식품부장관은 동물보건사 자격시험의 관리를 대통령령으로 정하는 바에 따라 시험 관리 능력이 있다고 인정되는 관계 전문기관에 위탁할 수 있다.
- 농림축산식품부장관은 자격시험의 관리를 위탁한 때에는 그 관리에 필요한 예산을 보조할 수 있다.
- 동물보건사 자격시험의 실시 등에 필요한 사항은 농림축산식품부령으로 정한다.

양성기관의 평가인증

- 동물보건사 양성과정을 운영하려는 학교 또는 교육기관 즉, 양성기관은 농림축산식품 부령으로 정하는 기준과 절차에 따라 농림축산식품부장관의 평가인증을 받을 수 있다.
- 농림축산식품부장관은 평가인증을 받은 양성기관이 농림축산식품부령으로 정하는 바에 따라 평가인증을 취소할 수 있다.
- 거짓이나 그 밖의 부정한 방법으로 평가인증을 받은 경우
- 양성기관 평가인증 기준에 미치지 못하게 된 경우

 동물보건사의 업무

- 동물보건사는 동물병원 내에서 수의사의 지도 아래 동물의 간호 또는 진료 보조 업무를 수행할 수 있다.
- 구체적인 업무의 범위와 한계 등에 관한 사항은 농림축산식품부령으로 정한다.

동물보건사 관련 수의사법 시행령과 시행규칙

- 시험 과목은 기초 동물보건학, 예방 동물보건학, 임상동물보건학, 동물보건 법규 및 동물 윤리와 복지 4과목이고, 필기시험 전 과목 총점의 60% 이상 득점하면 합격이며, 단, 한 과목이라도 정답률 40% 미만으로 과락을 하면 불합격이 된다.

수의사법

목적

- 이 법은 수의사의 기능과 수의업무에 관하여 필요한 사항을 규정함으로써 동물의 건강증진, 축산업의 발전과 공중위생의 향상에 기여함을 목적으로 한다.

정의

1. "수의사"란 수의업무를 담당하는 사람으로서 농림축산식품부장관의 면허를 받은 사람
2. "동물"이란 소, 말, 돼지, 양, 개, 토끼, 고양이, 조류, 꿀벌, 수생동물, 그 밖에 대통령령으로 정하는 동물
3. "동물진료업"이란 동물을 진료하거나 동물의 질병을 예방하는 업
   - 동물의 사체 검안을 포함
   - "동물보건사"란 동물병원 내에서 수의사의 지도 아래 동물의 간호 또는 진료 보조 업무에 종사하는 사람으로서 농림축산식품부장관의 자격인정을 받은 사람
4. "동물병원"이란 동물진료업을 하는 장소로서 신고를 한 진료기관

🐾 직무

- 수의사는 동물의 진료 및 보건과 축산물의 위생 검사에 종사하는 것을 그 직무로 한다.

🐾 수의사 면허

- 수의사가 되려는 사람은 수의사 국가시험에 합격한 후 농림축산식품부령으로 정하는 바에 따라 농림축산식품부장관의 면허를 받아야 한다.

🐾 수의사 면허 결격사유

1. 「정신건강증진 및 정신질환자 복지서비스 지원에 관한 법률」에 따른 정신질환자.
   - 정신건강의학과전문의가 수의사로서 직무를 수행할 수 있다고 인정하는 사람은 예외
2. 피성년후견인 또는 피한정후견인
3. 마약, 대마, 그 밖의 향정신성의약품 중독자.
   - 정신건강의학과전문의가 수의사로서 직무를 수행할 수 있다고 인정하는 사람은 예외
4. 「수의사법」, 「가축전염병예방법」, 「축산물위생관리법」, 「동물보호법」, 「의료법」, 「약사법」, 「식품위생법」 또는 「마약류관리에 관한 법률」을 위반하여 금고 이상의 실형을 선고받고 그 집행이 끝나지 아니하거나 면제되지 아니한 사람
   - 집행이 끝난 것으로 보는 경우를 포함

🐾 수의사 면허의 등록

- 농림축산식품부장관은 면허를 내줄 때에는 면허에 관한 사항을 면허대장에 등록하고 그 면허증을 발급하여야 한다.
- 면허증은 다른 사람에게 빌려주거나 빌려서는 아니 되며, 이를 알선하여서도 아니 된다.
- 면허의 등록과 면허증 발급에 필요한 사항은 농림축산식품부령으로 정한다.

수의사 국가시험

- 수의사 국가시험은 매년 농림축산식품부장관이 시행한다.
- 수의사 국가시험은 동물의 진료에 필요한 수의학과 수의사로서 갖추어야 할 공중위생에 관한 지식 및 기능에 대하여 실시한다.
- 농림축산식품부장관은 수의사 국가시험의 관리를 대통령령으로 정하는 바에 따라 시험 관리 능력이 있다고 인정되는 관계 전문기관에 맡길 수 있다.
- 수의사 국가시험 실시에 필요한 사항은 대통령령으로 정한다.

수의사 국가시험 응시자격

- 수의사 국가시험에 응시할 수 있는 사람은 수의사 면허 결격사유에 해당하지 않아야 한다.
- 수의사 국가시험에 응시할 수 있는 사람은 다음에 해당하여야 한다.
    1. 수의학을 전공하는 대학을 졸업하고 수의학사 학위를 받은 사람
        - 6개월 이내에 졸업하여 수의학사 학위를 받을 사람을 포함한다.
        - 수의학과가 설치된 대학의 수의학과를 포함한다.
        - 6개월 이내에 졸업하여 수의학사 학위를 받을 사람이 해당 기간에 수의학사 학위를 받지 못하면 처음부터 응시자격이 없는 것으로 본다.
    2. 외국에서 농림축산식품부장관이 정하여 고시하는 인정기준에 해당하는 학교를 졸업하고 그 국가의 수의사 면허를 받은 사람

수험자의 부정행위

- 부정한 방법으로 수의사 국가시험에 응시한 사람 또는 수의사 국가시험에서 부정행위를 한 사람에 대하여는 그 시험을 정지시키거나 그 합격을 무효로 한다.
- 시험이 정지되거나 합격이 무효가 된 사람은 그 후 두 번까지는 수의사 국가시험에 응시할 수 없다.

무면허 진료행위의 금지

- 수의사가 아니면 동물을 진료할 수 없다.
- 「수산생물질병 관리법」에 따라 수산질병관리사 면허를 받은 사람이 같은 법에 따라 수산생물을 진료하는 경우와 그 밖에 대통령령으로 정하는 진료는 예외로 한다.

진료의 거부 금지

- 동물진료업을 하는 수의사가 동물의 진료를 요구받았을 때에는 정당한 사유 없이 거부하여서는 아니 된다.

진단서

- 수의사는 자기가 직접 진료하거나 검안하지 아니하고는 진단서, 검안서, 증명서 또는 처방전을 발급하지 못하며, 「약사법」에 따른 동물용 의약품, 즉 처방대상 동물용 의약품을 처방·투약하지 못한다.
- 「전자 서명 법」에 따른 전자서명이 기재된 전자문서 형태로 작성한 처방전을 포함한다.
- 직접 진료하거나 검안한 수의사가 부득이한 사유로 진단서, 검안서 또는 증명서를 발급할 수 없을 때에는 같은 동물병원에 종사하는 다른 수의사가 진료부 등에 의하여 발급할 수 있다.
- 진료 중 폐사한 경우에 발급하는 폐사 진단서는 다른 수의사에게서 발급받을 수 있다.
- 수의사는 직접 진료하거나 검안한 동물에 대한 진단서, 검안서, 증명서 또는 처방전의 발급을 요구받았을 때에는 정당한 사유 없이 이를 거부하여서는 아니 된다.
- 진단서, 검안서, 증명서 또는 처방전의 서식, 기재사항, 그 밖에 필요한 사항은 농림축산식품부령으로 정한다.
- 농림축산식품부장관에게 신고한 축산농장에 상시 고용된 수의사와 「동물원 및 수족관의 관리에 관한 법률」에 따라 등록한 동물원 또는 수족관에 상시 고용된 수의사는 해당 농장, 동물원 또는 수족관의 동물에게 투여할 목적으로 처방대상 동물용 의약품에 대한 처방전을 발급할 수 있다.

- 상시 고용된 수의사의 범위, 신고방법, 처방전 발급 및 보존 방법, 진료부 작성 및 보고, 교육, 준수사항 등 그 밖에 필요한 사항은 농림축산식품부령으로 정한다.

🐈 처방대상 동물용 의약품에 대한 처방전의 발급

- 수의사는 동물에게 처방대상 동물용 의약품을 투약할 필요가 있을 때에는 처방전을 발급하여야 한다.
- 축산농장, 동물원 또는 수족관에 상시 고용된 수의사를 포함한다.
- 수의사는 처방전을 발급할 때에는 수의사처방관리시스템을 통하여 처방전을 발급하여야 한다.
- 전산장애, 출장 진료 그 밖에 대통령령으로 정하는 부득이한 사유로 수의사처방관리시스템을 통하여 처방전을 발급하지 못할 때에는 농림축산식품부령으로 정하는 방법에 따라 처방전을 발급하고 부득이한 사유가 종료된 날부터 3일 이내에 처방전을 수의사처방관리시스템에 등록하여야 한다.
- 수의사는 본인이 직접 처방대상 동물용 의약품을 처방·조제·투약하는 경우에는 처방전을 발급하지 아니할 수 있다.
- 이 경우 해당 수의사는 수의사처방관리시스템에 처방대상 동물용 의약품의 명칭, 용법 및 용량 등 농림축산식품부령으로 정하는 사항을 입력하여야 한다.
- 처방전의 서식, 기재사항, 그 밖에 필요한 사항은 농림축산식품부령으로 정한다.
- 처방전을 발급한 수의사는 처방대상·동물용 의약품을 조제하여 판매하는 자가 처방전에 표시된 명칭·용법 및 용량 등에 대하여 문의한 때에는 즉시 이에 응답하여야 한다.
- 다음의 경우에는 그러하지 아니하다.
  1. 응급한 동물을 진료 중인 경우
  2. 동물을 수술 또는 처치 중인 경우
  3. 그 밖에 문의에 응답할 수 없는 정당한 사유가 있는 경우

🐱 수의사처방관리시스템의 구축·운영

- 농림축산식품부장관은 처방대상 동물용 의약품을 효율적으로 관리하기 위하여 수의사 처방관리시스템을 구축하여 운영하여야 한다.
- 수의사처방관리시스템의 구축·운영에 필요한 사항은 농림축산식품부령으로 정한다.

🐱 진료부 및 검안부

- 수의사는 진료부나 검안부를 갖추어 두고 진료하거나 검안한 사항을 기록하고 서명하여야 한다.
- 진료부 또는 검안부의 기재사항, 보존기간 및 보존방법, 그 밖에 필요한 사항은 농림축산식품부령으로 정한다.
- 진료부 또는 검안부는 「전자서명법」에 따른 전자서명이 기재된 전자문서로 작성·보관할 수 있다.

🐱 신고

- 수의사는 농림축산식품부령으로 정하는 바에 따라 그 실태와 취업상황 등을 대한수의사회에 신고하여야 한다.
- 근무지가 변경된 경우를 포함한다.

🐱 진료기술의 보호

- 수의사의 진료행위에 대하여는 이 법 또는 다른 법령에 규정된 것을 제외하고는 누구든지 간섭하여서는 아니 된다.

🐱 기구 등의 우선 공급

- 수의사는 진료행위에 필요한 기구, 약품, 그 밖의 시설 및 재료를 우선적으로 공급받을 권리를 가진다.

🐱 동물병원

- 수의사는 이 법에 따른 동물병원을 개설하지 아니하고는 동물 진료 업을 할 수 없다.
- 동물병원은 개설할 수 있는 경우
  1. 수의사
  2. 국가 또는 지방자치단체
  3. 동물진료업을 목적으로 설립된 법인
     - "동물진료법인"
  4. 수의학을 전공하는 대학
     - 수의학과가 설치된 대학을 포함한다.
  5. 「민법」이나 특별법에 따라 설립된 비영리법인
     - 동물병원을 개설하려면 농림축산식품부령으로 정하는 바에 따라 특별자치도지사·특별자치시장·시장·군수 또는 자치구의 구청장에게 신고하여야 한다.
     - 특별자치도지사·특별자치시장·시장·군수 또는 자치구의 구청장은 이 법에서 시장, 군수로 통일한다.
     - 신고 사항 중 농림축산식품부령으로 정하는 중요 사항을 변경하려는 경우에도 같다.
     - 시장·군수는 신고를 받은 경우 그 내용을 검토하여 법에 적합하면 신고를 수리하여야 한다.
     - 동물병원의 시설기준은 대통령령으로 정한다.

🐱 동물병원의 관리의무

- 동물병원 개설자는 자신이 그 동물병원을 관리하여야 한다.
- 동물병원 개설자가 부득이한 사유로 그 동물병원을 관리할 수 없을 때에는 그 동물병원에 종사하는 수의사 중에서 관리자를 지정하여 관리하게 할 수 있다.

🐱 동물 진단용 방사선발생장치의 설치 · 운영

- 동물을 진단하기 위하여 방사선발생장치 즉, 동물 진단용 방사선발생장치를 설치 · 운영하려는 동물병원 개설자는 농림축산식품부령으로 정하는 바에 따라 시장 · 군수에게 신고하여야 한다.
- 시장 · 군수는 그 내용을 검토하여 이 법에 적합하면 신고를 수리하여야 한다.
- 동물병원 개설자는 동물 진단용 방사선발생장치를 설치 · 운영하는 경우에는 다음 사항을 준수하여야 한다.
    1. 농림축산식품부령으로 정하는 바에 따라 안전관리 책임자를 선임할 것
    2. 안전관리 책임자가 그 직무수행에 필요한 사항을 요청하면 동물병원 개설자는 정당한 사유가 없으면 지체 없이 조치할 것
    3. 안전관리 책임자가 안전관리업무를 성실히 수행하지 아니하면 지체 없이 그 직으로부터 해임하고 다른 직원을 안전관리 책임자로 선임할 것
    4. 그 밖에 안전관리에 필요한 사항으로서 농림축산식품부령으로 정하는 사항
        - 동물병원 개설자는 동물 진단용 방사선발생장치를 설치한 경우에는 농림축산식품부장관이 지정하는 검사기관 또는 측정기관으로부터 정기적으로 검사와 측정을 받아야 하며, 방사선 관계 종사자에 대한 피폭관리를 하여야 한다.
        - 동물 진단용 방사선발생장치의 범위, 신고, 검사, 측정 및 피폭관리 등에 필요한 사항은 농림축산식품부령으로 정한다.

동물 진단용 특수의료장비의 설치·운영

- 동물을 진단하기 위하여 농림축산식품부장관이 고시하는 의료장비, 즉 동물 진단용 특수의료장비를 설치·운영하려는 동물병원 개설자는 농림축산식품부령으로 정하는 바에 따라 그 장비를 농림축산식품부장관에게 등록하여야 한다.
- 동물병원 개설자는 동물 진단용 특수의료장비를 농림축산식품부령으로 정하는 설치 인정기준에 맞게 설치·운영하여야 한다.
- 동물병원 개설자는 동물 진단용 특수의료장비를 설치한 후에는 농림축산식품부령으로 정하는 바에 따라 농림축산식품부장관이 실시하는 정기적인 품질관리검사를 받아야 한다.
- 동물병원 개설자는 품질관리검사 결과 부적합 판정을 받은 동물 진단용 특수의료장비를 사용하여서는 아니 된다.

검사·측정기관의 지정

- 농림축산식품부장관은 검사용 장비를 갖추는 등 농림축산식품부령으로 정하는 일정한 요건을 갖춘 기관을 동물 진단용 방사선발생장치의 검사기관 또는 측정기관, 즉 검사·측정기관으로 지정할 수 있다.
- 농림축산식품부장관은 검사·측정기관 지정을 취소하거나 6개월 이내의 기간을 정하여 업무의 정지를 명할 수 있다.
  1. 거짓이나 그 밖의 부정한 방법으로 지정을 받은 경우
  2. 고의 또는 중대한 과실로 거짓의 동물 진단용 방사선발생장치 등의 검사에 관한 성적서를 발급한 경우
  3. 업무의 정지 기간에 검사·측정업무를 한 경우
  4. 농림축산식품부령으로 정하는 검사·측정기관의 지정기준에 미치지 못하게 된 경우
  5. 그 밖에 농림축산식품부장관이 고시하는 검사·측정업무에 관한 규정을 위반한 경우
- 검사·측정기관의 지정절차 및 지정 취소, 업무 정지에 필요한 사항은 농림축산식품

부령으로 정한다.

- 검사 · 측정기관의 장은 검사 · 측정업무를 휴업하거나 폐업하려는 경우에는 농림축산 식품부령으로 정하는 바에 따라 농림축산식품부장관에게 신고하여야 한다.

🐈 휴업 · 폐업의 신고

- 동물병원 개설자가 동물진료업을 휴업하거나 폐업한 경우에는 지체 없이 관할 시장 · 군수에게 신고하여야 한다.
- 30일 이내의 휴업인 경우에는 예외

🐈 발급수수료

- 진단서 등 발급수수료 상한액은 농림축산식품부령으로 정한다.
- 동물병원 개설자는 의료기관이 동물의 소유자 또는 관리자로부터 징수하는 진단서 등 발급수수료를 농림축산식품부령으로 정하는 바에 따라 고지 · 게시하여야 한다.
- 동물병원 개설자는 고지 · 게시한 금액을 초과하여 징수할 수 없다.

🐈 공수의

- 시장 · 군수는 동물 진료 업무의 적정을 도모하기 위하여 동물병원을 개설하고 있는 수의사, 동물병원에서 근무하는 수의사 또는 농림축산식품부령으로 정하는 축산 관련 비영리법인에서 근무하는 수의사에게 업무를 위촉할 수 있다.
- 농림축산식품부령으로 정하는 축산 관련 비영리법인에서 근무하는 수의사에게는 제3 호와 제6호의 업무만 위촉할 수 있다.
  1. 동물의 진료
  2. 동물 질병의 조사 · 연구
  3. 동물 전염병의 예찰 및 예방
  4. 동물의 건강진단

5. 동물의 건강증진과 환경위생 관리

6. 그 밖에 동물의 진료에 관하여 시장·군수가 지시하는 사항

- 동물진료 업무를 위촉받은 수의사 즉, 공수의는 시장·군수의 지휘·감독을 받아 위촉받은 업무를 수행한다.

🐈 공수의의 수당 및 여비

- 시장·군수는 공수의에게 수당과 여비를 지급한다.
- 특별시장·광역시장·도지사 또는 특별자치도지사·특별자치시장은 수당과 여비의 일부를 부담할 수 있다.
- 특별시장·광역시장·도지사 또는 특별자치도지사·특별자치시장은 이 법에서 시·도지사라 통일한다.

🐈 동물진료법인

- 동물진료법인을 설립하려는 자는 대통령령으로 정하는 바에 따라 정관과 그 밖의 서류를 갖추어 그 법인의 주된 사무소의 소재지를 관할하는 시·도지사의 허가를 받아야 한다.
- 동물진료법인은 그 법인이 개설하는 동물병원에 필요한 시설이나 시설을 갖추는 데에 필요한 자금을 보유하여야 한다.
- 동물진료법인이 재산을 처분하거나 정관을 변경하려면 시·도지사의 허가를 받아야 한다.
- 이 법에 따른 동물진료법인이 아니면 동물진료법인이나 이와 비슷한 명칭을 사용할 수 없다.

🐈 동물진료법인의 부대사업

- 동물진료법인은 그 법인이 개설하는 동물병원에서 동물진료업무 외에 부대사업을 할 수 있다.

- 부대사업으로 얻은 수익에 관한 회계는 동물진료법인의 다른 회계와 구분하여 처리하여야 한다.
    1. 동물진료나 수의학에 관한 조사 · 연구
    2. 「주차장법」에 따른 부설주차장의 설치 · 운영
    3. 동물진료업 수행에 수반되는 동물진료정보시스템 개발 · 운영 사업 중 대통령령으로 정하는 사업
- 동물진료법인은 타인에게 임대 또는 위탁하여 운영할 수 있다.
- 동물진료법인은 농림축산식품부령으로 정하는 바에 따라 미리 동물병원의 소재지를 관할하는 시 · 도지사에게 신고하여야 한다.
- 신고사항을 변경하려는 경우에도 같다.
- 시 · 도지사는 신고를 받은 경우 그 내용을 검토하여 법에 적합하면 신고를 수리하여야 한다.

🐱 「민법」의 준용

- 동물진료법인에 대하여 이 법에 규정된 것 외에는 「민법」 중 재단법인에 관한 규정을 준용한다.

🐱 동물진료법인의 설립 허가 취소

- 농림축산식품부장관 또는 시 · 도지사는 동물진료법인 설립 허가를 취소할 수 있다.
    1. 정관으로 정하지 아니한 사업을 한 때
    2. 설립된 날부터 2년 내에 동물병원을 개설하지 아니한 때
    3. 동물진료법인이 개설한 동물병원을 폐업하고 2년 내에 동물병원을 개설하지 아니한 때
    4. 농림축산식품부장관 또는 시 · 도지사가 감독을 위하여 내린 명령을 위반한 때
    5. 법에 따른 부대사업 외의 사업을 한 때

대한수의사회 설립

- 수의사는 수의업무의 적정한 수행과 수의학술의 연구·보급 및 수의사의 윤리 확립을 위하여 대통령령으로 정하는 바에 따라 대한수의사회 즉, 수의사회를 설립하여야 한다.
- 수의사회는 법인으로 한다.
- 수의사는 수의사회가 설립된 때에는 당연히 수의사회의 회원이 된다.
- 수의사회를 설립하려는 경우 그 대표자는 대통령령으로 정하는 바에 따라 정관과 그 밖에 필요한 서류를 농림축산식품부장관에게 제출하여 그 설립인가를 받아야 한다.
- 수의사회는 대통령령으로 정하는 바에 따라 특별시·광역시·도 또는 특별자치도·특별자치시에 지부를 설치할 수 있다.
- 수의사회에 관하여 이 법에 규정되지 아니한 사항은 「민법」 중 사단법인에 관한 규정을 준용한다.
- 국가나 지방자치단체는 동물의 건강증진 및 공중위생을 위하여 필요하다고 인정하는 경우 또는 업무를 위탁한 경우에는 수의사회의 운영 또는 업무 수행에 필요한 경비의 전부 또는 일부를 보조할 수 있다.

감독

- 농림축산식품부장관, 시·도지사 또는 시장·군수는 동물 진료 시책을 위하여 필요하다고 인정할 때 또는 공중위생상 중대한 위해가 발생하거나 발생할 우려가 있다고 인정할 때에는 대통령령으로 정하는 바에 따라 수의사 또는 동물병원에 대하여 필요한 지도와 명령을 할 수 있다.
- 수의사 또는 동물병원의 시설·장비 등이 필요한 때에는 농림축산식품부령으로 정하는 바에 따라 그 비용을 지급하여야 한다.
- 농림축산식품부장관 또는 시장·군수는 동물병원이 규정을 위반하였을 때에는 농림축산식품부령으로 정하는 바에 따라 기간을 정하여 그 시설·장비 등의 전부 또는 일부의 사용을 제한 또는 금지하거나 위반한 사항을 시정하도록 명할 수 있다.
- 농림축산식품부장관은 인수공통감염병의 방역과 진료를 위하여 질병관리청장이 협조를 요청하면 특별한 사정이 없으면 이에 따라야 한다.

🐈 보고 및 업무 감독

- 농림축산식품부장관은 수의사회로 하여금 회원의 실태와 취업상황 등 농림축산식품부령으로 정하는 사항에 대하여 보고를 하게 하거나 소속 공무원에게 업무 상황과 그 밖의 관계 서류를 검사하게 할 수 있다.
- 시·도지사 또는 시장·군수는 수의사 또는 동물병원에 대하여 질병 진료 상황과 가축 방역 및 수의업무에 관한 보고를 하게 하거나 소속 공무원에게 그 업무 상황, 시설 또는 진료부 및 검안부를 검사하게 할 수 있다.
- 검사를 하는 공무원은 그 권한을 표시하는 증표를 지니고 이를 관계인에게 보여주어야 한다.

🐈 수의사 면허의 취소 및 면허효력의 정지

- 농림축산식품부장관은 수의사 면허를 취소할 수 있다.
- 면허효력 정지기간에 수의 업무를 하거나 농림축산식품부령으로 정하는 기간에 3회 이상 면허효력 정지처분을 받았을 때
- 면허증을 다른 사람에게 대여하였을 때
- 농림축산식품부장관은 수의사가 다음 각 호의 어느 하나에 해당하면 1년 이내의 기간을 정하여 농림축산식품부령으로 정하는 바에 따라 면허의 효력을 정지시킬 수 있다.
- 진료기술상의 판단이 필요한 사항에 관하여는 관계 전문가의 의견을 들어 결정하여야 한다.
    1. 거짓이나 그 밖의 부정한 방법으로 진단서, 검안서, 증명서 또는 처방전을 발급하였을 때
    2. 관련 서류를 위조하거나 변조하는 등 부정한 방법으로 진료비를 청구하였을 때
    3. 정당한 사유 없이 명령을 위반하였을 때
    4. 임상수의학적으로 인정되지 아니하는 진료행위를 하였을 때
    5. 학위 수여 사실을 거짓으로 공표하였을 때
    6. 과잉진료행위나 그 밖에 동물병원 운영과 관련된 행위로서 대통령령으로 정하

는 행위를 하였을 때
- 농림축산식품부장관은 면허가 취소된 사람에게 그 면허를 다시 내줄 수 있다.
  1. 면허 취소의 원인이 된 사유가 소멸되었을 때
  2. 면허가 취소된 후 2년이 지났을 때
- 동물병원은 해당 동물병원 개설자가 면허효력 정지처분을 받았을 때에는 그 면허효력 정지기간에 동물진료업을 할 수 없다.

🐾 동물진료업의 정지

- 시장·군수는 농림축산식품부령으로 정하는 바에 따라 1년 이내의 기간을 정하여 동물진료업의 정지를 명할 수 있다.
  1. 개설신고를 한 날부터 3개월 이내에 정당한 사유 없이 업무를 시작하지 아니할 때
  2. 무자격자에게 진료행위를 하도록 한 사실이 있을 때
  3. 변경신고 또는 휴업의 신고를 하지 아니하였을 때
  4. 시설기준에 맞지 아니할 때
  5. 동물병원 개설자 자신이 그 동물병원을 관리하지 아니하거나 관리자를 지정하지 아니하였을 때
  6. 동물병원이 법에 따른 명령을 위반하였을 때
  7. 동물병원이 법에 따른 사용 제한 또는 금지 명령을 위반하거나 시정 명령을 이행하지 아니하였을 때
  8. 동물병원이 관계 공무원의 검사를 거부·방해 또는 기피하였을 때

🐾 과징금 처분

- 시장·군수는 대통령령으로 정하는 바에 따라 동물진료업 정지 처분을 갈음하여 5천만원 이하의 과징금을 부과할 수 있다.
- 과징금을 부과하는 위반행위의 종류와 위반정도 등에 따른 과징금의 금액과 그 밖에 필요한 사항은 대통령령으로 정한다.

- 시장 · 군수는 과징금을 부과 받은 자가 기한 안에 과징금을 내지 아니한 때에는 「지 방행정제재 · 부과금의 징수 등에 관한 법률」에 따라 징수한다.

🐱 연수교육

- 농림축산식품부장관은 수의사에게 자질 향상을 위하여 필요한 연수교육을 받게 할 수 있다.
- 국가나 지방자치단체는 제1항에 따른 연수교육에 필요한 경비를 부담할 수 있다.
- 연수교육에 필요한 사항은 농림축산식품부령으로 정한다.

🐱 청문

- 농림축산식품부장관 또는 시장 · 군수는 해당하는 처분을 하려면 청문을 실시하여야 한다.
  1. 검사 · 측정기관의 지정취소
  2. 시설 · 장비 등의 사용금지 명령
  3. 수의사 면허의 취소

🐱 권한의 위임 및 위탁

- 농림축산식품부장관의 권한은 대통령령으로 정하는 바에 따라 그 일부를 시 · 도지사 에게 위임할 수 있다.
- 농림축산식품부장관은 대통령령으로 정하는 바에 따라 등록 업무, 품질관리검사 업무, 검사 · 측정기관의 지정 업무, 지정 취소 업무 및 휴업 또는 폐업 신고에 관한 업무를 수의 업무를 전문적으로 수행하는 행정기관에 위임할 수 있다.
- 농림축산식품부장관 및 시 · 도지사는 대통령령으로 정하는 바에 따라 수의 및 공중위 생에 관한 업무의 일부를 설립된 수의사회에 위탁할 수 있다.
- 동물의 간호 또는 진료 보조를 포함한다.

🐱 수수료

- 농림축산식품부령으로 정하는 바에 따라 수수료를 내야 한다.
  1. 수의사 면허증 또는 동물보건사 자격증을 재발급 받으려는 사람
  2. 수의사 국가시험에 응시하려는 사람과 동물보건사 자격시험에 응시하려는 사람
  3. 동물병원 개설의 신고를 하려는 자
  4. 수의사 면허 또는 동물보건사 자격을 다시 부여받으려는 사람

🐱 벌칙

- 2년 이하의 징역 또는 2천만원 이하의 벌금에 처하거나 이를 병과할 수 있다.
  1. 법을 위반하여 수의사 면허증 또는 동물보건사 자격증을 다른 사람에게 빌려주거나 빌린 사람 또는 이를 알선한 사람
  2. 법을 위반하여 동물을 진료한 사람
  3. 법을 위반하여 동물병원을 개설한 자

- 300만원 이하의 벌금에 처한다.
  1. 법을 위반하여 허가를 받지 아니하고 재산을 처분하거나 정관을 변경한 동물진료법인
  2. 법을 위반하여 동물진료법인이나 이와 비슷한 명칭을 사용한 자

- 500만원 이하의 과태료를 부과한다.
  1. 법을 위반하여 정당한 사유 없이 동물의 진료 요구를 거부한 사람
  2. 법을 위반하여 동물병원을 개설하지 아니하고 동물진료업을 한 자
  3. 법을 위반하여 부적합 판정을 받은 동물 진단용 특수의료장비를 사용한 자

- 100만원 이하의 과태료를 부과한다.
  1. 법을 위반하여 거짓이나 그 밖의 부정한 방법으로 진단서, 검안서, 증명서 또는 처방전을 발급한 사람

- 법을 위반하여 처방대상 동물용 의약품을 직접 진료하지 아니하고 처방·투약한 자
- 법을 위반하여 정당한 사유 없이 진단서, 검안서, 증명서 또는 처방전의 발급을 거부한 자
- 법을 위반하여 신고하지 아니하고 처방전을 발급한 수의사
- 법을 위반하여 처방전을 발급하지 아니한 자
- 법을 위반하여 수의사처방관리시스템을 통하지 아니하고 처방전을 발급한 자
- 법을 위반하여 부득이한 사유가 종료된 후 3일 이내에 처방전을 수의사처방관리시스템에 등록하지 아니한 자
- 법을 위반하여 처방대상 동물용 의약품의 명칭, 용법 및 용량 등 수의사처방관리시스템에 입력하여야 하는 사항을 입력하지 아니하거나 거짓으로 입력한 자
- 법을 위반하여 진료부 또는 검안부를 갖추어 두지 아니하거나 진료 또는 검안한 사항을 기록하지 아니하거나 거짓으로 기록한 사람
- 법에 따른 신고를 하지 아니한 자
- 법을 위반하여 동물병원 개설자 자신이 그 동물병원을 관리하지 아니하거나 관리자를 지정하지 아니한 자
- 법에 따라 신고를 하지 아니하고 동물 진단용 방사선발생장치를 설치·운영한 자
- 법에 따른 준수사항을 위반한 자
- 법에 따라 정기적으로 검사와 측정을 받지 아니하거나 방사선 관계 종사자에 대한 피폭관리를 하지 아니한 자
- 법을 위반하여 동물병원의 휴업·폐업의 신고를 하지 아니한 자
- 법을 위반하여 고지·게시한 금액을 초과하여 징수한 자
- 법에 따른 사용 제한 또는 금지 명령을 위반하거나 시정 명령을 이행하지 아니한 자
- 법에 따른 보고를 하지 아니하거나 거짓 보고를 한 자 또는 관계 공무원의 검사를 거부·방해 또는 기피한 자
- 정당한 사유 없이 법에 따른 연수교육을 받지 아니한 사람
- 과태료는 대통령령으로 정하는 바에 따라 농림축산식품부장관, 시·도지사 또는 시장·군수가 부과·징수한다.

동물보건사 자격시험 응시에 관한 특례

- 평가인증을 받은 양성기관에서 농림축산식품부령으로 정하는 실습교육을 이수하는 경우에는 규정에도 불구하고 동물보건사 자격시험에 응시할 수 있다.

    1. 「고등교육법」에 따른 전문대학 또는 이와 같은 수준 이상의 학교에서 동물 간호에 관한 교육과정을 이수하고 졸업한 사람

    2. 「고등교육법」에 따른 전문대학 또는 이와 같은 수준 이상의 학교를 졸업한 후 동물병원에서 동물 간호 관련 업무에 1년 이상 종사한 사람

        - 「근로기준법」에 따른 근로계약 또는 「국민연금법」에 따른 국민연금 사업장가입자 자격취득을 통하여 업무 종사 사실을 증명할 수 있는 사람에 한정한다.

    3. 고등학교 졸업학력 인정자 중 동물병원에서 동물 간호 관련 업무에 3년 이상 종사한 사람

        - 「근로기준법」에 따른 근로계약 또는 「국민연금법」에 따른 국민연금 사업장가입자 자격취득을 통하여 업무 종사 사실을 증명할 수 있는 사람에 한정한다.

동물보건사 양성기관 평가인증을 위한 준비행위

- 농림축산식품부장관은 양성기관에 대한 평가인증을 할 수 있다.

동물보호법

- 농림축산식품부 동물복지정책과–동물학대 등의 금지, 동물복지축산농장
- 농림축산식품부 동물복지정책과–동물의 구조·보호, 동물실험
- 농림축산식품부 동물복지정책과–반려동물 관련 영업
- 농림축산식품부 동물복지정책과–동물등록, 등록대상동물의 관리, 맹견의 관리 등 기타

 목적

- 동물에 대한 학대행위의 방지 등 동물을 적정하게 보호·관리하기 위하여 필요한 사항을 규정함으로써 동물의 생명보호, 안전 보장 및 복지 증진을 꾀하고, 건전하고 책임 있는 사육문화를 조성하여, 동물의 생명 존중 등 국민의 정서를 기르고 사람과 동물의 조화로운 공존에 이바지함을 목적으로 한다.

 정의

1. "동물"이란 고통을 느낄 수 있는 신경체계가 발달한 척추동물
    가. 포유류
    나. 조류
    다. 파충류·양서류·어류 중 농림축산식품부장관이 관계 중앙행정기관의 장과의 협의를 거쳐 대통령령으로 정하는 동물
- "동물학대"란 동물을 대상으로 정당한 사유 없이 불필요하거나 피할 수 있는 신체적 고통과 스트레스를 주는 행위 및 굶주림, 질병 등에 대하여 적절한 조치를 게을리 하거나 방치하는 행위를 말한다.
- "반려동물"이란 반려 목적으로 기르는 개, 고양이 등 농림축산식품부령으로 정하는 동물을 말한다.
- "등록대상동물"이란 동물의 보호, 유실·유기방지, 질병의 관리, 공중위생상의 위해 방지 등을 위하여 등록이 필요하다고 인정하여 대통령령으로 정하는 동물을 말한다.

- "소유자 등"이란 동물의 소유자와 일시적 또는 영구적으로 동물을 사육 · 관리 또는 보호하는 사람을 말한다.
- "맹견"이란 도사견, 핏불테리어, 로트와일러 등 사람의 생명이나 신체에 위해를 가할 우려가 있는 개로서 농림축산식품부령으로 정하는 개를 말한다.
- "동물실험"이란 「실험동물에 관한 법률」에 따른 동물실험을 말한다.
- "동물실험시행기관"이란 동물실험을 실시하는 법인 · 단체 또는 기관으로서 대통령령으로 정하는 법인 · 단체 또는 기관을 말한다.

🐈 동물보호의 기본원칙

- 누구든지 동물을 사육 · 관리 또는 보호할 때에는 원칙을 준수하여야 한다.
  1. 동물이 본래의 습성과 신체의 원형을 유지하면서 정상적으로 살 수 있도록 할 것
  2. 동물이 갈증 및 굶주림을 겪거나 영양이 결핍되지 아니하도록 할 것
  3. 동물이 정상적인 행동을 표현할 수 있고 불편함을 겪지 아니하도록 할 것
  4. 동물이 고통 · 상해 및 질병으로부터 자유롭도록 할 것
  5. 동물이 공포와 스트레스를 받지 아니하도록 할 것

🐈 국가 · 지방자치단체 및 국민의 책무

- 국가는 동물의 적정한 보호 · 관리를 위하여 5년마다 동물복지종합계획을 수립 · 시행하여야 하며, 지방자치단체는 국가의 계획에 적극 협조하여야 한다.
  1. 동물학대 방지와 동물복지에 관한 기본방침
  2. 동물의 관리에 관한 사항
     - 도로 · 공원 등의 공공장소에서 소유자등이 없이 배회하거나 내버려진 동물 즉, "유실 · 유기동물"
     - 학대를 받은 동물 즉, "피학대 동물"
  3. 동물실험시행기관 및 동물실험윤리위원회의 운영 등에 관한 사항
  4. 동물학대 방지, 동물복지, 유실 · 유기동물의 입양 및 동물실험윤리 등의 교육 ·

홍보에 관한 사항

    5. 동물복지 축산의 확대와 동물복지축산농장 지원에 관한 사항

    6. 그 밖에 동물학대 방지와 반려동물 운동·휴식시설 등 동물복지에 필요한 사항

- 특별시장·광역시장·도지사 및 특별자치도지사·특별자치시장 즉, 시·도지사는 종합계획에 따라 5년마다 특별시·광역시·도·특별자치도·특별자치시 즉, 시·도다) 단위의 동물복지계획을 수립하여야 하고, 이를 농림축산식품부장관에게 통보하여야 한다.
- 국가와 지방자치단체는 사업을 적정하게 수행하기 위한 인력·예산 등을 확보하기 위하여 노력하여야 하며, 국가는 동물의 적정한 보호·관리, 복지업무 추진을 위하여 지방자치단체에 필요한 사업비의 전부나 일부를 예산의 범위에서 지원할 수 있다.
- 국가와 지방자치단체는 대통령령으로 정하는 민간단체에 동물보호운동이나 그 밖에 이와 관련된 활동을 권장하거나 필요한 지원을 할 수 있다.
- 모든 국민은 동물을 보호하기 위한 국가와 지방자치단체의 시책에 적극 협조하는 등 동물의 보호를 위하여 노력하여야 한다.

🐱 동물복지위원회

- 농림축산식품부장관의 농림축산식품부에 동물복지위원회를 둔다.
    1. 종합계획의 수립·시행에 관한 사항
    2. 동물실험윤리위원회의 구성 등에 대한 지도·감독에 관한 사항
    3. 동물복지축산농장의 인증과 동물복지축산정책에 관한 사항
    4. 그 밖에 동물의 학대방지·구조 및 보호 등 동물복지에 관한 사항
- 동물복지위원회는 위원장 1명을 포함하여 10명 이내의 위원으로 구성한다.
- 위원은 농림축산식품부장관이 위촉하며, 위원장은 위원 중에서 호선한다.
    1. 수의사로서 동물보호 및 동물복지에 대한 학식과 경험이 풍부한 사람
    2. 동물복지정책에 관한 학식과 경험이 풍부한 자로서 민간단체의 추천을 받은 사람
    3. 그 밖에 동물복지정책에 관한 전문지식을 가진 사람으로서 농림축산식품부령으로 정하는 자격기준에 맞는 사람

- 그 밖에 동물복지위원회의 구성·운영 등에 관한 사항은 대통령령으로 정한다.
- 동물의 보호 및 이용·관리 등에 대하여 다른 법률에 특별한 규정이 있는 경우를 제외하고는 이 법에서 정하는 바에 따른다.

🐈 동물의 보호 및 관리

- 소유자등은 동물에게 적합한 사료와 물을 공급하고, 운동·휴식 및 수면이 보장되도록 노력하여야 한다.
- 소유자등은 동물이 질병에 걸리거나 부상당한 경우에는 신속하게 치료하거나 그 밖에 필요한 조치를 하도록 노력하여야 한다.
- 소유자등은 동물을 관리하거나 다른 장소로 옮긴 경우에는 그 동물이 새로운 환경에 적응하는 데에 필요한 조치를 하도록 노력하여야 한다.
- 동물의 적절한 사육·관리 방법 등에 관한 사항은 농림축산식품부령으로 정한다.

🐈 동물학대 등의 금지

- 다음 행위를 하여서는 아니 된다.
    1. 목을 매다는 등의 잔인한 방법으로 죽음에 이르게 하는 행위
    2. 노상 등 공개된 장소에서 죽이거나 같은 종류의 다른 동물이 보는 앞에서 죽음에 이르게 하는 행위
    3. 고의로 사료 또는 물을 주지 아니하는 행위로 인하여 동물을 죽음에 이르게 하는 행위
    4. 그 밖에 수의학적 처치의 필요, 동물로 인한 사람의 생명·신체·재산의 피해 등 농림축산식품부령으로 정하는 정당한 사유 없이 죽음에 이르게 하는 행위

- 다음 학대행위를 하여서는 아니 된다.
    1. 도구·약물 등 물리적·화학적 방법을 사용하여 상해를 입히는 행위. 다만, 질병의 예방이나 치료 등 농림축산식품부령으로 정하는 경우는 제외한다.

2. 살아 있는 상태에서 동물의 신체를 손상하거나 체액을 채취하거나 체액을 채취하기 위한 장치를 설치하는 행위. 다만, 질병의 치료 및 동물실험 등 농림축산식품부령으로 정하는 경우는 제외한다.

3. 도박·광고·오락·유흥 등의 목적으로 동물에게 상해를 입히는 행위. 다만, 민속경기 등 농림축산식품부령으로 정하는 경우는 제외한다.
   - 반려동물에게 최소한의 사육 공간 제공 등 농림축산식품부령으로 정하는 사육·관리 의무를 위반하여 상해를 입히거나 질병을 유발시키는 행위

4. 그 밖에 수의학적 처치의 필요, 동물로 인한 사람의 생명·신체·재산의 피해 등 농림축산식품부령으로 정하는 정당한 사유 없이 신체적 고통을 주거나 상해를 입히는 행위

- 다음에 해당하는 동물을 포획하여 판매하거나 죽이는 행위, 판매하거나 죽일 목적으로 포획하는 행위 또는 동물임을 알면서도 알선·구매하는 행위를 하여서는 아니 된다.
   1. 유실·유기동물
   2. 피학대 동물 중 소유자를 알 수 없는 동물
      - 소유자등은 동물을 유기하여서는 아니 된다.

- 다음 행위를 하여서는 아니 된다.
   1. 법에 해당하는 행위를 촬영한 사진 또는 영상물을 판매·전시·전달·상영하거나 인터넷에 게재하는 행위. 다만, 동물보호 의식을 고양시키기 위한 목적이 표시된 홍보 활동 등 농림축산식품부령으로 정하는 경우에는 그러하지 아니하다.
   2. 도박을 목적으로 동물을 이용하는 행위 또는 동물을 이용하는 도박을 행할 목적으로 광고·선전하는 행위. 다만, 「사행산업통합감독위원회법」에 따른 사행산업은 제외한다.
   3. 도박·시합·복권·오락·유흥·광고 등의 상이나 경품으로 동물을 제공하는 행위
   4. 영리를 목적으로 동물을 대여하는 행위. 다만, 「장애인복지법」에 따른 장애인 보조견의 대여 등 농림축산식품부령으로 정하는 경우는 제외한다.

🐈 동물의 운송

- 동물을 운송하는 자 중 농림축산식품부령으로 정하는 자는 다음 사항을 준수하여야 한다.
    1. 운송 중인 동물에게 적합한 사료와 물을 공급하고, 급격한 출발·제동 등으로 충격과 상해를 입지 아니하도록 할 것
    2. 동물을 운송하는 차량은 동물이 운송 중에 상해를 입지 아니하고, 급격한 체온 변화, 호흡곤란 등으로 인한 고통을 최소화할 수 있는 구조로 되어 있을 것
    3. 병든 동물, 어린 동물 또는 임신 중이거나 젖먹이가 딸린 동물을 운송할 때에는 함께 운송 중인 다른 동물에 의하여 상해를 입지 아니하도록 칸막이의 설치 등 필요한 조치를 할 것
    4. 동물을 싣고 내리는 과정에서 동물이 들어있는 운송용 우리를 던지거나 떨어뜨려서 동물을 다치게 하는 행위를 하지 아니할 것
    5. 운송을 위하여 전기 몰이도구를 사용하지 아니할 것
- 농림축산식품부장관은 동물 운송 차량의 구조 및 설비기준을 정하고 이에 맞는 차량을 사용하도록 권장할 수 있다.
- 농림축산식품부장관은 동물 운송에 관하여 필요한 사항을 정하여 권장할 수 있다.

🐈 반려동물 전달 방법

- 동물을 판매하려는 자는 해당 동물을 구매자에게 직접 전달하거나 동물 운송업자를 통하여 배송하여야 한다.

🐈 동물의 도살방법

- 모든 동물은 혐오감을 주거나 잔인한 방법으로 도살되어서는 아니 되며, 도살과정에 불필요한 고통이나 공포, 스트레스를 주어서는 아니 된다.
- 「축산물위생관리법」 또는 「가축전염병예방법」에 따라 동물을 죽이는 경우에는 가스법·전살법 등 농림축산식품부령으로 정하는 방법을 이용하여 고통을 최소화하여야 하

며, 반드시 의식이 없는 상태에서 다음 도살 단계로 넘어가야 한다.

- 매몰을 하는 경우에도 같다.
- 동물을 불가피하게 죽여야 하는 경우에는 고통을 최소화할 수 있는 방법에 따라야 한다.

🐱 동물의 수술

- 거세, 뿔 없애기, 꼬리 자르기 등 동물에 대한 외과적 수술을 하는 사람은 수의학적 방법에 따라야 한다.

🐱 등록대상동물의 등록

- 등록대상동물의 소유자는 동물의 보호와 유실·유기방지 등을 위하여 시장·군수·구청장·특별자치시장에게 등록대상동물을 등록하여야 한다.
- 등록대상동물이 맹견이 아닌 경우로서 농림축산식품부령으로 정하는 바에 따라 시·도의 조례로 정하는 지역에서는 그러하지 아니하다.
- 등록된 등록대상동물의 소유자는 시장·군수·구청장에게 신고하여야 한다.
  1. 등록대상동물을 잃어버린 경우에는 등록대상동물을 잃어버린 날부터 10일 이내
  2. 등록대상동물에 대하여 농림축산식품부령으로 정하는 사항이 변경된 경우에는 변경 사유 발생일부터 30일 이내
- 등록대상동물의 소유권을 이전받은 자는 그 사실을 소유권을 이전받은 날부터 30일 이내에 자신의 주소지를 관할하는 시장·군수·구청장에게 신고하여야 한다.
- 시장·군수·구청장은 농림축산식품부령으로 정하는 자 즉, 동물등록대행자로 하여금 업무를 대행하게 할 수 있다.
- 수수료를 지급할 수 있다.
- 등록대상동물의 등록 사항 및 방법·절차, 변경신고 절차, 동물등록대행자 준수사항 등에 관한 사항은 농림축산식품부령으로 정하며, 그 밖에 등록에 필요한 사항은 시·도의 조례로 정한다.
- 소유자등은 등록대상동물을 기르는 곳에서 벗어나게 하는 경우에는 소유자등의 연락

처 등 농림축산식품부령으로 정하는 사항을 표시한 인식표를 등록대상동물에게 부착하여야 한다.

- 소유자등은 등록대상동물을 동반하고 외출할 때에는 농림축산식품부령으로 정하는 바에 따라 목줄 등 안전조치를 하여야 하며, 배설물이 생겼을 때에는 즉시 수거하여야 한다.

- 소변의 경우에는 공동주택의 엘리베이터·계단 등 건물 내부의 공용 공간 및 평상·의자 등 사람이 눕거나 앉을 수 있는 기구 위의 것으로 한정한다.

- 시·도지사는 등록대상동물의 유실·유기 또는 공중위생상의 위해 방지를 위하여 필요할 때에는 시·도의 조례로 정하는 바에 따라 소유자등으로 하여금 등록대상동물에 대하여 예방접종을 하게 하거나 특정 지역 또는 장소에서의 사육 또는 출입을 제한하게 하는 등 필요한 조치를 할 수 있다.

맹견의 관리

- 맹견의 소유자등은 다음 사항을 준수하여야 한다.
  1. 소유자등 없이 맹견을 기르는 곳에서 벗어나지 아니하게 할 것
  2. 월령이 3개월 이상인 맹견을 동반하고 외출할 때에는 농림축산식품부령으로 정하는 바에 따라 목줄 및 입마개 등 안전장치를 하거나 맹견의 탈출을 방지할 수 있는 적정한 이동장치를 할 것
  3. 그 밖에 맹견이 사람에게 신체적 피해를 주지 아니하도록 하기 위하여 농림축산식품부령으로 정하는 사항을 따를 것

- 시·도지사와 시장·군수·구청장은 맹견이 사람에게 신체적 피해를 주는 경우 농림축산식품부령으로 정하는 바에 따라 소유자등의 동의 없이 맹견에 대하여 격리조치 등 필요한 조치를 취할 수 있다.

- 맹견의 소유자는 맹견의 안전한 사육 및 관리에 관하여 농림축산식품부령으로 정하는 바에 따라 정기적으로 교육을 받아야 한다.

- 맹견의 소유자는 맹견으로 인한 다른 사람의 생명·신체나 재산상의 피해를 보상하기 위하여 대통령령으로 정하는 바에 따라 보험에 가입하여야 한다.

- 맹견의 소유자등은 다음 장소에 맹견이 출입하지 아니하도록 하여야 한다.

1. 「영유아보육법」에 따른 어린이집
2. 「유아교육법」에 따른 유치원
3. 「초 · 중등교육법」에 따른 초등학교 및 특수학교
4. 그 밖에 불특정 다수인이 이용하는 장소로서 시 · 도의 조례로 정하는 장소

🐈 동물의 구조 · 보호

- 시 · 도지사와 시장 · 군수 · 구청장은 해당하는 동물을 발견한 때에는 그 동물을 구조하여 치료 · 보호에 필요한 조치 즉, 보호조치를 하여야 하며, 학대 재발 방지를 위하여 학대행위자로부터 격리하여야 한다.
- 다만, 농림축산식품부령으로 정하는 동물은 구조 · 보호조치의 대상에서 제외한다.
- 특별자치시장은 제외한다.
    1. 유실 · 유기동물
    2. 피학대 동물 중 소유자를 알 수 없는 동물
    3. 소유자로부터 학대를 받아 적정하게 치료 · 보호받을 수 없다고 판단되는 동물
- 시 · 도지사와 시장 · 군수 · 구청장이 해당하는 동물에 대하여 보호조치 중인 경우에는 그 동물의 등록 여부를 확인하여야 하고, 등록된 동물인 경우에는 지체 없이 동물의 소유자에게 보호조치 중인 사실을 통보하여야 한다.
- 시 · 도지사와 시장 · 군수 · 구청장이 동물을 보호할 때에는 농림축산식품부령으로 정하는 바에 따라 기간을 정하여 해당 동물에 대한 보호조치를 하여야 한다.
- 시 · 도지사와 시장 · 군수 · 구청장은 보호 · 관리를 위하여 필요한 조치를 취할 수 있다.

🐈 동물보호센터의 설치 · 지정

- 시 · 도지사와 시장 · 군수 · 구청장은 동물의 구조 · 보호조치 등을 위하여 농림축산식품부령으로 정하는 기준에 맞는 동물보호센터를 설치 · 운영할 수 있다.
- 시 · 도지사와 시장 · 군수 · 구청장은 동물보호센터를 직접 설치 · 운영하도록 노력해야 한다.

- 농림축산식품부장관은 시·도지사 또는 시장·군수·구청장이 설치·운영하는 동물보호센터의 실치·운영에 드는 비용의 전부 또는 일부를 지원할 수 있다.
- 시·도지사 또는 시장·군수·구청장은 농림축산식품부령으로 정하는 기준에 맞는 기관이나 단체를 동물보호센터로 지정하여 동물의 구조·보호조치 등을 하게 할 수 있다.
- 동물보호센터로 지정받으려는 자는 농림축산식품부령으로 정하는 바에 따라 시·도지사 또는 시장·군수·구청장에게 신청하여야 한다.
- 시·도지사 또는 시장·군수·구청장은 제4항에 따른 동물보호센터에 동물의 구조·보호조치 등에 드는 비용 즉, 보호비용의 전부 또는 일부를 지원할 수 있으며, 보호비용의 지급절차와 그 밖에 필요한 사항은 농림축산식품부령으로 정한다.
- 시·도지사 또는 시장·군수·구청장은 지정된 동물보호센터 지정을 취소할 수 있다.
    1. 거짓이나 그 밖의 부정한 방법으로 지정을 받은 경우
    2. 지정기준에 맞지 아니하게 된 경우
    3. 보호비용을 거짓으로 청구한 경우
    4. 규정을 위반한 경우
    5. 법을 위반한 경우
    6. 시정명령을 위반한 경우
    7. 특별 사유 없이 유실·유기동물 및 피학대 동물에 대한 보호조치를 3회 이상 거부한 경우
    8. 보호 중인 동물을 영리를 목적으로 분양하는 경우

- 시·도지사 또는 시장·군수·구청장은 지정이 취소된 기관이나 단체를 지정이 취소된 날부터 1년 이내에는 다시 동물보호센터로 지정하여서는 아니 된다.
- 어떤 경우에는 지정이 취소된 날부터 2년 이내 다시 동물보호센터로 지정해서는 아니 된다.
- 동물보호센터 운영의 공정성과 투명성을 확보하기 위하여 농림축산식품부령으로 정하는 일정규모 이상의 동물보호센터는 농림축산식품부령으로 정하는 바에 따라 운영위원회를 구성·운영하여야 한다.
- 동물보호센터의 준수사항 등에 관한 사항은 농림축산식품부령으로 정하고, 지정절차

및 보호조치의 구체적인 내용 등 그 밖에 필요한 사항은 시·도의 조례로 정한다.

- 관할 지방자치단체의 장 또는 동물보호센터에 신고할 수 있다.
    1. 금지한 학대를 받는 동물
    2. 유실·유기동물

- 관할 지방자치단체의 장 또는 동물보호센터에 신고할 수 있는 경우
    1. 민간단체의 임원 및 회원
    2. 동물보호센터로 지정된 기관이나 단체의 장 및 그 종사자
    3. 동물실험윤리위원회를 설치한 동물실험시행기관의 장 및 그 종사자
    4. 동물실험윤리위원회의 위원
    5. 동물복지축산농장으로 인증을 받은 자
    6. 영업등록을 하거나 영업허가를 받은 자 및 그 종사자
    7. 수의사, 동물병원의 장 및 그 종사자

- 신고인의 신분은 보장되어야 하며 그 의사에 반하여 신원이 노출되어서는 아니 된다.

🐱 공고

- 시·도지사와 시장·군수·구청장은 동물을 보호하고 있는 경우에는 소유자등이 보호조치 사실을 알 수 있도록 대통령령으로 정하는 바에 따라 지체 없이 7일 이상 그 사실을 공고하여야 한다.

🐱 동물의 반환

- 시·도지사와 시장·군수·구청장은 동물을 그 동물의 소유자에게 반환하여야 한다.
    1. 동물이 보호조치 중에 있고, 소유자가 그 동물에 대하여 반환을 요구하는 경우
    2. 동물에 대하여 소유자가 보호비용을 부담하고 반환을 요구하는 경우

- 시·도지사와 시장·군수·구청장은 동물의 반환과 관련하여 동물의 소유자에게 보호기간, 보호비용 납부기한 및 면제 등에 관한 사항을 알려야 한다.
- 시·도지사와 시장·군수·구청장은 동물의 보호비용을 소유자 또는 분양을 받는 자에게 청구할 수 있다.
- 동물의 보호비용은 농림축산식품부령으로 정하는 바에 따라 납부기한까지 그 동물의 소유자가 내야 한다.
- 이 경우 시·도지사와 시장·군수·구청장은 동물의 소유자가 동물의 소유권을 포기한 경우에는 보호비용의 전부 또는 일부를 면제할 수 있다.
- 보호비용의 징수에 관한 사항은 대통령령으로 정하고, 보호비용의 산정 기준에 관한 사항은 농림축산식품부령으로 정하는 범위에서 해당 시·도의 조례로 정한다.

🐈 동물의 소유권 취득

- 시·도와 시·군·구가 동물의 소유권을 취득할 수 있는 경우
  1. 「유실물법」 및 「민법」에도 불구하고 공고한 날부터 10일이 지나도 동물의 소유자등을 알 수 없는 경우
  2. 동물의 소유자가 그 동물의 소유권을 포기한 경우
  3. 동물의 소유자가 보호비용의 납부기한이 종료된 날부터 10일이 지나도 보호비용을 납부하지 아니한 경우
  4. 동물의 소유자를 확인한 날부터 10일이 지나도 정당한 사유 없이 동물의 소유자와 연락이 되지 아니하거나 소유자가 반환받을 의사를 표시하지 아니한 경우

🐈 동물의 분양·기증

- 시·도지사와 시장·군수·구청장은 소유권을 취득한 동물이 적정하게 사육·관리될 수 있도록 시·도의 조례로 정하는 바에 따라 동물원, 동물을 애호하는 자나 대통령령으로 정하는 민간단체 등에 기증하거나 분양할 수 있다.
- 시·도의 조례로 정하는 자격요건을 갖춘 자로 한정한다.

- 시·도지사와 시장·군수·구청장은 소유권을 취득한 동물에 대하여는 분양될 수 있도록 공고할 수 있다.
- 기증·분양의 요건 및 절차 등 그 밖에 필요한 사항은 시·도의 조례로 정한다.

🐱 동물의 인도적인 처리

- 동물보호센터의 장 및 운영자는 보호조치 중인 동물에게 질병 등 농림축산식품부령으로 정하는 사유가 있는 경우에는 농림축산식품부장관이 정하는 바에 따라 인도적인 방법으로 처리하여야 한다.
- 인도적인 방법에 따른 처리는 수의사에 의하여 시행되어야 한다.
- 동물보호센터의 장은 동물의 사체가 발생한 경우 「폐기물관리법」에 따라 처리하거나 동물장묘업의 등록을 한 자가 설치·운영하는 동물장묘시설에서 처리하여야 한다.

🐱 동물실험

- 동물실험의 원칙 : 동물실험은 인류의 복지 증진과 동물 생명의 존엄성을 고려하여 실시하여야 한다.
- 동물실험을 하려는 경우에는 이를 대체할 수 있는 방법을 우선적으로 고려하여야 한다.
- 동물실험은 실험에 사용하는 동물 즉, 실험동물의 윤리적 취급과 과학적 사용에 관한 지식과 경험을 보유한 자가 시행하여야 하며 필요한 최소한의 동물을 사용하여야 한다.
- 실험동물의 고통이 수반되는 실험은 감각능력이 낮은 동물을 사용하고 진통·진정·마취제의 사용 등 수의학적 방법에 따라 고통을 덜어주기 위한 적절한 조치를 하여야 한다.
- 동물실험을 한 자는 그 실험이 끝난 후 지체 없이 해당 동물을 검사하여야 하며, 검사 결과 정상적으로 회복한 동물은 분양하거나 기증할 수 있다.
- 검사 결과 해당 동물이 회복할 수 없거나 지속적으로 고통을 받으며 살아야 할 것으로 인정되는 경우에는 신속하게 고통을 주지 아니하는 방법으로 처리하여야 한다.
- 동물실험의 원칙에 관하여 필요한 사항은 농림축산식품부장관이 정하여 고시한다.

동물실험의 금지

- 누구든지 동물실험을 하여서는 아니 된다.
- 해당 동물종의 건강, 질병관리연구 등 농림축산식품부령으로 정하는 불가피한 사유로 농림축산식품부령으로 정하는 바에 따라 승인을 받은 경우에는 그러하지 아니하다.
  1. 유실·유기동물을 대상으로 하는 실험
     - 보호조치 중인 동물을 포함한다.
  2. 「장애인복지법」에 따른 장애인 보조견 등 사람이나 국가를 위하여 봉사하고 있거나 봉사한 동물로서 대통령령으로 정하는 동물을 대상으로 하는 실험

미성년자 동물 해부실습의 금지

- 누구든지 미성년자 즉, 19세 미만의 사람에게 체험·교육·시험·연구 등의 목적으로 동물 해부실습을 하게 하여서는 아니 된다.
- 사체를 포함한다.
- 「초·중등교육법」에 따른 학교 또는 동물실험시행기관 등이 시행하는 경우 등 농림축산식품부령으로 정하는 경우에는 그러하지 아니하다.

동물실험윤리위원회의 설치

- 동물실험시행기관의 장은 실험동물의 보호와 윤리적인 취급을 위하여 동물실험윤리위원회 즉, 윤리위원회를 설치·운영하여야 한다.
- 동물실험시행기관에 「실험동물에 관한 법률」에 따른 실험동물운영위원회가 설치되어 있고, 그 위원회의 구성이 규정된 요건을 충족할 경우에는 해당 위원회를 윤리위원회로 본다.
- 농림축산식품부령으로 정하는 일정 기준 이하의 동물실험시행기관은 다른 동물실험시행기관과 공동으로 농림축산식품부령으로 정하는 바에 따라 윤리위원회를 설치·운영할 수 있다.
- 동물실험시행기관의 장은 동물실험을 하려면 윤리위원회의 심의를 거쳐야 한다.

- 윤리위원회의 기능

    1. 동물실험에 대한 심의

    2. 동물실험이 원칙에 맞게 시행되도록 지도·감독

    3. 동물실험시행기관의 장에게 실험동물의 보호와 윤리적인 취급을 위하여 필요한 조치 요구

- 윤리위원회의 심의대상인 동물실험에 관여하고 있는 위원은 해당 동물실험에 관한 심의에 참여하여서는 아니 된다.
- 윤리위원회의 위원은 그 직무를 수행하면서 알게 된 비밀을 누설하거나 도용하여서는 아니 된다.
- 지도·감독의 방법과 그 밖에 윤리위원회의 운영 등에 관한 사항은 대통령령으로 정한다. 윤리위원회는 위원장 1명을 포함하여 3명 이상 15명 이하의 위원으로 구성한다.
- 위원은 다음 각 호에 해당하는 사람 중에서 동물실험시행기관의 장이 위촉하며, 위원장은 위원 중에서 호선한다.
- 윤리위원회의 위원은 해당 동물실험시행기관의 장들이 공동으로 위촉한다.

    1. 수의사로서 농림축산식품부령으로 정하는 자격기준에 맞는 사람

    2. 민간단체가 추천하는 동물보호에 관한 학식과 경험이 풍부한 사람으로서 농림축산식품부령으로 정하는 자격기준에 맞는 사람

    3. 그 밖에 실험동물의 보호와 윤리적인 취급을 도모하기 위하여 필요한 사람으로서 농림축산식품부령으로 정하는 사람

- 윤리위원회에는 법에 해당하는 위원을 각각 1명 이상 포함하여야 한다.
- 윤리위원회를 구성하는 위원의 3분의 1 이상은 해당 동물실험시행기관과 이해관계가 없는 사람이어야 한다.
- 위원의 임기는 2년으로 한다.
- 그 밖에 윤리위원회의 구성 및 이해관계의 범위 등에 관한 사항은 농림축산식품부령으로 정한다.
- 농림축신식품부장관은 윤리위원회를 설치한 동물실험시행기관의 장에게 윤리위원회의

구성·운영 등에 관하여 지도·감독을 할 수 있다.

- 농림축산식품부장관은 윤리위원회가 구성·운영되지 아니할 때에는 해당 동물실험시행기관의 장에게 대통령령으로 정하는 바에 따라 기간을 정하여 해당 윤리위원회의 구성·운영 등에 대한 개선명령을 할 수 있다.

🐈 동물복지축산농장의 인증

- 농림축산식품부장관은 동물복지 증진에 이바지하기 위하여 「축산물위생관리법」에 따른 가축으로서 농림축산식품부령으로 정하는 동물이 본래의 습성 등을 유지하면서 정상적으로 살 수 있도록 관리하는 축산농장을 동물복지축산농장으로 인증할 수 있다.
- 인증을 받으려는 자는 농림축산식품부령으로 정하는 바에 따라 농림축산식품부장관에게 신청하여야 한다.
- 농림축산식품부장관은 동물복지축산농장으로 인증된 축산농장에 대하여 지원을 할 수 있다.
  1. 동물의 보호 및 복지 증진을 위하여 축사시설 개선에 필요한 비용
  2. 동물복지축산농장의 환경개선 및 경영에 관한 지도·상담 및 교육

- 농림축산식품부장관은 동물복지축산농장으로 인증을 받은 자가 거짓이나 그 밖의 부정한 방법으로 인증을 받은 경우 그 인증을 취소하여야 하고, 인증기준에 맞지 아니하게 된 경우 그 인증을 취소할 수 있다.
- 인증이 취소된 자는 그 인증이 취소된 날부터 1년 이내에는 동물복지축산농장 인증을 신청할 수 없다.
- 법인인 경우에는 그 대표자를 포함한다.
- 농림축산식품부장관, 시·도지사, 시장·군수·구청장, 「축산자조금의 조성 및 운용에 관한 법률」에 따른 축산단체, 민간단체는 동물복지축산농장의 운영사례를 교육·홍보에 적극 활용하여야 한다.
- 부정행위의 금지
  1. 거짓이나 그 밖의 부정한 방법으로 동물복지축산농장 인증을 받은 행위

2. 인증을 받지 아니한 축산농장을 동물복지축산농장으로 표시하는 행위

- 동물복지축산농장 인증을 받은 자의 지위를 승계한다.
    1. 동물복지축산농장 인증을 받은 사람이 사망한 경우 그 농장을 계속하여 운영하려는 상속인
    2. 동물복지축산농장 인증을 받은 사람이 그 사업을 양도한 경우 그 양수인
    3. 동물복지축산농장 인증을 받은 법인이 합병한 경우 합병 후 존속하는 법인이나 합병으로 설립되는 법인

- 동물복지축산농장 인증을 받은 자의 지위를 승계한 자는 30일 이내에 농림축산식품부장관에게 신고하여야 하다.

🐈 영업

1. 동물장묘업
2. 동물판매업
3. 동물수입업
4. 동물생산업
5. 동물전시업
6. 동물위탁관리업
7. 동물미용업
8. 동물운송업

- 영업의 세부 범위는 농림축산식품부령으로 정한다.
- 영업을 하려는 자는 농림축산식품부령으로 정하는 바에 따라 시장·군수·구청장에게 등록하여야 한다.
- 등록을 한 자는 농림축산식품부령으로 정하는 사항을 변경하거나 폐업·휴업 또는 그 영업을 재개하려는 경우에는 미리 농림축산식품부령으로 정하는 바에 따라 시장·군

수 · 구청장에게 신고를 하여야 한다.

- 시장 · 군수 · 구청장은 변경신고를 받은 경우 그 내용을 검토하여 이 법에 적합하면 신고를 수리하여야 한다.

- 등록을 할 수 없는 경우

  1. 등록을 하려는 자가 미성년자, 피한정후견인 또는 피성년후견인인 경우
     - 법인인 경우에는 임원을 포함한다.
  2. 시설 및 인력의 기준에 맞지 아니한 경우
  3. 등록이 취소된 후 1년이 지나지 아니한 자가 취소된 업종과 같은 업종을 등록하려는 경우
     - 법인인 경우에는 임원을 포함한다.
  4. 등록을 하려는 자가 이 법을 위반하여 벌금형 이상의 형을 선고받고 그 형이 확정된 날부터 3년이 지나지 아니한 경우. 다만, 제8조를 위반하여 벌금형 이상의 형을 선고받은 경우에는 그 형이 확정된 날부터 5년으로 한다.

🐈 공설 동물장묘시설의 설치 · 운영

- 지방자치단체의 장은 반려동물을 위한 장묘시설 즉, 공설 동물장묘시설을 설치 · 운영할 수 있다.
- 국가는 제1항에 따라 공설 동물장묘시설을 설치 · 운영하는 지방자치단체에 대해서는 예산의 범위에서 시설의 설치에 필요한 경비를 지원할 수 있다.

🐈 영업자 등의 준수사항

1. 동물의 사육 · 관리에 관한 사항
2. 동물의 생산등록, 동물의 반입 · 반출 기록의 작성 · 보관에 관한 사항
3. 동물의 판매가능 월령, 건강상태 등 판매에 관한 사항
4. 동물 사체의 적정한 처리에 관한 사항
5. 영업시설 운영기준에 관한 사항

6. 영업 종사자의 교육에 관한 사항
7. 등록대상동물의 등록 및 변경신고의무 고지에 관한 사항
   - 등록·변경신고방법 및 위반 시 처벌에 관한 사항 등을 포함한다.
8. 그 밖에 동물의 보호와 공중위생상의 위해 방지를 위하여 필요한 사항

🐈 동물보호감시원

- 농림축산식품부장관 시·도지사 및 시장·군수·구청장은 동물의 학대 방지 등 동물 보호에 관한 사무를 처리하기 위하여 소속 공무원 중에서 동물보호감시원을 지정하여 야 한다.
- 대통령령으로 정하는 소속 기관의 장을 포함한다.
- 동물보호감시원의 자격, 임명, 직무 범위 등에 관한 사항은 대통령령으로 정한다.
- 동물보호감시원이 직무를 수행할 때에는 농림축산식품부령으로 정하는 증표를 지니고 이를 관계인에게 보여주어야 한다.
- 누구든지 동물의 특성에 따른 출산, 질병 치료 등 부득이한 사유가 없으면 동물보호 감시원의 직무 수행을 거부·방해 또는 기피하여서는 아니 된다.

🐈 동물보호명예감시원

- 농림축산식품부장관, 시·도지사 및 시장·군수·구청장은 동물의 학대 방지 등 동물 보호를 위한 지도·계몽 등을 위하여 동물보호명예감시원을 위촉할 수 있다.
- 동물보호명예감시원 즉, 명예감시원의 자격, 위촉, 해촉, 직무, 활동 범위와 수당의 지 급 등에 관한 사항은 대통령령으로 정한다.
- 명예감시원은 직무를 수행할 때에는 부정한 행위를 하거나 권한을 남용하여서는 아니 된다.
- 명예감시원이 그 직무를 수행하는 경우에는 신분을 표시하는 증표를 지니고 이를 관 계인에게 보여주어야 한다.

청문

- 농림축산식품부장관, 시·도지사 또는 시장·군수·구청장은 처분을 하려면 청문을 하여야 한다.
    1. 동물보호센터의 지정 취소
    2. 동물복지축산농장의 인증 취소
    3. 영업등록 또는 허가의 취소

벌칙

- 3년 이하의 징역 또는 3천만원 이하의 벌금에 처한다.
    1. 법을 위반하여 동물을 죽음에 이르게 하는 학대행위를 한 자
    2. 법을 위반하여 사람을 사망에 이르게 한 자

- 2년 이하의 징역 또는 2천만원 이하의 벌금에 처한다.
    1. 법을 위반하여 동물을 학대한 자
        - 법을 위반하여 맹견을 유기한 소유자등
        - 법에 따른 목줄 등 안전조치 의무를 위반하여 사람의 신체를 상해에 이르게 한 자
        - 법을 위반하여 사람의 신체를 상해에 이르게 한 자
    2. 법을 위반하여 거짓이나 그 밖의 부정한 방법으로 동물복지축산농장 인증을 받은 자
    3. 법을 위반하여 인증을 받지 아니한 농장을 동물복지축산농장으로 표시한 자

- 500만원 이하의 벌금에 처한다.
    1. 법을 위반하여 비밀을 누설하거나 도용한 윤리위원회의 위원
    2. 법에 따른 등록 또는 신고를 하지 아니하거나 허가를 받지 아니하거나 신고를 하지 아니하고 영업을 한 자

3. 거짓이나 그 밖의 부정한 방법으로 등록 또는 신고를 하거나 허가를 받거나 신고를 한 자

4. 법에 따른 영업정지기간에 영업을 한 영업자

- 300만원 이하의 벌금에 처한다.
   1. 법을 위반하여 동물을 유기한 소유자등
   2. 법을 위반하여 사진 또는 영상물을 판매·전시·전달·상영하거나 인터넷에 게재한 자
   3. 법을 위반하여 도박을 목적으로 동물을 이용한 자 또는 동물을 이용하는 도박을 행할 목적으로 광고·선전한 자
   4. 법을 위반하여 도박·시합·복권·오락·유흥·광고 등의 상이나 경품으로 동물을 제공한 자
   5. 법을 위반하여 영리를 목적으로 동물을 대여한 자
   6. 법을 위반하여 동물실험을 한 자

- 상습적으로 죄를 지은 자는 그 죄에 정한 형의 2분의 1까지 가중한다.

🐱 양벌규정

- 법인의 대표자나 법인 또는 개인의 대리인, 사용인, 그 밖의 종업원이 그 법인 또는 개인의 업무에 관하여 위반행위를 하면 그 행위자를 벌하는 외에 그 법인 또는 개인에게도 해당 조문의 벌금형을 과한다.
- 법인 또는 개인이 그 위반행위를 방지하기 위하여 해당 업무에 관하여 상당한 주의와 감독을 게을리 하지 아니한 경우에는 그러하지 아니다.

🐱 과태료

- 300만원 이하의 과태료를 부과한다.

- 법을 위반하여 동물을 판매한 자
- 법을 위반하여 소유자등 없이 맹견을 기르는 곳에서 벗어나게 한 소유자등
- 법을 위반하여 월령이 3개월 이상인 맹견을 동반하고 외출할 때 안전장치 및 이동장치를 하지 아니한 소유자등
- 법을 위반하여 사람에게 신체적 피해를 주지 아니하도록 관리하지 아니한 소유자등
- 법을 위반하여 맹견의 안전한 사육 및 관리에 관한 교육을 받지 아니한 소유자
- 법을 위반하여 보험에 가입하지 아니한 소유자
- 법을 위반하여 맹견을 출입하게 한 소유자등
- 법을을 위반하여 윤리위원회를 설치 · 운영하지 아니한 동물실험시행기관의 장
- 법을 위반하여 윤리위원회의 심의를 거치지 아니하고 동물실험을 한 동물실험시행기관의 장
- 법을 위반하여 개선명령을 이행하지 아니한 동물실험시행기관의 장

- 100만원 이하의 과태료를 부과한다.
  - 법을 위반하여 동물을 운송한 자
  - 법을 위반하여 등록대상동물을 등록하지 아니한 소유자
  - 법을 위반하여 미성년자에게 동물 해부실습을 하게 한 자
  - 법을 위반하여 동물복지축산농장 인증을 받은 자의 지위를 승계하고 그 사실을 신고하지 아니한 자
  - 법을 위반하여 영업자의 지위를 승계하고 그 사실을 신고하지 아니한 자
  - 법을 위반하여 교육을 받지 아니하고 영업을 한 영업자
  - 법에 따른 자료제출 요구에 응하지 아니하거나 거짓 자료를 제출한 동물의 소유자등
  - 법에 따른 출입 · 검사를 거부 · 방해 또는 기피한 동물의 소유자등
  - 법에 따른 시정명령을 이행하지 아니한 동물의 소유자등
  - 법에 따른 보고 · 자료제출을 하지 아니하거나 거짓으로 보고 · 자료제출을 한 자 또는 같은 항에 따른 출입 · 조사를 거부 · 방해 · 기피한 자
  - 법을 위반하여 동물보호감시원의 직무 수행을 거부 · 방해 또는 기피한 자

- 50만원 이하의 과태료를 부과한다.
  1. 법을 위반하여 정해진 기간 내에 신고를 하지 아니한 소유자
  2. 법을 위반하여 변경신고를 하지 아니한 소유권을 이전받은 자
  3. 법을 위반하여 인식표를 부착하지 아니한 소유자등
  4. 법을 위반하여 안전조치를 하지 아니하거나 배설물을 수거하지 아니한 소유자등
     - 과태료는 대통령령으로 정하는 바에 따라 농림축산식품부장관, 시·도지사 또는 시장·군수·구청장이 부과·징수한다.

수의사법 시행령

 「수의사법」에서 "대통령령으로 정하는 동물"이란

1. 노새 · 당나귀
2. 친칠라 · 밍크 · 사슴 · 메추리 · 꿩 · 비둘기
3. 시험용 동물
4. 그 밖에 포유류 · 조류 · 파충류 및 양서류

수의사 국가시험의 시험과목

1. 기초수의학
2. 예방수의학
3. 임상수의학
4. 수의법규 · 축산학
   - 시험과목별 시험내용 및 출제범위는 농림축산식품부장관이 위원회의 심의를 거쳐 정한다.
   - 국가시험은 필기시험으로 하되, 필요하다고 인정할 때에는 실기시험 또는 구술시험을 병행할 수 있다.
   - 국가시험은 전 과목 총점의 60퍼센트 이상, 매 과목 40퍼센트 이상 득점한 사람을 합격자로 한다.

수의사법 시행규칙

동물보건사 자격시험의 시험과목

1. 기초 동물보건학
2. 예방 동물보건학
3. 임상 동물보건학
4. 동물 보건 · 윤리 및 복지 관련 법규
   - 시험은 필기시험의 방법으로 실시한다.
   - 자격시험의 합격자는 제2항에 따른 시험과목에서 각 과목당 시험점수가 100점을 만점으로 하여 40점 이상이고, 전 과목의 평균 점수가 60점 이상인 사람으로 한다.
   - 자격시험에 필요한 사항은 농림축산식품부장관이 정해 고시한다.

동물보건사 양성기관의 평가인증

- 평가인증을 받으려는 동물보건사 양성과정을 운영하려는 학교 또는 교육기관
   1. 교육과정 및 교육내용이 양성기관의 업무 수행에 적합할 것
   2. 교육과정의 운영에 필요한 교수 및 운영 인력을 갖출 것
   3. 교육시설 · 장비 등 교육여건과 교육환경이 양성기관의 업무 수행에 적합할 것

동물보건사의 업무 범위와 한계

- 동물보건사의 동물의 간호 또는 진료 보조 업무의 구체적인 범위와 한계
   1. 동물의 간호 업무 : 동물에 대한 관찰, 체온 · 심박수 등 기초 검진 자료의 수집, 간호판단 및 요양을 위한 간호
   2. 동물의 진료 보조 업무 : 약물 도포, 경구 투여, 마취 · 수술의 보조 등 수의사의 지도 아래 수행하는 진료의 보조

동물보호법 시행령

동물의 범위

「동물보호법」에서 "대통령령으로 정하는 동물"이란 파충류, 양서류 및 어류를 말한다. 다만, 식용(食用)을 목적으로 하는 것은 제외한다.

등록대상동물의 범위

"대통령령으로 정하는 동물"이란 월령(月齡) 2개월 이상인 개를 말한다.
    1. 「주택법」에 따른 주택·준주택에서 기르는 개
    2. 주택·준주택 외의 장소에서 반려(伴侶) 목적으로 기르는 개

보험의 가입

맹견의 소유자는 보험에 가입해야 한다.
    1. 다음에 해당하는 금액 이상을 보상할 수 있는 보험일 것
        가. 사망의 경우에는 피해자 1명당 8천만원
        나. 부상의 경우에는 피해자 1명당 농림축산식품부령으로 정하는 상해등급에 따른 금액
        다. 부상에 대한 치료를 마친 후 더 이상의 치료효과를 기대할 수 없고 그 증상이 고정된 상태에서 그 부상이 원인이 되어 신체의 장애가 생긴 경우에는 피해자 1명당 농림축산식품부령으로 정하는 후유장애등급에 따른 금액
        라. 다른 사람의 동물이 상해를 입거나 죽은 경우에는 사고 1건당 200만원
    2. 지급보험금액은 실손해액을 초과하지 않을 것. 다만, 사망으로 인한 실손해액이 2천만원 미만인 경우의 지급보험금액은 2천만원으로 한다.
    3. 하나의 사고로 규정 중 둘 이상에 해당하게 된 경우에는 실손해액을 초과하지 않는 범위에서 다음 각 목의 구분에 따라 보험금을 지급할 것
        가. 부상한 사람이 치료 중에 그 부상이 원인이 되어 사망한 경우에는 금액을

더한 금액

나. 부상한 사람에게 후유장애가 생긴 경우에는 금액을 더한 금액

다. 금액을 지급한 후 그 부상이 원인이 되어 사망한 경우에는 금액에서 같은 호 다목에 따라 지급한 금액 중 사망한 날 이후에 해당하는 손해액을 뺀 금액

🐾 동물실험 금지 동물

1. 「장애인복지법」에 따른 장애인 보조견
2. 소방청에서 효율적인 구조활동을 위해 이용하는 119구조견
3. 다음 기관에서 수색·탐지 등을 위해 이용하는 경찰견

　　가. 국토교통부

　　나. 경찰청

　　다. 해양경찰청

4. 국방부에서 수색·경계·추적·탐지 등을 위해 이용하는 군견
5. 농림축산식품부 및 관세청 등에서 각종 물질의 탐지 등을 위해 이용하는 마약 및 폭발물 탐지견과 검역 탐지견

🐾 동물보호감시원의 자격

공무원 중에서 동물보호감시원을 지정하여야 한다.

1. 「수의사법」에 따른 수의사 면허가 있는 사람
2. 「국가기술자격법」에 따른 축산기술사, 축산기사, 축산산업기사 또는 축산기능사 자격이 있는 사람
3. 「고등교육법」에 따른 학교에서 수의학·축산학·동물관리학·애완동물학·반려 동물학 등 동물의 관리 및 이용 관련 분야, 동물보호 분야 또는 동물복지 분야 를 전공하고 졸업한 사람
4. 그 밖에 동물보호·동물복지·실험동물 분야와 관련된 사무에 종사한 경험이 있 는 사람

동물보호감시원의 직무

1. 동물의 적정한 사육·관리에 대한 교육 및 지도
2. 금지되는 동물학대행위의 예방, 중단 또는 재발방지를 위하여 필요한 조치
3. 동물의 적정한 운송과 반려동물 전달 방법에 대한 지도·감독
   - 동물의 도살방법에 대한 지도
   - 등록대상동물의 등록 및 등록대상동물의 관리에 대한 감독
   - 맹견의 관리 및 출입금지 등에 대한 감독
4. 동물보호센터의 운영에 관한 감독
   - 윤리위원회의 구성·운영 등에 관한 지도·감독 및 개선명령의 이행 여부에 대한 확인 및 지도
5. 동물복지축산농장으로 인증받은 농장의 인증기준 준수 여부 감독
6. 영업등록을 하거나 영업허가를 받은 자의 시설·인력 등 등록 또는 허가사항, 준수사항, 교육 이수 여부에 관한 감독
   - 반려동물을 위한 장묘시설의 설치·운영에 관한 감독
7. 조치, 보고 및 자료제출 명령의 이행 여부 등에 관한 확인·지도
8. 위촉된 동물보호명예감시원에 대한 지도
9. 그 밖에 동물의 보호 및 복지 증진에 관한 업무

동물보호법 시행규칙

 반려동물의 범위

「동물보호법」에서 "개, 고양이 등 농림축산식품부령으로 정하는 동물"이란 개, 고양이, 토끼, 페럿, 기니피그 및 햄스터를 말한다.

🐱 맹견의 범위

1. 도사견과 그 잡종의 개
2. 아메리칸 핏불테리어와 그 잡종의 개
3. 아메리칸 스태퍼드셔 테리어와 그 잡종의 개
4. 스태퍼드셔 불테리어와 그 잡종의 개
5. 로트와일러와 그 잡종의 개

🐱 학대행위의 금지

1. 사람의 생명·신체에 대한 직접적 위협이나 재산상의 피해를 방지하기 위하여 다른 방법이 있음에도 불구하고 동물을 죽음에 이르게 하는 행위
2. 동물의 습성 및 생태환경 등 부득이한 사유가 없음에도 불구하고 해당 동물을 다른 동물의 먹이로 사용하는 경우

🐱 동물의 도살방법

- "농림축산식품부령으로 정하는 방법"이란
  1. 가스법, 약물 투여
  2. 전살법(電殺法), 타격법(打擊法), 총격법(銃擊法), 자격법(刺擊法)

🐱 인식표의 부착

1. 소유자의 성명
2. 소유자의 전화번호
3. 동물등록번호(등록한 동물만 해당한다.)

안전조치

- 등록대상동물을 동반하고 외출할 때에는 목줄 또는 가슴 줄을 하거나 이동장치를 사용해야 한다.
- 다만, 소유자등이 월령 3개월 미만인 등록대상동물을 직접 안아서 외출하는 경우에는 해당 안전조치를 하지 않을 수 있다.
- 목줄 또는 가슴줄은 해당 동물을 효과적으로 통제할 수 있고, 다른 사람에게 위해(危害)를 주지 않는 범위의 길이여야 한다.
- 목줄 또는 가슴줄은 2미터 이내의 길이여야 한다.

맹견의 관리

- 월령이 3개월 이상인 맹견을 동반하고 외출할 때
    1. 맹견에게는 목줄만 할 것
    2. 맹견이 호흡 또는 체온조절을 하거나 물을 마시는 데 지장이 없는 범위에서 사람에 대한 공격을 효과적으로 차단할 수 있는 크기의 입마개를 할 것
        - 다음처럼 맹견을 이동시킬 때에 맹견에게 목줄 및 입마개를 하지 않을 수 있다.
            1. 맹견이 이동장치에서 탈출할 수 없도록 잠금장치를 갖출 것
            2. 이동장치의 입구, 잠금장치 및 외벽은 충격 등에 의해 쉽게 파손되지 않는 견고한 재질일 것

맹견 소유자의 교육

1. 맹견의 소유권을 최초로 취득한 소유자의 신규교육 : 소유권을 취득한 날부터 6개월 이내 3시간
2. 그 외 맹견 소유자의 정기교육 : 매년 3시간

영업의 세부범위

1. 동물장묘업

    가. 동물 전용의 장례식장

    나. 동물의 사체 또는 유골을 불에 태우는 방법으로 처리하는 시설(이하 "동물 화장(火葬)시설"이라 한다), 건조·멸균분쇄의 방법으로 처리하는 시설(이하 "동물건조장(乾燥葬)시설"이라 한다) 또는 화학 용액을 사용해 동물의 사체를 녹이고 유골만 수습하는 방법으로 처리하는 시설(이하 "동물수분해장(水分解葬)시설"이라 한다)

    다. 동물 전용의 봉안시설

2. 동물판매업 : 반려동물을 구입하여 판매, 알선 또는 중개하는 영업

3. 동물수입업 : 반려동물을 수입하여 판매하는 영업

4. 동물생산업 : 반려동물을 번식시켜 판매하는 영업

5. 동물전시업 : 반려동물을 보여주거나 접촉하게 할 목적으로 영업자 소유의 동물을 5마리 이상 전시하는 영업. 다만, 「동물원 및 수족관의 관리에 관한 법률」 제2조제1호에 따른 동물원은 제외한다.

6. 동물위탁관리업 : 반려동물 소유자의 위탁을 받아 반려동물을 영업장 내에서 일시적으로 사육, 훈련 또는 보호하는 영업

7. 동물미용업 : 반려동물의 털, 피부 또는 발톱 등을 손질하거나 위생적으로 관리하는 영업

8. 동물운송업 : 반려동물을 「자동차관리법」의 자동차를 이용하여 운송하는 영업

동물보건사

부록

동물보건사
교육기관 현황

동물 관련 교육부 교육기관 현황

지역	대학교	학과	학제	
부산	부산경상대	반려동물보건과(주간)		2년제
	부산경상대	반려동물보건과(야간)		2년제
	부산과학기술대	헤어펫뷰티전공(주간)		2년제
	부산과학기술대	헤어펫뷰티전공(야간)		2년제
	경남정보대	반려동물과		2년제
	부산여대	반려동물과		2년제
	동주대	반려동물보건과(2023)		2년제
	동명대학교	애견미용행동교정학과(2023)	4년제	
	동명대학교	반려동물보건학과(2023)	4년제	
	동명대학교	영양식품학과(2023)	4년제	
	경성대학교	반려생물학과	4년제	
	부산대학교	동물생명자원과학과	4년제	
	신라대학교	반려동물학과	4년제	
대전	대전과학기술대	애완동물과		2년제
	대덕대	반려동물과		2년제
	대전보건대	펫토털케어과		2년제
	우송정보대	반려동물학부		2년제
	충남대학교	동물자원과학부	4년제	
대구	수성대(구.대구산업정보대)	애완동물관리과		2년제
	영진전문대학	펫케어과		2년제
	계명문화대학	펫토탈케어학부		2년제
	대구보건대	반려동물보건관리과		2년제
	영남이공대	반려동물케어과(2022)		2년제
	경북대학교	말/특수동물학과	4년제	
	대구대학교	반려동물산업학과(2022)	4년제	
	대구대학교	동물자원학과(2022)	4년제	
	대구한의대학교	반려동물보건학과	4년제	
광주	광주여자대학교	애완동물보건학과	4년제	

동물 관련 교육부 교육기관 현황

지역	대학교	학과	학제	
강원	강원대학교	동물산업융합학과	4년제	
	강원대학교	동물응용과학과	4년제	
	강원대학교	동물자원과학과	4년제	
	가톨릭관동대학교	반려동물학전공(2023)	4년제	
	상지대학교	동물생명자원학부 동물생명공학전공(2023)	4년제	
	상지대학교	동물생명자원학부 동물자원학전공(2023)	4년제	
충남	연암대	동물보호계열		2년제
	혜전대	애완동물관리과		2년제
	중부대학교	애완동물자원학전공	4년제	
	공주대학교	특수동물학과	4년제	
	세한대학교	반려동물관리학과(2023년)	4년제	
	공주대학교	동물자원학과	4년제	
	호서대학교	동물보건복지학과	4년제	
충북	세명대학교	동물바이오헬스학과	4년제	
	중원대학교	말산업학과(2023년)	4년제	
	충청대	애완동물과		2년제
전남	동아보건대	애완동물관리전공		2년제
	동아보건대	동물간호전공		2년제
	동신대학교	바이오헬스케어학부 (반려동물학과, 제약화장품학과)	4년제	
	순천대학교	동물자원과학과	4년제	
	순천대학교	산업동물학과	4년제	
전북	원광대학교	반려동물산업학과	4년제	
	전북대학교	동물생명공학과	4년제	
	전북대학교	동물자원과학과	4년제	
	전주기전대	애완동물관리과		3년제
	전주기전대	말산업스포츠재활과		3년제
	전주기전대	동물보건과		3년제
경북	대경대	동물사육복지과		2년제
	한국복지사이버대학	동식물복지학과		2년제
	가톨릭상지대	반려동물과		2년제
	서라벌대	반려동물과		2년제
	안동과학대	반려동물케어과(2023년)		2년제
	선린대	반려동물과(2022년)		2년제
	대구대학교	동물자원학과	4년제	
	대구대학교	반려동물산업학과	4년제	
경남	경남과학기술대학교	동물생명과학과	4년제	
	경남과학기술대학교	동물소재공학과	4년제	
	경상국립대학교	동물생명융합학부 동물소재공학전공(2023)	4년제	
	경상국립대학교	동물생명융합학부 동물생명과학전공(2023)	4년제	
	인제대학교	반려동물보건학과(2023)	4년제	

동물 관련 교육부 교육기관 현황

지역	대학교	학과	학제	
서울	디지털서울문화예술대학교	반려동물학과	4년제	
	삼육대학교	동물자원과학과	4년제	
	서울대학교	식품 · 동물생명공학부	4년제	
	건국대학교	동물자원과학과	4년제	
	삼육대학교	동물생명자원학과	4년제	
	한양대학교 미래인재교육원	반려동물학위과정(2023)		2년제
	동국대학교 전산원	반려동물학위과정(2023)		2년제
경기	서정대	애완동물과		2년제
	신구대	애완동물전공		2년제
	신구대	바이오동물전공		3년제
	경복대	반려동물보건과(2023)		3년제
	연성대	반려동물과		2년제
	장안대	바이오동물보호과		2년제
	동원대	반려동물과		2년제
	신안산대	반려동물과		2년제
	오산대	반려동물관리과(2022)		2년제
	오산대	동물보건과(2023)		2년제
	국제대	반려동물학과		3년제
	용인예술과학대(구.용인송담대)	반려동물과		2년제
	수원여자대	반려동물과(2023)		2년제
	수원여자대	펫케어과(2023)		2년제
	부천대	반려동물과(2023)		2년제
	한경대학교	동물생명융합학부	4년제	
	단국대학교	동물자원학과	4년제	
	칼빈대학교	반려동물학과	4년제	
인천	경인여대	펫토탈케어과		2년제

동물 관련 노동부 교육기관 현황

지역	대학교	학과	학제
서울	서울연희실용전문학교	애완동물관리전공 반려동물간호	2년제
	서울예술실용전문학교	애완동물 계열 동물간호	2년제
	서울호서직업전문학교	애완동물관리전공 수의간호	2년제
	서울종합예술실용학교	애완동물계열 동물간호	2년제
	서울문화예술대학교부설 평생교육원	애완동물계열	2년제
	서강전문학교 신도림캠퍼스	애견미용과	2년제
	고려직업전문학교	애완동물관리	2년제
경기	서울청담씨티칼리지 평생교육원	반려동물계열	2년제

동물 관련 민간 교육기관 현황

지역	학교명	간판	소속
서울 종로	한국반려동물아카데미 원격평생교육원	(주)한국반려동물 아카데미	한국반려동물 산업진흥원
서울 동대문	EBS pet Edu	EBS pet Edu	EBS미디어 주식회사
서울 도봉	(주)한국반려동물 관리협회 한국반려동물산업진흥원	(주)한국반려동물 관리협회 한국반려동물산업진흥원	반려동물 산업진흥원
경기 고양	씨티평생교육원	City College 씨티평생교육원	씨티평생교육원

동물 관련 고등학교 현황

지역	학교명	학과명
인천	인천금융고등학교	펫뷰티케어과
대전	유성생명과학고등학교	반려동물과정
대구	대구보건고등학교	반려동물케어과
부산	세연고등학교	반려동물과
광주	광주자연과학고등학교	애완동물과
경기 고양	고양고등학교	애완동물관리과
경기 화성	발안바이오과학고등학교	레저동물산업과
강원 원주	영서고등학교	동물자원과
강원 홍천	홍천농업고등학교	동물자원과
충북 천안	천안제일고등학교	동물자원과
충북 청주	청주농업고등학교	동물자원과
경북 상주	용운고등학교	반려동물복지과, 반려동물미용과
경북 상주	경북자연과학고등학교	말관리과, 말산업과
경북 상주	경북자연과학고등학교	반려동물복지과, 반려동물미용과
경북 봉화	한국펫고등학교	반려동물과, 반려동물뷰티케어과
경남 김해	김해생명과학고등학교	동물산업과
전남 전주	전주생명과학고등학교	반려동물학과

대한민국 수의과대학 현황(10개 대학교 505명 정원)

지역	학교명	학과	학제
서울 관악	서울대학교	수의학과	6년제
서울 광진	건국대학교	수의학과	6년제
강원	강원대학교	수의학과	6년제
충북	충북대학교	수의학과	6년제
대전	충남대학교	수의학과	6년제
대구	경북대학교	수의학과	6년제
경남	경상대학교	수의학과	6년제
전북	전북대학교	수의학과	6년제
광주	전남대학교	수의학과	6년제
제주	제주대학교	수의학과	6년제

일본 수의과대학 현황(17개 대학교 1,070명 정원)

구분	학교명	학과	학제
국립	도쿄대학교	수의학과	6년제
국립	돗토리 대학	수의학과	6년제
국립	오비히로축산대학	수의학과	6년제
국립	홋가이도대학교	수의학과	6년제
국립	이와테대학교	수의학과	6년제
국립	미야자키대학교	수의학과	6년제
국립	야마구치대학교	수의학과	6년제
국립	가고시마대학교	수의학과	6년제
국립	도쿄농공대학	수의학과	6년제
국립	기후대학	수의학과	6년제
공립	오사카부립대학	수의학과	6년제
사립	일본수의생명과학대학	수의학과	6년제
사립	니혼대학	수의학과	6년제
사립	아자부대학	수의학과	6년제
사립	키타사토대학	수의학과	6년제
사립	낙농학원대학	수의학과	6년제
사립	오카야마이과대학	수의학과	6년제

미국 수의과대학 현황(33개 대학교)

(미국수의학협회, AVMA(American Veterinary Medical Association)로부터 인가/인증 받은 학교 33개 학교 리스트
미국 수의과대학은 일반학부 2-4년제+수의학전문대학원 4년제의 학제로 운영됨

학교명	학과	학제
Auburn University College of Veterinary Medicine	수의학과	4+4년제
Colorado State University College of Veterinary Medicine	수의학과	4+4년제
Cornell University College of Veterinary Medicine	수의학과	4+4년제
Iowa State University College of Veterinary Medicine	수의학과	4+4년제
Kansas State University College of Veterinary Medicine	수의학과	4+4년제
Lincoln Memorial University College of Veterinary Medicine	수의학과	4+4년제
Louisiana State University College of Veterinary Medicine	수의학과	4+4년제
Michigan State University College of Veterinary Medicine	수의학과	4+4년제
Midwestern University College of Veterinary Medicine	수의학과	4+4년제
Mississippi State University College of Veterinary Medicine	수의학과	4+4년제
North Carolina State University College of Veterinary Medicine	수의학과	4+4년제
Ohio State University College of Veterinary Medicine	수의학과	4+4년제
Oklahoma State University College of Veterinary Medicine	수의학과	4+4년제
Oregon State University College of Veterinary Medicine	수의학과	4+4년제
Purdue University College of Veterinary Medicine	수의학과	4+4년제
Texas A&M College of Veterinary Medicine & Biomedical Sciences	수의학과	4+4년제
Tufts University Cummings School of Veterinary Medicine	수의학과	4+4년제
Tuskegee University School of Veterinary Medicine	수의학과	4+4년제
University of California, Davis School of Veterinary Medicine	수의학과	4+4년제

University of Florida College of Veterinary Medicine	수의학과	4+4년제
University of Georgia College of Veterinary Medicine	수의학과	4+4년제
University of Illinois College of Veterinary Medicine	수의학과	4+4년제
University of Minnesota College of Veterinary Medicine	수의학과	4+4년제
University of Missouri College of Veterinary Medicine	수의학과	4+4년제
University of Pennsylvania School of Veterinary Medicine	수의학과	4+4년제
University of Tennessee College of Veterinary Medicine	수의학과	4+4년제
University of Wisconsin at Madison School of Veterinary Medicine	수의학과	4+4년제
Utah State University Department of Animal, Dairy, and Veterinary Sciences, Veterinary Medicine	수의학과	4+4년제
Virginia?Maryland Regional College of Veterinary Medicine	수의학과	4+4년제
Washington State University College of Veterinary Medicine	수의학과	4+4년제
Western University of Health Sciences College	수의학과	4+4년제
University of Arizona College of Veterinary Medicine	수의학과	4+4년제
Long Island University College of Veterinary Medicine	수의학과	4+4년제

영국 수의과대학 현황(31개 대학교)

영국 수의과대학은 5년제로 운영되며 고등학교 2학년 수료부터 입학 가능함

학교명	학과	학제
런던 대학교 왕립 수의과 대학=University of London의 Royal Veterinary College=RVC	수의학과	5년제
캠브리지(Cambridge) 대학교	수의학과	5년제
리버풀(Liverpool) 대학교	수의학과	5년제
에딘버러 대학교(University of Edinburgh의 Royal (Dick) 수의과 대학)	수의학과	5년제
글래스고(Glasgow) 대학교(University of Glasgow의 수의과 대학)	수의학과	5년제
브리스톨(Bristol) 대학교(University of Bristol의 수의대)	수의학과	5년제
노팅엄(Northampton) 대학교	수의학과	5년제
써리 대학교(University of Surrey의 School of Veterinary Medicine)	수의학과	5년제
중앙 랭커셔 대학=센트럴 랭커셔 대학=University of Central Lancashire=Uclan=UCL	수의학과	5년제
St George's University of London	수의학과	5년제
Queen¡¯s Belfast	수의학과	5년제
King¡¯s College London	수의학과	5년제
Aberdeen	수의학과	5년제
Manchester	수의학과	5년제
Dundee	수의학과	5년제
Birmingham	수의학과	5년제
Sheffield	수의학과	5년제
Queen Mary London	수의학과	5년제
Cardiff	수의학과	5년제
Leeds	수의학과	5년제
Newcastle	수의학과	5년제

Oxford	수의학과	5년제
Leicester	수의학과	5년제
Hull	수의학과	5년제
Imperial College London	수의학과	5년제
Warwick	수의학과	5년제
St Andrews	수의학과	5년제
Brighton	수의학과	5년제
East Anglia	수의학과	5년제
Southampton	수의학과	5년제
Keele	수의학과	5년제
Abertay Dundee	수의학과	5년제

캐나다 수의과대학 현황(5개 대학교 300명 정원)

(유학생이 갈 수 있는 곳은 5군데)
캐나다 수의사 협회(Canadian Veterinary Medical Association)에서 수의학과를 보유한 모든 캐나다대학 리스트를 찾을 수 있음
캐나다 수의과대학은 학부 2년제 + 수의과대학 4년제의 학제로 운영됨

학교명	학과	학제
University of Calgary	수의학과	2+4년제
University of Saskatchewan	수의학과	2+4년제
University of Guelph	수의학과	2+4년제
University of Prince Edward Island	수의학과	2+4년제
University of Montreal	수의학과	2+4년제

프랑스 수의과대학 현황(4개 대학교 500명 정원)

학교명	학과	학제
University of Lyon	수의학과	2+4년제
University of Alfort	수의학과	2+4년제
University of Toulouse	수의학과	2+4년제
University of Nantes	수의학과	2+4년제

북한 수의과대학 현황(1개 대학교)(수의사 시험 안보고 졸업하면 면허증 수여)

학교명	학과	학제
평성수의축산대학	수의축산학과(1년에 수의사 300명 배출)	6년제

북한 수의과 현황(11개 대학교)(수의사 배출 안하고 축산경영기술자 양성)

학교명	학과	학제
평양농업대학	수의축산학부	5년제
사리원농업대학	수의축산학부	5년제
원산농업대학	수의축산학부	5년제
청산농업대학	수의축산학부	5년제
숙천농업대학	수의축산학부	5년제
신의주농업대학	수의축산학부	5년제
강계농림대학(자강대학)	수의축산학부	5년제
해주농업대학	수의축산학부	5년제
함흥농업대학(금야대학)	수의축산학부	5년제

청진농업대학(함북농업대학)	수의축산학부	5년제
혜산농림대학	수의축산학부	5년제

*북한의 유일한 수의과대학, 평성수의축산대학

김일성종합대학 수의축산학과→원산농업대학 축산학부→강계수의축산대학→평성수의축산대학으로 바뀌었다. 북한의 수의과대학은 1946년 10월 개교한 '김일성종합대학'에 최초로 만들어졌다. 당시 농학부 산하에 있던 수의축산학과가 북한 최초의 수의학과다. 이후 1948년 김일성종합대학 수의축산학과가 별도로 분리되어 원산농업대학의 축산학부로 개편됐다. 1954년 11월 조선노동당 전원회의에서 "수의축산대학을 설치하고 수의축산 기술자 양성사업을 강화한다."는 결정이 나온 다음, 1955년 8월 5일 원산농업대학 축산학부가 모체가 되어 강계수의축산대학이 설립됐다. 강계수의축산대학은 이후 평성수의축산대학으로 명칭이 바뀌었다. 현재 평성수의축산대학에는 수의학부, 가금학부, 축산학부 등 3개의 학부가 있으며, 먹이가공과, 축산기계과, 수의축산과 등 3개의 전문학과가 개설되어 있다. 연구소, 가축병원, 실습목장도 갖춰져 있다. 평성수의축산대학에서 매년 배출되는 수의사는 약 300명 내외다. 예과 1년, 본과 5년 등 총 6년의 과정으로, 우리나라와 수의과대학(6년제)과 동일하다. 그 밖에 평양농업대학, 사리원농업대학, 원산농업대학에 수의과가 개설되어 있으나, 각 지방농업대학은 수의사를 양성하지 않고, 축산경영기술자 양성을 담당한다. 1947년 제정된 수의사 시험규정은 1955년에 폐지되었다. 졸업생에게 수의사 자격을 인정한다. 북한은 1947년 2월 20일 '북조선 수의사규정(농림국포고 제17호)'과 '북조선 수의사 시험규정(북조선임시인민위원회 농림국포고 제18회)'을 제정했다. 이 2개의 규정은 1950년 6월 3일 각각 '수의사에 관한규정(농림성규칙 제10호)'과 '수의사 검정시험에 관한규정(조선민주주의인민공화국 농림성규칙 제9호)'으로 개정된다. 하지만, 1955년 수의축산대학이 설립되고 전문 수의사교육을 받은 졸업생이 배출됨에 따라 수의사 시험제도를 폐지하고 졸업생에게 수의사 자격을 인정해 주고 있다.

2004년 기준 우리나라보다 많았던 북한 수의사 수
현재 북한의 수의사 숫자는 정확히 알 수 없으나 2004년 OIE(세계동물보건기구)자료에 따르면, 2004년 당시 북한 내 수의사 인원은 10,194명으로 당시 우리나라 수의사 수(9,769명)보다 더 많았던 것으로 전해진다. 반려동물이라는 개념 자체가 정립되어 있지 않은 만큼, 북한의 수의사들은 대부분 축산 분야 또는 수의 공직에 근무하는 경우가 많다. 북한에서 수의사로 일하다가 탈북한 사람들 역시 상당수 수의축산 분야 공무원 출신이다.

*출처 : https://www.dailyvet.co.kr/news/prevention-hygiene/94043

독일 수의과대학 현황(5개 대학교 1,082명 정원)

독일 수의과대학 학부과정은 총 11학기세로 운영되고 있고, 독일 수의과대학 입학정원은 총 1,082명임

학교명	학과	학제
뮌헨 대학교(300명)	수의학과	11학기제
베를린 대학교	수의학과	11학기제
하노버 대학교	수의학과	11학기제
기센 대학교	수의학과	11학기제
라이프찌히 대학교	수의학과	11학기제

사진 · 그림 출처

페이지	문제번호	사진 · 그림의 출처
17	05 제3안검	https://m.blog.naver.com/oz0402/221557289531?view=img_2
17	07 입모근	https://m.blog.naver.com/PostView.naver?isHttpsRedirect=true&blogId=david6703&logNo=220456389086
17	07 한선=땀샘	https://m.amc.seoul.kr/asan/mobile/healthinfo/body/bodyDetail.do?bodyId=22&partId=B000019
17	07 유선=젖샘	https://studylib.net/doc/8203468/macro-structure-of-the-mammary-gland
17	07 흉선	https://petnolza.com/강아지-갑상선-기능저하증-증상과-치료-a-to-z/
18	08 볼기뼈	https://m.blog.naver.com/PostView.naver?isHttpsRedirect=true&blogId=tmdfuf1234&logNo=220988364353
18	08 골반	https://www.amc.seoul.kr/asan/healthinfo/body/bodyDetail.do?bodyId=7
19	12 이빨의 구조	https://m.blog.naver.com/PostView.naver?isHttpsRedirect=true&blogId=okline3&logNo=221614139670
19	13 소장의 구조	https://band.us/band/77286075/post/10
20	14 개의 뼈	https://freenobi.tistory.com/entry/%EA%B0%9C%EC%9D%98-%EA%B3%A8%EA%B2%A9%EA%B5%AC%EC%A1%B0

페이지	문제번호	사진 · 그림의 출처
20	14 발목 뼈	https://blog.daum.net/ehcah/18341287
20	15 췌장	http://www.animalw.co.kr/bbs/bbs/board.php?bo_table=relation_info&wr_id=99&page=2
24	29 Atlas Axis	https://www.spineuniverse.com/conditions/spinal-arthritis/rheumatoid-arthritis/symptoms-rheumatoid-arthritis
24	29 환추와 축추의 구조	http://www.iserim.co.kr/html/?pmode=sub&spag=center&rel=t02
24	30 후지의 골격	https://m.blog.naver.com/PostView.naver?isHttpsRedirect=true&blogId=wnsxkd91&logNo=221488131247
25	32 관상동맥	http://amc.seoul.kr/asan/healthinfo/body/bodyDetail.do?bodyId=78
25	34 manubrium	https://www.yorku.ca/earmstro/journey/sternum.html
25	34 keel bone	https://thefrugalchicken.com/9-ideas-to-feed-a-flock-so-every-chicken-gets-food/
25	34 xiphoid process	https://boundbobskryptis.blogspot.com/2019/07/sternal-anatomy.html
26	35 과개교합	http://styledental.co.kr/theme/style/sub03/sub0306.php
26	36 피부의 구조	http://www.uryagi.com/uryagig4/bbs/board.php?bo_table=dr_skin&wr_id=1&page=0

26	37 슬관절	https://www.amc.seoul.kr/asan/healthinfo/body/bodyDetail.do?bodyId=82	29	48 근육의 구조	https://www.amc.seoul.kr/asan/healthinfo/body/bodyDetail.do?bodyId=12
26	37 견관절	https://m.blog.naver.com/vet7145/221818466196	30	49 심장의 구조	https://upload.wikimedia.org/wikipedia/ko/6/64/ANATOM02.jpg
26	37 주관절	https://m.blog.naver.com/PostView.naver?isHttpsRedirect=true&blogId=vet7145&logNo=220943710721	32	57 개의 척추	https://pugdogpassion.com/spinal-arachnoid-diverticulum-sad/
26	37 완관절	https://race.kra.co.kr/raceguide/RaceDiseaseSearchService.do#	32	59 대뇌피질	https://www.amc.seoul.kr/asan/healthinfo/body/bodyDetail.do?bodyId=101&tabIndex=1&pageIndex=3
26	37 고관절	https://race.kra.co.kr/raceguide/RaceDiseaseSearchService.do?pageIndex=2#	32	59 변연계	https://m.health.chosun.com/svc/news_view.html?contid=2010020201851
27	39 분문, 유문	https://blog.daum.net/inbio880/16095638	33	60 눈의 구조	https://www.amc.seoul.kr/asan/mobile/healthinfo/disease/diseaseDetail.do?contentId=31302
27	40 내분비선	https://www.msdvetmanual.com/en-au/multimedia/table/the-major-endocrine-glands-in-the-cat	33	60 개의 백내장	https://hunwari.tistory.com/entry/%EA%B0%95%EC%95%84%EC%A7%80-%EB%B1%B1%EB%82%B4%EC%9E%A5-%EC%9B%90%EC%9D%B8-%EB%B0%8F-%EB%B0%B1%EB%82%B4%EC%9E%A5-%EC%B9%98%EB%A3%8C%EC%99%80-%EC%98%88%EB%B0%A9
28	43 신장의 구조	https://www.amc.seoul.kr/asan/healthinfo/disease/diseaseDetail.do?contentId=31976	33	62 요골피부정맥	https://www.quora.com/How-can-I-locate-the-cephalic-vein-in-dogs
28	44 횡격막	https://www.amc.seoul.kr/asan/healthinfo/body/bodyDetail.do?bodyId=69	33	62 요골피부정맥 채혈	https://dralways.tistory.com/67
28	45 대상태반	home.konkuk.ac.kr:8080	34	63 sciatic nerve	https://www.ivis.org/library/recent-advances-veterinary-anesthesia-and-analgesia-companion-animals/fundamentals-of
28	45 태반의 형태학적 종류	http://contents.kocw.or.kr/document/Chapter%208%20Gestation.pdf	34	63 caudal rectal nerve	https://www.slideserve.com/blanca/division-of-spinal-cord-and-spinal-nerve
29	46 개의 영구치	https://m.blog.naver.com/PostView.naver?isHttpsRedirect=true&blogId=love7koc&logNo=189271056	35	68 자율신경계, 교감신경, 부교감신경	http://dic.kumsung.co.kr/web/smart/detail.do?findBookId=25&findCategory=B002004&headwordId=1424
29	46 개의 유치 이빨	https://post.naver.com/viewer/postView.nhn?volumeNo=12545445&memberNo=38977112			

36	70 혈관계	https://blog.daum.net/rhok123/4555713
36	72 대퇴네갈래근	https://ffmembers.co.kr/93
37	78 이관	http://www.ihalla.com/read.php3?aid=1470927600543626293
38	80 법랑질	http://bakc.net/health/main/index.php?m_cd=106
38	82 앞다리뼈	https://m.blog.naver.com/PostView.naver?isHttpsRedirect=true&blogId=wnsxkd91&logNo=221488131247
38	82 앞다리골격	https://blog.daum.net/shinwonhee2005/11803579
39	86 상완삼두근	https://m.blog.naver.com/hanarokson/221615005396
40	88 혀의 구조	https://www.yeongnam.com/web/view.php?key=20140124.990011154173486
40	89 후두연골	https://www.scienceall.com/%ED%9B%84%EB%91%90larynx/
40	90 신장	https://www.fmkorea.com/1103590694
43	105 개의 전립선	https://m.blog.naver.com/2021891/221412036779
44	107 폐정맥과 폐동맥	전폐정맥 환류 이상(TAPVR) - 아동의 건강 문제 - MSD 매뉴얼 - 일반인용 (msdmanuals.com)
44	109 간문맥	https://ecohealinginfo.tistory.com/entry/%EA%B0%84%EC%95%94Liver-Cancer%EC%9D%B4%EB%9E%80
52	02 개 종합백신	https://www.tradekorea.com/product/detail/P281383/CaniShot-DHPPL.html
53	04 Rabies Vaccine	https://hkmedi.co.kr/store_animal/144694
54	07 코커스파니엘	https://bambis.tistory.com/entry/%EC%95%84%EB%A9%94%EB%A6%AC%EC%B9%B8-%EC%BD%94%EC%B9%B4-%EC%8A%A4%ED%8C%8C%EB%8B%88%EC%97%98American-Cocker-Spaniel%EC%9C%A0%EB%9E%98%ED%8A%B9%EC%A7%95%EC%84%B1%EA%B2%A9%ED%82%A4%EC%9A%B0%EA%B8%B0%EA%B4%80%EB%A6%AC
54	07 블러드하운드	https://www.doopedia.co.kr/photobox/comm/community.do?_method=view&mainType=imgslide&position=0&GAL_IDX=160314001000567&GAL_TYPE_CD=05&page=1&openYn=&ptm_idx=&ptm_cidx=#hedaer
55	12 리슈만 편모충증	https://m.segye.com/view/20210622511705
55	13 저먼 셰퍼드	https://post.naver.com/viewer/postView.nhn?volumeNo=10490577&memberNo=30470794
55	13 도베르만	http://www.mypetnews.net/news/articleView.html?idxno=1311
57	19 고양이 종합백신PHC	https://m.blog.naver.com/PostView.naver?isHttpsRedirect=true&blogId=novapharm&logNo=221047090049
61	10 반상치	http://scholarsmepub.com/wp-content/uploads/2017/10/SJLS-27248-254.pdf
61	10 우식치	https://www.veterinary-practice.com/article/dental-caries-lesions-in-dogs
61	13 흡혈하는 모기	https://www.joongang.co.kr/article/23537431#home
63	22 등줄 쥐	http://acezone.shopnote.kr/pc/main/view/4622

65	37 광견병 걸린 개	https://www.thecatclinic.co.kr/mycat/bbs/board.php?bo_table=library&wr_id=16&sca=%EB%B3%91%EC%9B%90%FB%82%98%EB%93%A4%EC%9D%5C%B4&category=2
71	67 적외선	http://www.ktword.co.kr/test/view/view.php?m_temp1=2709
81	07 햄스터	https://m.post.naver.com/viewer/postView.naver?volumeNo=27563315&memberNo=2247263
82	08 기니피그	https://brunch.co.kr/@famtimes/664
82	09 납막	https://mypetparakeet.com/parakeet-ceres-cere-color-change-growth-and-common-problems/
84	17 켄넬클럽	https://m.blog.naver.com/PostView.naver?isHttpsRedirect=true&blogId=hwyoon1001&logNo=220258884569
84	17 미국켄넬크럽	https://m.blog.naver.com/PostView.naver?isHttpsRedirect=true&blogId=hwyoon1001&logNo=220258884569
84	17 FCI	http://ko.gofreedownload.net/free-vector/vector-logo-fci-54087/#.YeA6o9HP02w
88	39 기니피그	https://m.post.naver.com/viewer/postView.naver?volumeNo=27002101&memberNo=37963193
88	40 페럿	https://worldones.tistory.com/46
89	41 햄스터	https://cm.asiae.co.kr/article/2022011822542295882
89	44 콘스네이크	http://www.insectharmony.net/m/product.html?branduid=3551331
89	44 볼파이톤	https://m.blog.naver.com/PostView.naver?isHttpsRedirect=true&blogId=ball_python&logNo=221726224183
89	44 킹스네이크	https://blog.daum.net/kmozzart/11610

89	44 비어디드 드래곤	https://www.news1.kr/articles/?1651316
89	44 밀크스네이크	https://geckostory.com/product/%EB%B0%80%ED%81%AC%EC%8A%A4%EB%84%A4%EC%9D%B4%ED%81%AC%EC%95%8C%EB%B9%84%EB%85%B8-%ED%83%80%EC%A0%80%EB%A6%B0-%EC%95%94%EC%BB%B7/2855/
93	58 Points of a horse	https://en.wikipedia.org/wiki/Equine_anatomy
94	64 개의 신체 부위	https://www.facebook.com/bookworm.kr/posts/982845101878501/
96	77 진돗개 블랙탄	https://www.teamblind.com/kr/post/%EC%A7%84%EB%8F%84-%EB%B8%94%EB%9E%99%ED%83%84-86qAem1V
101	15 개에게 주면 안되는 음식	https://www.donga.com/news/Culture/article/all/20160826/79979606/1
102	16 습식사료, 건식사료	https://www.witkorea.kr/board/knowhow/1094
106	10 고양이 플레멘 반응	https://m.news.nate.com/view/20190322n18833?mid=m04
106	10 말 플레멘 반응	https://twitter.com/sibauchi/status/686938821309501440
107	12 개의 calming signals	https://beautinaru.tistory.com/109

107	12 고양이의 calming signals 위	http://w3.imaeil.com/page/view/2021041917100880901
107	12 고양이의 calming signals 아래	https://my-money-review.tistory.com/40
108	16 'ㄴ'모양	https://m.blog.naver.com/PostView.naver?isHttpsRedirect=true&blogId=yyh1288&logNo=220839218211
110	23 파블로프의 실험	https://m.blog.naver.com/PostView.naver?isHttpsRedirect=true&blogId=hodu79&logNo=221091386470
116	01 반려동물의 심폐소생술	https://m.blog.naver.com/PostView.naver?isHttpsRedirect=true&blogId=eoulimah&logNo=220796239132
117	05 심정지 후 뇌손상시간	https://www.thinkzon.com/share_report/677027
117	05 심정지 후 뇌 시간표	https://smartsmpa.tistory.com/1500
118	06 반려견 응급시 하임리히법	https://bcc101010.tistory.com/373
119	10 네블라이저	omron-healthcare.co.kr
120	01 개 종합백신 DHPPL	https://www.tradekorea.com/product/detail/P281383/CaniShot-DHPPL.html
122	09 입으로 동물에게 약 먹이는 법	https://content.v.kakao.com/v/5f3e14c819527f32c56d6b81
122	11 동물주사 위	https://m.blog.naver.com/PostView.naver?isHttpsRedirect=true&blogId=gohappypharm&logNo=220047091293
122	11 동물주사 가운데	https://blog.daum.net/shinwonhee2005/11804451
122	11 동물주사 아래	http://www.chuksannews.co.kr/news/article.html?no=63882
123	13 피하주사 위	https://medicalterms.tistory.com/344
123	13 피하주사 가운데	https://www.researchgate.net/figure/Scheme-of-the-different-sites-of-parenteral-administration-of-drugs-ID-intradermic-SC_fig2_329331099
123	13 피하주사 아래	https://pigdoctor.tistory.com/97
129	45 외과용 드레이프	surgicalcloth.com
129	45 수술용 스크럽브러쉬	https://kr.made-in-china.com/co_evenmedical/product_Medical-Brush-for-Hospital-Use-Disposable-Medical-Surgical-Scrub-Brush_uounshnnny.html
129	45 후두경	http://hanbaekshop.com/product/%EC%9D%BC%ED%9A%8C%EC%9A%A9-%ED%9B%84EB%91%90%EA%B2%BD-%EC%84%B8%ED%8A%B8-mhpd-203/6208/
129	45 기관 튜브	http://itempage3.auction.co.kr/DetailView.aspx?itemno=B540142290
132	03 올바른 안약 점안법	https://m.blog.naver.com/royalamc7582/220729925403

135	01 초음파 probe	https://kr.dhgate.com/product/ultrasound-scanner-2-5-7-5mhz-convex-array/374041004.html
135	03 엑스레이 장비	https://www.dailyvet.co.kr/news/practice/companion-animal/47055
136	04 방사선 사진	https://dr-feelsogood.tistory.com/283
138	12 X-ray grid	https://www.upstate.edu/radiology/education/rsna/radiography/scattergrid.php
139	18 검사별 관전압의 범위	https://patents.google.com/patent/KR20150142544A/ko
141	25 film badge	http://spmphysics.onlinetuition.com.my/2013/08/film-badge-dosimeter.html
141	25 pocket ionization chamber	https://slidetodoc.com/ionization-chamber-pocket-dosimeter-1-ionization-chamber-pocket/
141	25 Thermoluminescent dosimeter	https://rsdco.ir/%D8%A2%D9%85%D9%88%D8%B2%D8%B4-1/
147	07 Ecollar	http://www.shopad.tw/products.aspx?cid=113&cname=e+collar
152	24 coccidium	https://link.springer.com/content/pdf/10.1007%2Fs00436-011-2398-0.pdf
152	25 개 옴 진드기	https://synapse.koreamed.org/upload/synapsedata/pdfdata/0119jkma/jkma-54-511.pdf
153	28 귀 진드기	https://en.wikipedia.org/wiki/Ear_mite
153	28 검이경	https://www.doctormedi.com/shop/good_align/good_align.php?refrefcd=352&refcatcd=354
154	31 심장사상충	https://m.blog.naver.com/eazil1/221648903591
157	46 진단키트	http://www.ohmynews.com/NWS_Web/View/at_pg.aspx?CNTN_CD=A0001850775
157	46 먹는 약	https://m.blog.naver.com/jinmichu/221903309164
157	46 바르는 약	https://m.shoppinghow.kakao.com/m/search/q/%EA%B0%95%EC%95%84%EC%A7%80%20%EC%8B%AC%EC%9E%A5%EC%82%AC%EC%83%81%EC%B6%A9
157	46 고양이 백신	https://m.blog.naver.com/hanhajin/221061308815
157	46 대형견 약	https://m.shoppinghow.kakao.com/m/search/q/%EB%8C%80%ED%98%95%EA%B2%AC%20%EC%8B%AC%EC%9E%A5%EC%82%AC%EC%83%81%EC%B6%A9%20%EC%95%BD
157	46 심장사상충 감염경로	http://www.sisamagazine.co.kr/news/articleView.html?idxno=315488
158	48 탈장	https://www.amc.seoul.kr/asan/healthinfo/disease/diseaseDetail.do?contentId=32021
158	49 coccidium	https://blogs.cornell.edu/cornellsheltermedicine/2014/07/23/dont-let-isospora-run-your-shelter-down/
158	52 Scabies	https://www.everydayhealth.com/scabies/
159	53 귀 진드기	https://blog.daum.net/undersky007/21
159	55 항문낭	https://www.pdsa.org.uk/pet-help-and-advice/pet-health-hub/conditions/blocked-anal-glands-in-dogs
160	58 광견병	http://www.ihsnews.com/15327

162	66 개 회충 위	https://tistorysjloveu2.tistory.com/1471
162	66 개 회충 아래	https://eyeamfinethankyou.com/507
166	07 봉합사의 굵기	https://www.google.co.kr/search?q=Suture+Sizes&tbm=isch&ved=2ahUKEwjRmLa99pL5AhWATPUHHVjbDGIQ2-cCegQIABAA&oq=Suture+Sizes&gs_lcp=CgNpbWcQAzIECAAQEzIECAAQEzIECAAQEzIECAAQEzIECAAQEzIICAAQHhAFEBMyCAgAEB4QBRATMggIABAeEAUQEzIICAAQHhAFEBM6BAgjECdQwQIYwQlgzwxoAHAAeACAAXKIAdUBkgEDMS4xmAEAoAEBqgELZ3dzLXdpei1pbWfAAQE&sclient=img&ei=1vbdYtHVCoCZ1e8P2LazkAY&bih=677&biw=1404&hl=ko#imgrc=flvedjw9nQsCyM
167	09 tourniquet	http://ko.wordow.com/english/dictionary/tourniquet
167	09 lavage	https://m.blog.naver.com/PostView.naver?isHttpsRedirect=true&blogId=edenamc2&logNo=221416274009
170	21 fullpin splint	https://www.sciencedirect.com/science/article/abs/pii/S1557506317301489
170	21 Thomas splint	https://onlinelibrary.wiley.com/doi/abs/10.1111/vsu.12612
170	21 internal fixation	https://orthoinfo.aaos.org/en/treatment/internal-fixation-for-fractures/
170	21 External fixation	http://www.downsvetreferrals.co.uk/case-report-trans-articular-hip-external-fixator-to-manage-a-proximal-femoral-fracture-in-a-cat/
171	25 견갑골과 상완골	http://www.the-iplus.com/after/5594
171	25 상완골과 요골	https://m.blog.naver.com/PostView.naver?isHttpsRedirect=true&blogId=vet7145&logNo=220943710721
171	25 경골과 비골	https://blog.daum.net/jaga75/1718461
171	25 골반과 대퇴골	https://gopraha.tistory.com/407
171	25 대퇴골과 슬개골	https://www.amc.seoul.kr/asan/healthinfo/body/bodyDetail.do?bodyId=82
172	29 guillotine	https://www.istockphoto.com/kr/%EC%82%AC%EC%A7%84/%EB%8B%A8%EB%91%90%EB%8C%80-gm534420367-56933308
173	31 골수강내 핀 고정법	https://m.blog.naver.com/PostView.naver?isHttpsRedirect=true&blogId=yeonsuhspt&logNo=10187440156
173	31 동물 석고붕대법	https://m.blog.naver.com/PostView.naver?isHttpsRedirect=true&blogId=dvmksy&logNo=221160573873
173	31 부목고정법	https://www.orthovet.com/product/orthovet-standard-front-leg-splint/
173	31 골나사 고정법	https://premium.chosun.com/site/data/html_dir/2014/10/26/2014102601268.html
174	32 각막형광염색	https://m.blog.naver.com/PostView.naver?isHttpsRedirect=true&blogId=catdog4u&logNo=220289022609
174	32 우각경 검사	http://m.timeamc.com/page/page34
174	32 망막전위도 검사	https://www.agriculturejournals.cz/publicFiles/138940.pdf
174	32 안과간접 검안경	https://blog.daum.net/bundangpetopia/80

174	32 눈의 구조	https://www.amc.seoul.kr/asan/mobile/healthinfo/disease/diseaseDetail.do?contentId=31302	178	45 이소첩모	https://m.blog.naver.com/PostView.naver?isHttpsRedirect=true&blogId=bh_ah&logNo=220881749704
174	33 화상의 4단계 위	https://m.blog.naver.com/PostView.naver?isHttpsRedirect=true&blogId=snclife2015&logNo=221537379027	179	47 capillary refill time	http://infovets.com/books/Canine/B/B105.htm
174	33 화상의 4단계 아래	http://www.pusanhana.co.kr/mn03_04_11.php	179	47 capillary refill time 아래	https://dogdiscoveries.com/glossary/capillary-refill-time
176	38 plunger	https://medicalterms.tistory.com/345	180	49 눈의 구조	https://cocotimes.kr/2020/05/28/%EA%B0%81%EB%A7%89-%EA%B6%A4%EC%96%91/
177	41 근육주사에 이용되는 개 근육	https://www.thepharmacy.co.kr/%EA%B0%95%EC%95%84%EC%A7%80-%EA%B7%BC%EC%9C%A1%EC%A3%BC%EC%82%AC-%EB%86%93%EB%8A%94-%EB%B0%A9%EB%B2%95	180	49 각막궤양	http://www.hanvitah.co.kr/bbs/board.php?bo_table=sub04_01&wr_id=30
177	42 개 채혈할 때 이용되는 혈관	https://blog.daum.net/club666/31	180	52 개의 유치	https://m.blog.naver.com/PostView.naver?isHttpsRedirect=true&blogId=lovely_vet&logNo=60210805230
177	42 실험동물 체혈할 때 이용되는 혈관	https://www.thinkzon.com/share_report/1091187	181	55 근육주사에 이용되는 개 근육	https://www.thepharmacy.co.kr/%EA%B0%95%EC%95%84%EC%A7%80-%EA%B7%BC%EC%9C%A1%EC%A3%BC%EC%82%AC-%EB%86%93%EB%8A%94-%EB%B0%A9%EB%B2%95
178	45 안검내반	https://blog.daum.net/lkpet/9439699	185	71 난소자궁 절제술	https://blog.daum.net/lkpet/9439728
178	45 안검외반	https://m.blog.naver.com/PostView.naver?isHttpsRedirect=true&blogId=vetline&logNo=221143139444	188	83 눈의 구조	https://mandarin74.tistory.com/45
178	45 첩모중생	https://m.blog.naver.com/PostView.naver?isHttpsRedirect=true&blogId=africaamc&logNo=220111327584	188	84 배액관	https://m.blog.naver.com/lhc930102/221248206450
178	45 첩모난생	https://m.blog.naver.com/PostView.naver?isHttpsRedirect=true&blogId=vet9879&logNo=150183181053	189	86 치은종	https://m.blog.naver.com/PostView.naver?isHttpsRedirect=true&blogId=truthy2000&logNo=40178388655
			189	86 구개열	https://m.blog.naver.com/PostView.naver?isHttpsRedirect=true&blogId=helix_amc&logNo=221102959492

189	86 잇몸염	https://m.blog.naver.com/PostView.naver?isHttpsRedirect=true&blogId=hope19900&logNo=220402461860
189	86 침샘종양	https://m.blog.naver.com/PostView.naver?isHttpsRedirect=true&blogId=24onah&logNo=50190713923
189	86 연구개노장	https://www.witkorea.kr/board/knowhow/1669
189	88 Ehmer sling	https://www.cliniciansbrief.com/article/ehmer-sling-canine-orthopedic-surgery
189	88 velpeau sling	https://www.dogleggs.com/velpeau-sling/
189	88 kirschner sling	https://www.rch.org.au/kidsinfo/fact_sheets/Kirschner_wires/
189	88 K-wire sling	https://surgeryreference.aofoundation.org/orthopedic-trauma/pediatric-trauma/proximal-forearm/21r-e-2/open-reduction-k-wire-fixation
194	01 혈소판	https://www.amc.seoul.kr/asan/healthinfo/disease/diseaseDetail.do?contentId=31039
197	10 substage condenser	https://www.pathwooded.com/post/what-is-a-microscope-condenser-and-what-is-it-used-for
199	16 STT 위	https://m.blog.naver.com/PostView.naver?isHttpsRedirect=true&blogId=nstar22&logNo=220174782208
199	16 STT 가운데 왼쪽	https://www.cliniciansbrief.com/article/2-simple-tests-assessing-ophthalmic-health
199	16 STT 가운데 오른쪽	http://www.eyevet.ie/wp-content/uploads/2009/11/winter_newsletter_09_web.pdf
199	16 STT 아래 토끼	https://onlinelibrary.wiley.com/doi/10.1111/vop.12178
199	18 혈액 위	https://m.blog.naver.com/PostView.naver?isHttpsRedirect=true&blogId=bos2049&logNo=221122072611
199	18 혈액 중간	https://m.blog.naver.com/PostView.naver?isHttpsRedirect=true&blogId=hyouncho2&logNo=60063702538
199	18 혈액 아래	http://www.seehint.com/word.asp?no=11803
200	19 뇨검사	https://www.lotteon.com/p/product/LO1288765737?sitmNo=LO1288765737_1288765738&dp_infw_cd=SSTLD283458
201	23 tourniquet 압박대	http://ko.wordow.com/english/dictionary/tourniquet
221	37 맹견	https://m.blog.naver.com/PostView.naver?isHttpsRedirect=true&blogId=seogu00&logNo=221528758104
221	37 입마개	https://www.hani.co.kr/arti/animalpeople/companion_animal/860366.html
221	39 내장형 칩	http://m.kmib.co.kr/view.asp?arcid=0015456505
221	39 외장형 태그와 인식표	http://m.cpbc.co.kr/news/view.php?cid=739420

참고문헌

1. 한국동물간호사자격위원회, 동물간호학강의, 한국학술정보(주), 2006
2. 한국동물간호사자격위원회, 한국동물간호사 자격시험준비서, 페티앙, 2006
3. 박우대외, 수의외과간호학, 도서출판 한진, 2005
4. 김남중외, 애완동물간호학, 정문각, 2005
5. 한국동물간호사자격위원회, 동물복지와 동물간호, 한국학술정보(주), 2007
6. 원상철외, 동물보건사-간호학 기초편-, 리드리드출판, 2022
7. 김지현, 한권으로 합격하는 동물보건사, 북스케치, 2022
8. 김옥진, 인간과 동물, 동일출판사, 2016, 2017, 2020
9. 김주헌, 동물해부생리학, (주)라이프사이언스, 2019
10. 김옥진, 동물의 양양과 사양관리, 2016
11. 장이권외, 동물행동학, 월드사이언스, 2021
12. 강성호, 반려동물행동학, (주)피와이메이트, 2019, 2021
13. 김옥진외, 반려동물행동학, 동일출판사, 2017, 2020
14. 김옥진, 애완동물학, 동일출판사, 2015, 2018, 2021
15. 김원, 반려견의 이해, (주)박영사, 2019
16. Google Image 검색, 2022

반려동물의 이해

　　반려동물과 함께 사는 가정이 늘면서 반려동물을 더 많이 이해하려는 노력도 이어지고 있지만, 아직도 우리는 반려동물의 감정과 본능을 알아가기 보다는 일방적인 애정을 베풀고, 사람의 관점으로 의인화해서 반려동물의 행동을 해석하는 경우가 많다. 반려동물과 사람이 함께 행복한 시간을 보낼 수 있는 공간도 많아졌고, 반려동물과 사용하는 시간도 많이 사용하는 반려동물애호가들이 많아지는 등 반려동물과 함께 행복하게 살기 위해 개인은 물론 사회적으로나 국가적으로도 노력하는 시대가 되었다.

　　반려동물 한방 치료, 특수 반려동물 병원, 반려동물 장례, 반려동물 유치원 등 보다 전문적이고 세분화된 반려동물 문화와 관련 시장이 등장하고 있는 만큼 반려동물 관련 직업도 더욱 다양해진 것이 사실이다. 반려동물 훈련사, 반려동물 미용사, 반려동물 전문 수의사, 반려동물 보건사, 반려동물 수의테크니션, 동물매개 심리상담사, 반려동물 지도사, 반려동물 핸들러, 펫 시터, 특수동물 관리사, 반려동물 종합관리사, 펫 코디네이터, 펫 푸드 요리사, 브리더, 어질리티 심사위원, 도그쇼 심사위원, 관상어 관리사, 도그 워커, 동물매개 치유사 등 다양한 직업들이 생겨나고 있다.

함희진 저 / 4×6배판 / 260쪽

저자 함 희 진 교수

[약력]
　　서울대학교 수의과대학 수의학과 (수의학사)
　　서울대학교 수의과대학 수의병리학전공 (수의학석사)
　　강원대학교 수의과대학 임상수의학전공 (수의학박사)
　　농림수산부 장관 수의사 면허증 취득
　　보건복지부 장관 위생사 면허증 취득
　　(전) 한국산업 인력공단 기사 및 산업기사 출제위원
　　(전) 서울특별시 보건환경연구원 (보건 연구관)
　　(전) 한국식품위생안전성학회 (이사)
　　(전) 신구대학교 식품영양과 (시간강사)
　　(전) 배화여자대학교 위생사 특강 (강사)
　　(전) 동남보건대학교 위생사 특강 (강사)
　　(전) 경인여자대학교 위생사 특강 (강사)
　　(전) 장안대학교 위생사 특강 (강사)
　　(전) 대진대학교 위생사 특강 (강사)
　　(전) 신구대학교 위생사 특강 (강사)
　　(전) 안양대학교 교양대학 자연과학분야 주임교수
　　(전) 서울대학교 수의과대학 인수공통전염병 특강 (강사)
　　(현) 고려아카데미 컨설팅 출제위원 및 강평위원
　　(현) 안양대학교 교양대학 자연과학분야 조교수
　　(현) 한국동물매개심리학회 상임이사
　　(현) 안양대학교 [반려동물의 이해], [인간과 동물], [생명과학의 이해], [생활 속의 화학],
　　[생명의 신비], [우주의 신비], [과학사], [과학기술과 문명] 등 강의
　　(현) 경기 꿈의 대학 [수의사와 관련된 직업세계여행], [줄기세포와 생명복제까지 이해하는 동물치
　　료], [줄기세포와 생명복제까지 이해하는 동물생명과학], [반려동물의 이해], [동물보건사, 동물미용
　　사 등 동물관련 직업세계] 등 강의

[저서]
　　꾸벅 [위생사 핵심요약집] 2007
　　꾸벅 [핵심 위생사요약집] 2008, 2010
　　지구문화사 [위생사 특강] 2011
　　정일 [패스원 위생사정리] 2011
　　보성과학 [세균검사 실습교재] 2007, 2015
　　정일 [쪽집게 위생사 핸드북] 2017
　　정일 [위생사 실기+필기] 2019
　　정일 [위생사 핵심정리] 2019, 2021
　　정일 [동물보건사 문제집] 2022
　　정일 [반려동물의 이해] 2022

동물보건사

2022년 9월 5일 1판1쇄 발행

저 자 함 희 진
펴낸이 이 병 덕
디자인 이 은 경
펴낸곳 도서출판 정일
등록날짜 1989년 8월 25일
등록번호 제 3-261호
주소 경기도 파주시 한빛로 11
전화 031) 946-9152(대)
팩스 031) 946-9153

※ 본서의 문의사항 jungilb@naver.com